夏热冬冷地区图书馆节能设计指南

王汉青　谭超毅　黄春华　编著

前 言

在相当长的一段时间里，房地产业一直是推动我国经济社会发展的重要因素，过去二十多年房地产的快速发展，使我国由一个人口大国变成一个举世瞩目的真正的建筑大国。据统计，我国每年新建建筑面积超过所有发达国家每年建成建筑面积的总和，高达17亿平方米之多。所以，在这种背景之下，建筑节能是大家共同关注的热点问题，也自然成为建筑技术进步的一个重要的标志。由于建筑是一个资源消耗多、能源消耗大的领域，随着我国建筑业的飞速发展，要从根本上促进能源和资源节约以及合理利用，缓解我国能源和资源供应与经济社会发展的突出矛盾，必须大力开展建筑节能以实现建筑业的绿色发展。因此，加强建筑节能研究，有利于加快发展循环经济，实现经济社会的可持续发展，也有利于长远保障国家能源安全，保护自然环境，提高人民群众生活品质，全面推进我国建筑业科学发展。

我国作为一个建筑大国，建筑节能的重要性体现在方方面面。首先，建筑节能可以缓解能源和资源的紧张局面。建筑能耗，包括建材生产、建筑施工和建筑使用能耗，约占全社会总能耗的一半。根据统计，每年新建建筑使用的实心黏土砖，毁掉了大片良田，实际数量达到12万亩之多。在新建建筑中，原材料的消耗相比于发达国家也要大很多：钢材高出10%~25%，污水回用率仅为25%，每立方米混凝土多用水泥80公斤。众所周知，我国是一个发展中国家，人口众多，人均资源相对匮乏，如人均耕地水平只有世界人均耕地的1/3，水资源只有世界人均占有量的1/4，已探明的煤炭储量只占世界储量的11%，原油占世界储量的2.4%，所以，如此庞大的建筑耗能和建筑过程之中的能源和资源消耗，实际上严重影响国家能源安全和可持续发展。所以，开展节能研究和推广是节约资源、实现经济社会可持续发展的需要。其次，由于建筑生产和使用的全寿命周期对环境的破坏和影响很大，加之建筑采暖和厨房油烟排放是造成大气污染的重要因素，所以建筑节能也是转变粗放型发展模式，减轻大气污染的需要。第三，随着现代化建设的推进和人民生活水平的提高，舒适的建筑热环境日益成为人们生活的需要，造成建筑能耗和温室气体排放的快速增加，而建筑节能可以大大地减少温室气体排放，从而用低成本营造良好的室内外热湿环境，保护自然生态，全面实现人与自然和谐相处。

建筑节能技术是建筑界实施可持续发展战略的一个关键支撑，为此，发达国家进行了长久的努力，取得了十分丰硕的成果。在当前环境和资源压力不断加大的历史背景下，我国建筑界工程技术人员必须不懈努力，要从分析研究我国建筑节能工作现状和存在的问题入手，把建筑节能作为义不容辞的历史责任，以问题为导向，认真研究解决建筑节能领域存在的关键技术问题，从建筑节能设计、技术革新和新材料开发利用等方面寻找建筑节能的解决方案。当然，在开展技术研究的同时，还要依靠政府主导和法规约束，全民高度重视，业内扎实推广，依靠大众创新和集中发力，才能真正推进我国建筑节能技术研究及其推广使用进入更高的水准。

建筑节能是针对建筑高能耗而言的。所谓建筑能耗是指建筑使用过程中产生的能耗，包括采暖、空调、热水供应、照明、炊具、家用电器、电梯和其他办公设备等方面的能耗。随着我国全面建设小康社会的逐步推进，建设事业迅猛发展，建筑能耗迅速增长，其中采暖、空调能耗占到建筑能耗的60%～70%。我国既有的近400亿平方米建筑，真正的节能建筑比例较小，即使每年的新建建筑，能够真正称得上“节能建筑”的也比较少。许多建筑无论从建筑围护结构还是采暖空调系统运行能耗来衡量，均属于高耗能建筑，单位面积采暖所耗能源相当于纬度相近的发达国家的2～3倍。造成我国建筑能耗普遍较高的原因主要是由于我国的建筑围护结构保温隔热性能差，各种用能系统设计不尽合理，如采暖热损失就可能达到2/3以上。根据有关方面统计，在我国能源消费总量中的份额中，建筑耗能总量已超过27%，还有逐渐攀升的趋势。因此，实行建筑节能，降低建筑能耗，减少环境污染，已刻不容缓。

在我国庞大的建筑体系之中，夏热冬冷地区建筑节能自有其特点。根据我国《民用建筑热工设计规范》，用历年最冷月和最热月平均温度作为主要指标，用历年日平均温度≤5℃和≥25℃的天数作为辅助指标，将全国划分为严寒、寒冷、夏热冬冷、夏热冬暖和温和五个地区。而所谓夏热冬冷地区，是指最冷月平均温度10℃以下，且日平均温度不大于5℃的天数达90天，最热月平均温度25～30℃，且日平均温度不低于25℃的天数达40～110天的地区。一般来说，该地区最热月平均温度为25～30℃，平均相对湿度在80%左右，最冷月平均气温位于0～10℃之间，平均相对湿度为80%左右。我国幅员辽阔，夏热冬冷地区实际范围非常之广，包括重庆、上海2个直辖市，湖北、湖南、安徽、浙江、江西5省全部地区，四川、贵州2省东半部，江苏、河南2省南半部，福建省北半部，陕西、甘肃2省南端，广东、广西2省区北端，共涉及16个省、市、自治区，约有4亿人口，是中国人口最密集、经济发展速度相对较快、牵涉面很广的地区之一。

图书馆建筑是现代建筑的典型代表之一，它公益性强，环境舒适性要求高，耗能系统多、且使用频繁，所以，图书馆也是典型的高耗能建筑之一。为更好地贯彻国家有关法律法规和方针政策，改善夏热冬冷地区图书馆的室内环境，在满足建筑使用要求的情况下最大限度地提高能源利用效率，促进新能源与可再生能源建筑的应用，本书作者结合“十二五”国家科技支撑计划课题示范工程的要求和夏热冬冷地区特点，以图书馆建筑为重点，分析建筑节能的各种技术及其适应性。在本书编写过程中，参考了《图书馆建筑设计规范》《公共建筑节能设计标准》《民用建筑供暖通风与空气调节设计规范》《建筑照明设计标准》《建筑给水排水设计规范》《民用建筑电气设计规范》等规范，吸取了上海、江苏、安徽、湖南、浙江、重庆等省市编写的地方公共建筑节能设计标准的一些内容，并参考了同济大学徐吉浣、寿炜炜主编的《公共建筑节能设计指南》、南京大学鲍家声主编的《图书馆建筑设计手册》和《现代图书馆建筑设计》等许多书籍和文献，其目的是为夏热冬冷地区图书馆设计人员进行建筑节能设计提供参考，从而实现该地区图书馆建筑的节能运行，最大限度地降低该地区图书馆全寿命周期的使用费用。本书反映了国内外现代建筑的节能关键技术，特别是图书馆建筑的最新节能技术，既适用于夏热冬冷地区图书馆的新建、改建和扩建工程，也可以作为该地区其他建筑的节能设计参考资料。

本书根据夏热冬冷地区的气候特点，在分析各种建筑节能技术的基础之上，从实用的角度出发，系统介绍了影响建筑能耗的主要因素、图书馆建筑能耗综合评定和仿真分析方法、图书馆平面节能设计、图书馆建筑围护结构的热工设计与节能、图书馆通风与空调工程节能设计、图书馆采暖系统节能设计、图书馆供暖与空调的冷热源节能设计、图书馆书库除湿工程节能设计、图书馆电气及自控工程节能设计、图书馆节能设计实例等重要内容，可供从事工业和民用建筑节能和空调领域的工程技术人员参考。

本书是根据作者承担的国家“十二五”科技支撑计划课题“湿度控制与建筑节能关键技术集成与示范”和湖南省“建筑节能与环境控制关键技术”协同创新中心科研工作开展的要求编著的。在本书的编写过程中，博士生朱辉为本书第1、第6章做了部分的整理工作；研究生易辉为本书第7、第9章做了部分的整理工作；李福强为第2、第3章做了部分的整理工作；李铖骏为第5、第8章做了部分的整理工作；周振宇为第4章做了部分的整理工作。研究生胡海华参与了全书初期的整理工作。谭超毅教授、黄春华教授参与了本书相关章节的编写。在此，对他们为本书的出版所做出的贡献一并表示衷心的感谢！

应该特别指出的是，尽管作者在本书的编著过程中，对全书结构、章节内容作了详细的计划和安排，并结合实例对建筑节能技术进行了定量的对比分析，并对全书内容的撰写和修改做了不懈的努力，付出了许多艰辛的汗水，同时对引用的参考文献不断核实以力求准确，但由于工作量大、时间紧和任务重，且限于作者水平，书中难免有不少瑕疵和挂一漏万之处，敬请同行批评指正，并对支持、关心和关注本领域技术发展、科技进步和应用创新的各位同仁一并致以诚挚谢意！

本书得到国家科技部“十二五”科技支撑计划课题“湿度控制与建筑节能关键技术集成与示范”的资助，且得到财政部“建筑环境与设备专业团队”项目、湖南省“建筑节能与环境控制关键技术”协同创新中心的支持，在此一并表示衷心的感谢！

王汉青

2015 年 12 月

目 录

第1章 概 论

随着我国经济社会的高速发展，现代图书馆建筑的功能已经从传统的纸质图书储存和单一的借阅功能，正在向纸质图书和数字化相结合的阅览、储存和休闲等综合性方向发展。

1.1 现代图书馆建筑的特点

图书馆是人类社会不断发展的产物，它最初是为了保护和利用人类文明的记录，促进人类文明的繁衍与进步。但是随着经济社会的不断向前发展，人类逐渐进入了以信息和服务为特征的后工业时代。因此，现代图书馆除了承担搜集、整理、保管人类文明的任务外，还向人们提供文献与参考咨询信息，并通过流通将这些文献资源转化为生产力，进而服务于经济社会的发展。与此同时，作为一个能够创造经济财富与精神文明的永久性社会服务机构，现代图书馆也日渐成为了一个信息中心、社会活动中心与继续教育中心相结合的综合体[1]。现代图书馆按照不同的划分方式可以分为不同的类型，如表1－1所示[2]。

表1－1 现代图书馆分类

分类标准	类 型
藏书规模	大型图书馆、中型图书馆、小型图书馆
藏书范围	综合性图书馆、专业性图书馆、通俗性图书馆等
服务对象	群众图书馆、儿童图书馆、学校图书馆、科研图书馆、少数民族图书馆等

1974年，国际标准化组织颁布了《国际图书馆统计标准》(ISO2789：1974)，并于2013年进行了修订(ISO2789：2013)。该标准将图书馆分为国家图书馆、高校图书馆、非专业图书馆、学校图书馆、专门图书馆及公共图书馆六个类型[3]。

图书馆建筑属于科教文卫类的公共建筑，所以必须具备文献资料信息的采集、加工、利用和安全防护等功能，并为读者和工作人员创造良好的阅读环境与工作条件，一般设有大厅、借阅室、特藏库、影像或数据资料库、藏书室、档案资料室、咨询室、研讨室、教室、展览厅、报告厅、陈列厅、办公区、计算机房等功能房间，有些还设有音乐厅、咖啡厅、快餐厅、小剧场等辅助房间，可以根据不同类型人员的需求进行合理的配设。

随着时代的进步，现代图书馆正朝着智能化、信息化、网络化方向发展，它利用计算机技术、电子信息技术、现代通信技术对图书馆的设备和图书资料进行科学管理和服务。

1.2 夏热冬冷地区气候和建筑设计特点

1.2.1 气候特点

不同的气候条件对房屋建筑提出了不同的要求。我国的《民用建筑热工设计规范》(GB50176—1993)从建筑热工设计的角度出发，用累年最冷月和最热月平均温度作为分区主要指标，按照累年日平均温度不高于5℃和不低于25℃的天数作为辅助指标，将全国建筑热工设计分为五个分区(严寒、寒冷、夏热冬冷、夏热冬暖和温和地区)[4]，并要求民用建筑的热工设计与气候地区相适应，保证室内基本热环境要求，并达到节能目的。其中，夏热冬冷地区大部分沿长江流域分布，是我国人口最密集、经济比较发达的地区。该地区包括上海、湖北、湖南、浙江、江西全境，江苏、安徽、河南南部，贵州东部，福建、广东、广西北部和甘肃南部的部分地区，如图1－1所示。

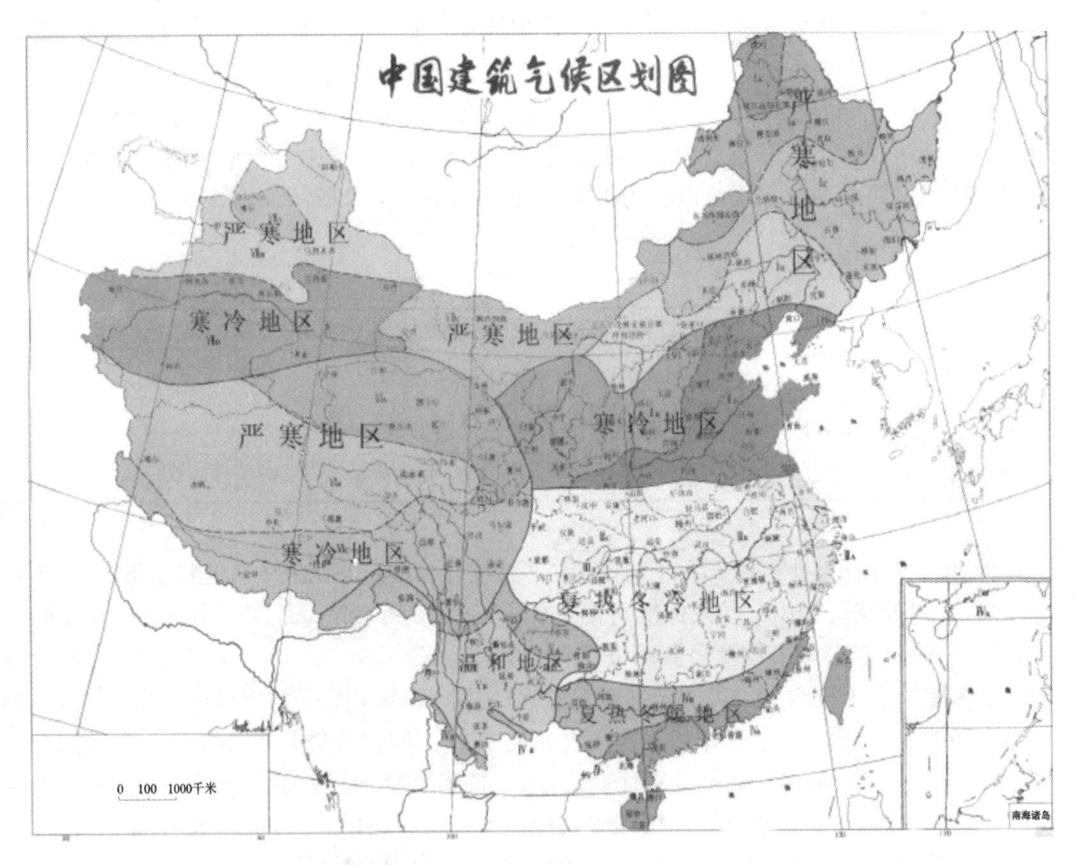

图1－1 中国建筑气候区划图

夏热冬冷地区主要气候特点为：夏季闷热、冬季阴冷、常年潮湿、日照偏少、年降水量大；最冷月平均气温0～10℃、最热月平均气温25～30℃；日平均温度不大于5℃的天数达90天、日平均温度不小于25℃的天数为40～110天。另外，该地区夏季最热月份的平均气温比同纬度上其他地区高2～3℃，冬季最冷月份的平均气温较同纬度上的其他地区低8～10℃，气候条件相对其他地区较差。与此同时，夏热冬冷地区夏季室外空调计算干球温度及相对湿度都相对较高，室外计算干球温度一般在35℃左右、计算湿球温度在28.5℃以上，室外空气的计算焓值都比较高，因此其空调的新风负荷和空调能耗大。

该地区气候的一个显著特征是全年湿度大、除湿期长，如果按照简便性判别指标月平均相对湿度是否达到70%进行判别，该地区为典型的潮湿气候地区。

另外，该地区的另一个特点为：很长一段时间内，在室外温度不高的情况下，湿度却很高。比如过渡季节和夏季阴雨天气时，气温适宜，但是空气相对湿度超过室内环境舒适标准的规定值，居住者会感觉到闷热。这个时候往往不需降温，但要进行除湿。因此长期以来，夏热冬冷地区的室内热湿环境恶劣程度居全国之首。

1.2.2 建筑设计特点

根据夏热冬冷地区的地理和气候特点，该地区的建筑主要有四个特点：

(1)建筑围护结构的外表面宜采用浅色饰面材料；平屋顶宜采取绿化，或涂刷隔热涂料等隔热措施。

(2)建筑物体形系数(shape coefficient of building)对建筑节能影响很大。建筑物体形系数是建筑物与室外大气接触的外表面积与其所包围的体积的比值。外表面积中，不包括地面和不采暖楼梯间隔墙和户门的面积，也不包括女儿墙、屋面层的楼梯间与设备用房等的墙体的面积。体形系数应满足《夏热冬冷地区居住建筑节能设计标准》(JGJ 134—2010)中的规定。体形系数对建筑物能耗影响十分明显，体形系数由0.4减少到0.3，外围护结构的传热损失可减少25%[5]。适宜的平面形式是控制住宅体形系数的关键，而影响体形系数的因素很多，因此在满足规划和设计构思以及房间自然通风与采光等功能要求的基础之上，应尽可能减少单体建筑在平面形式上不必要的曲折。

(3)需重视室内采光和自然通风对营造室内环境的作用。由于受到体形系数、建筑面宽和建筑节地的限制，并不是所有房间均具备理想的通风和采光条件。对于不同的房间，由于使用时间、使用性质的不同对室内热舒适要求也会不同，所以有必要确定优先的顺序。

(4)要重视建筑朝向对建筑节能的影响。建筑朝向夏季要尽可能避免得热，冬季要争取更多的太阳辐射。建筑不同朝向的门窗具有完全不同的热工工况，为了降低成本、节省造价，可以考虑对于不同朝向的门窗采用不同种类的玻璃，也可以通过调整窗户的平面和竖向位置，设置水平和垂直的遮阳板，调节中悬窗、竖转窗及平开窗窗扇角度来调整气流的通过方式，最大限度地改善居住者的热舒适性。

1.3 图书馆建筑节能设计的必要性

随着我国全面建成小康社会的快速推进，能源需求量大幅度增加，而这种情况下能源供应却严重依赖进口，我国能源安全和产业发展由此明显受到许多制约，特别是对于经济高速发展的夏热冬冷地区来讲，能源问题已经成为可持续发展的瓶颈之一。我国夏热冬冷地区具有夏季炎热、冬季寒冷的气候特征，为了保证提供理想的热湿环境，在建筑内必须大量使用制冷采暖设备，这必然会造成能源浪费、空气污染、城市热岛等现象，极大地影响了人类的生存环境。因此针对夏热冬冷地区的气候特点，对该地区的建筑进行节能设计是非常必要的。

《公共建筑节能设计标准》和《民用建筑节能管理规定》都明确提出“新建民用建筑应当严格执行建筑节能标准要求，民用建筑工程扩建和改建时，应当对原建筑进行节能改造”[6]。同时，根据自身的实际情况，属于夏热冬冷地区的部分省市，如上海、江苏、安徽、湖南、浙江、重庆等地，也分别颁布了适用于本地区的地方公共建筑节能设计标准。

在全社会对建筑节能问题高度关注的大环境下，作为传播人类知识和文明的图书馆在建筑节能方面理应走在社会前列。图书馆是公益事业的典型建筑，为了确保其可持续发展，必须在营造良好的热湿环境的同时，要达到节约能源和运行能耗低的要求。我国是一个发展中国家，经济快速增长和能源相对短缺的现象会长期存在，现代图书馆建筑能耗是传统图书馆的数倍，图书馆建筑节能不仅是一种社会责任，同时也关系到图书馆自身的生存和发展，节能已经成为图书馆生存和可持续发展的必然要求[7]。

为更好地贯彻国家有关法律法规和方针政策，改善夏热冬冷地区图书馆的室内环境，在满足建筑使用要求的情况下应最大限度地提高能源利用效率，促进新能源与可再生能源在建筑的应用。本书以《图书馆建筑设计规范》《公共建筑节能设计标准》《民用建筑供暖通风与空气调节设计规范》《建筑照明设计标准》《建筑给水排水设计规范》《民用建筑电气设计规范》等规范为参考，以上海、江苏、安徽、湖南、浙江、重庆等省市编写的地方公共建筑节能设计标准为依据，并重点参考同济大学徐吉浣、寿炜炜主编的《公共建筑节能设计指南》、南京大学鲍家声主编的《图书馆建筑设计手册》和《现代图书馆建筑设计》等书籍，其目的是为夏热冬冷地区图书馆设计人员进行建筑节能设计提供参考，从而实现该地区图书馆建筑的节能运行，最大限度地降低该地区图书馆全寿命周期的使用费用。本书反映国内外图书馆建筑的最新节能技术，既适用于夏热冬冷地区图书馆的新建、改建和扩建工程，也可以作为该地区其他建筑的节能设计参考资料。

1.4 图书馆建筑能耗模拟计算的参数设定

1.4.1 图书馆围护结构热工性能的综合决策

综合决策是一种间接性判定的设计方法，其具体做法是先构想出一栋虚拟的建筑（我们把它称之为参照建筑），然后分别计算参照建筑和实际设计建筑的全年供暖和空调耗能，并依照这两个能耗的计算结果做出综合分析。当实际设计建筑的能耗小于参照建筑的能耗时，可以认为实际设计建筑达到了节能标准。

图书馆往往着重考虑建筑外形立面和使用功能，并且受材料和施工工艺条件等限制难以完全满足《公共建筑节能设计标准》的要求。因此，为确保图书馆建筑能够符合节能设计标准的要求，同时又尽量保证设计方案的灵活性和造型的要求，在实际设计中，不能够拘泥于建筑围护结构各个局部的热工性能，而应该着眼于建筑物总体热工性能是否满足节能标准的要求。为此，在图书馆设计过程中就需要进行建筑围护结构热工性能的综合决策。

在计算图书馆建筑能耗时，应采用典型气象年数据计算参照建筑与实际设计建筑的采暖及空调能耗，对整个图书馆建筑作全年动态能耗模拟计算。

1.4.2 图书馆参照建筑的设定

1. 建筑设计参数

图书馆实际设计建筑与参照建筑的形状、大小、朝向、窗墙面积比、内部空间划分及其使用功能完全一致。夏热冬冷地区图书馆参照建筑外围护结构的热工性能参数可按表1－2[6]中各参数值的最大值进行取值。表中，有外遮阳时，遮阳系数为玻璃的遮阳系数与外遮阳的遮阳系数的乘积；无外遮阳时，遮阳系数直接采取玻璃的遮阳系数。

表1－2 夏热冬冷地区图书馆建筑围护结构传热系数和遮阳系数限值

<table>
<tr><td colspan="2">围护结构部位</td><td colspan="2">传热系数 $K/(W \cdot m^{-2} \cdot K^{-1})$</td></tr>
<tr><td colspan="2">屋面</td><td colspan="2">≤0.70</td></tr>
<tr><td colspan="2">外墙（包括非透明幕墙）</td><td colspan="2">≤1.0</td></tr>
<tr><td colspan="2">底面接触室外空气的架空或外挑楼板</td><td colspan="2">≤1.0</td></tr>
<tr><td colspan="2">外窗（包括透明幕墙）</td><td>传热系数 $K/(W \cdot m^{-2} \cdot K^{-1})$</td><td>遮阳系数 SC（东、南、西向/北向）</td></tr>
<tr><td rowspan="5">单一朝向外窗（包括透明幕墙）</td><td>窗墙面积比≤0.2</td><td>≤4.7</td><td>—</td></tr>
<tr><td>0.2＜窗墙面积比≤0.3</td><td>≤3.5</td><td>≤0.55/—</td></tr>
<tr><td>0.3＜窗墙面积比≤0.4</td><td>≤3.0</td><td>≤0.50/0.60</td></tr>
<tr><td>0.4＜窗墙面积比≤0.5</td><td>≤2.8</td><td>≤0.45/0.55</td></tr>
<tr><td>0.5＜窗墙面积比≤0.7</td><td>≤2.5</td><td>≤0.40/0.50</td></tr>
<tr><td colspan="2">屋顶透明部分（占屋顶面积20%）</td><td>≤3.0</td><td>≤0.40</td></tr>
<tr><td colspan="2">地面和地下室外墙</td><td colspan="2">热阻 $R/(W \cdot m^{-2} \cdot K^{-1})$</td></tr>
<tr><td colspan="2">地面热阻</td><td colspan="2">1.2</td></tr>
<tr><td colspan="2">地下室外墙热阻（与土壤接触的墙）</td><td colspan="2">1.2</td></tr>
</table>

2. 空调系统设计参数

在能耗模拟中假定图书馆实际设计建筑和图书馆参照建筑空气调节和采暖都采用两管制风机盘管系统，水环路的划分与图书馆实际设计建筑的空气调节和采暖系统的划分一致。同时，图书馆参照建筑空气调节和采暖系统的年运行时间表、日运行时间表都应与实际设计图书馆建筑一致。当设计文件没有确定实际设计图书馆建筑空气调节和采暖系统的日运行时间表时，作者认为可按表1－3确定风机盘管系统的日运行时间表。当设计文件没有确定图书馆实际设计建筑空气调节和采暖系统的年运行时间表时，可按风机盘管系统全年运行进行计算。

表 1－3 图书馆风机盘管系统的日运行时间表

建筑类别	日期类别	系统工作时间
图书馆	工作日	8:00～22:00
	节假日	—

参照建筑空气调节和采暖区的温度应与所设计的建筑保持一致。当设计文件没有确定实际设计建筑空气调节和采暖区的温度时，可按表 1－4[8] 确定空气调节和采暖区的温度。表中，建筑围护结构热工性能综合决策计算时应考虑室内温度 ±1℃的正常波动。

表 1－4 图书馆空气调节和采暖房间的温度(℃)

建筑类别	日期类别	空调方式	时间/时											
			1	2	3	4	5	6	7	8	9	10	11	12
图书馆	工作日	空调	—	—	—	—	—	—	28	26	26	26	26	26
		采暖	—	—	—	—	—	—	18	20	20	20	20	20
	节假日	空调	—	—	—	—	—	—	—	—	—	—	—	—
		采暖	—	—	—	—	—	—	—	—	—	—	—	—
建筑类别	日期类别	空调方式	时间/时											
			13	14	15	16	17	18	19	20	21	22	23	24
图书馆	工作日	空调	26	26	26	26	26	26	26	26	26	26	—	—
		采暖	20	20	20	20	20	20	20	20	20	20	—	—
	节假日	空调	—	—	—	—	—	—	—	—	—	—	—	—
		采暖	—	—	—	—	—	—	—	—	—	—	—	—

(1)室内计算参数

图书馆参照建筑空调室内计算参数按照表 1－5[9] 选择。应该注意，若图书馆参照建筑室内温、湿度计算参数水平高于表 1－5 中的规定，图书馆参照建筑室内温、湿度计算参数根据表 1－5 选取；若图书馆参照建筑室内温、湿度计算参数水平低于表 1－5 中的规定，则图书馆参照建筑室内温、湿度计算参数应与图书馆实际设计建筑相同。此外，假如图书馆参照建筑的新风量大于 30 $m^3/(h \cdot 人)$，则图书馆参照建筑应按实际值选取。

表 1－5 图书馆空气调节系统室内计算参数

参数		冬季	夏季
温度 t/℃	一般房间	20	25
	大堂、过厅、阅览室等	18	室内外温差 10
风速 $v/(m \cdot s^{-1})$		$0.10 \leq v \leq 0.20$	$0.15 \leq v \leq 0.30$
相对湿度 φ/%		45	55

(2)空调系统

图书馆参照建筑中通风空调系统设备的基本资料是模拟图书馆参照建筑中通风空调系统设备耗能的基本条件，是决定图书馆参照建筑年耗费用的关键因素之一。一般来说，办公室等空调区域的通风空调采用有独立新风系统的风机盘管系统。风机盘管水系统采用两管制，系统采用冬、夏季转换的控制方法。新风系统的送风机静压为350 Pa，送风机电机和送风总效率为50%。其他类型的空调区域则采用定风量、单风道的全空气空调系统。房间总送风量根据送风温差8℃进行计算。若无法实现8℃的送风温差，则以机器露点温度送风。空气处理器的送风机静压为700 Pa，送风机电机和送风总效率为50%。在系统的新风管和排风管之间安装全热回收器，其效率为60%。空调系统的运行时间规定为：工作日早晨7点开启，晚上10点关机，节假日不开启空调系统。

(3)空调系统的冷热源

空调系统热源采用燃气锅炉，冷热源设备采用水冷冷水机组。其容量根据建筑空调系统负荷动态模拟软件的计算结果确定。若单台冷水机组容量小于230 kW，采用水冷往复式冷水机组；若大于528 W，则采用离心式冷水机组；当制冷系统冷量小于528 kW，系统采用单台水冷冷水机组；若系统冷量等于或大于528 kW，也可以采用两台水冷冷水机组。若单台冷水机组容量大于230 kW且小于528 kW，则采用水冷螺杆式冷水机组。各机组的COP值见表1－6[10]。

表1－6　电力电驱动压缩式冷水机组COP建议值

<table>
<tr><th colspan="2">类型</th><th>额定制冷量/kW</th><th>性能系数COP/(W/W)</th></tr>
<tr><td rowspan="9">水冷</td><td rowspan="3">活塞式/旋涡式</td><td><528</td><td>3.80</td></tr>
<tr><td>528～1163</td><td>4.00</td></tr>
<tr><td>>1163</td><td>4.20</td></tr>
<tr><td rowspan="3">螺杆式</td><td><528</td><td>4.10</td></tr>
<tr><td>528～1163</td><td>4.30</td></tr>
<tr><td>>1163</td><td>4.60</td></tr>
<tr><td rowspan="3">离心式</td><td><528</td><td>4.40</td></tr>
<tr><td>528～1163</td><td>4.70</td></tr>
<tr><td>>1163</td><td>5.10</td></tr>
<tr><td rowspan="4">风冷或蒸发冷却</td><td rowspan="2">活塞式/旋涡式</td><td>≤50</td><td>2.40</td></tr>
<tr><td>>50</td><td>2.60</td></tr>
<tr><td rowspan="2">螺杆式</td><td>≤50</td><td>2.60</td></tr>
<tr><td>>50</td><td>2.80</td></tr>
</table>

对于名义制冷量大于7100 W、采用电力驱动压缩机的单元式空气调节机、风管送风式和屋顶式空气调节机组，在名义制冷工况和规定条件下，其能效比(*EER*)值见表1－7[11]。

表 1－7　电力驱动的单元式机组的能效比 *EER*

类型		能效比 *EER*(W/W)
风冷式	不接风管	2.60
	接风管	2.30
水冷式	不接风管	3.00
	接风管	2.70

注：设计选用的燃气锅炉的热效率应大于或等于 89%，一般宜选用 2 台。

(4)建筑空调通风管网输送系统

图书馆空调系统的管网输送能耗可达空调能耗的 30%，因此该部分能耗应该严格控制。

①水泵输送能耗

空气调节冷热水系统的输送能效比(*ER*)应按式(1－1)计算，最大输送能效比见表 1－8[12]。表中两管制热水管道系统的输送能效比值，不适用于采用直燃式冷热水机组作为热源的空气调节热水系统。

$$ER=\frac{0.002342H}{\Delta T\cdot\eta}\tag{1-1}$$

式中：H——水泵设计扬程，m；

ΔT——供回水温差，℃；

η——水泵在设计工作点的效率，%。

表 1－8　空气调节冷热水系统的最大输送能效比 *ER*

系统类型	两管制热水管道	四管制热水管道	空调冷水管道
ER	0.00433	0.00673	0.0241

②风机输送能耗

空气调节风系统中风机的单位风量耗功率(W_s)应按式(1－2)计算，其值见表 1－9[6]。

表 1－9　风机的单位风量耗功率限值($W\cdot m^{-3}\cdot h^{-1}$)

系统形式	办公建筑(阅览室)		商业、旅馆建筑	
	粗效过滤	粗、中效过滤	粗效过滤	粗、中效过滤
两管制定风量系统	0.42	0.48	0.46	0.52
四管制定风量系统	0.47	0.53	0.51	0.58
两管制变风量系统	0.58	0.64	0.62	0.68
四管制变风量系统	0.63	0.69	0.67	0.74
普通机械通风系统	0.32			

$$W_s = \frac{p}{3600\eta_t} \quad (1-2)$$

式中：W_s——单位风量耗功率，$W/(m^3 \cdot h^{-1})$；

p——风机全压，Pa；

η_t——包含风机、电机及传动效率在内的总效率，%。

③照明功率和电气设备

图书馆参照建筑各个房间的照明功率应与图书馆实际设计建筑一致。当设计文件没有确定图书馆实际设计建筑各个照明区域的照明功率时，可按表1－10[6, 13]确定照明功率。图书馆参照建筑和图书馆实际设计建筑的照明开关时间按表1－11确定[6, 13]。

表1－10　图书馆照明功率密度值（W/m^2）

建筑类别	房间类别	照明功率密度
图书馆	普通办公室	11
	高档办公室、阅览室、多功能厅	18
	会议室、研讨室、教室、展览厅	11
	计算机房	19
	资料库、档案室、特藏库	11
	大厅	15
	快餐厅	13
	咨询室	18
	音乐厅、咖啡厅、小剧场	15
	商店	15
	走廊	5

表1－11　图书馆照明开关时间表（%）

建筑类别	日期类别	时 间 /时											
		1	2	3	4	5	6	7	8	9	10	11	12
图书馆	工作日	0	0	0	0	0	0	10	50	95	95	95	80
	节假日	0	0	0	0	0	0	0	0	0	0	0	0
建筑类别	日期类别	时 间 /时											
		13	14	15	16	17	18	19	20	21	22	23	24
图书馆	工作日	80	95	95	95	95	30	30	95	95	95	0	0
	节假日	0	0	0	0	0	0	0	0	0	0	0	0

④人员密度

图书馆参照建筑各区域的人员密度应与图书馆实际设计建筑一致。当设计文件没有规定图书馆实际设计建筑各区域的人员密度时，可按表1-12[6]确定人员密度。图书馆参照建筑和图书馆实际设计建筑的人员逐时在室率按表1-13[6]确定。

表1-12 图书馆不同类型房间人均占有的使用面积(m^2/人)

建筑类别	房间类别	人均占有的使用面积
图书馆	普通办公室	4
	高档办公室、阅览室、多功能厅	8
	会议室、研讨室、教室、展览厅	2.5
	计算机房	5
	资料库、档案室、特藏库	50
	大厅	15
	快餐厅	2.5
	咨询室	2.5
	音乐厅、咖啡厅、小剧场	4
	商店	4
	走廊	50

表1-13 图书馆房间人员逐时在室率(%)

建筑类别	日期类别	时间/时											
		1	2	3	4	5	6	7	8	9	10	11	12
图书馆	工作日	0	0	0	0	0	0	10	50	95	95	95	80
	节假日	0	0	0	0	0	0	0	0	0	0	0	0
建筑类别	日期类别	时间/时											
		13	14	15	16	17	18	19	20	21	22	23	24
图书馆	工作日	80	95	95	95	95	30	30	95	95	95	0	0
	节假日	0	0	0	0	0	0	0	0	0	0	0	0

⑤电气设备

图书馆实际设计建筑应与图书馆参照建筑各个房间的电气设备功率完全一致。当设计文件没有规定图书馆实际设计建筑各个房间的电气设备功率时，可按表1-14[6, 14]确定。图书馆实际设计建筑和图书馆参照建筑电气设备的逐时使用率按表1-15确定[14]。

表1-14 图书馆不同类型房间电气设备功率(W/m^2)

建筑类别	房间类别	电器设备功率
图书馆	普通办公室	20
	高档办公室、阅览室、多功能厅	13
	会议室、研讨室、教室、展览厅	13
	计算机房	50
	资料库、档案室、特藏库	10
	大厅	10
	快餐厅	13
	咨询室	13
	音乐厅、咖啡厅、小剧场	15
	商店	15
	走廊	0

表1-15 图书馆电气设备逐时使用率(%)

建筑类别	日期类别	时 间 /时											
		1	2	3	4	5	6	7	8	9	10	11	12
图书馆	工作日	0	0	0	0	0	0	10	50	95	95	95	50
	节假日	0	0	0	0	0	0	0	0	0	0	0	0
建筑类别	日期类别	时 间 /时											
		13	14	15	16	17	18	19	20	21	22	23	24
图书馆	工作日	50	95	95	95	95	30	30	95	95	95	0	0
	节假日	0	0	0	0	0	0	0	0	0	0	0	0

图书馆实际设计建筑和参照建筑的空气调节和采暖能耗应采用同一个动态计算软件计算得到，且应采用典型气象年数据计算空气调节和采暖能耗。

1.4.3 图书馆实际设计建筑参数的设定

图书馆设计建筑是设计单位根据需要，通过相关设计文件设计出来的建筑，也是进行节能分析的对象。建筑设计参数和建筑围护结构热工参数都由设计文件确定。空调、通风系统与冷热源的参数分别按照下面的规定采用。

1. 室内计算参数

图书馆室内环境设计参数，应符合《公共建筑节能设计标准》(GB 50189—2005)、《民用建筑供暖通风与空气调节设计规范》(GB 50736—2012)及夏热冬冷地区各省市的地方公共建筑节能设计标准的相关规定的要求，设计时参考标准选取。图书馆集中采暖系统室内计算温度宜按表1－16取值，空气调节系统室内计算参数宜按表1－17取值，主要空调区的设计新风量宜按表1－18取值[6]。

表1－16　图书馆集中采暖系统室内计算温度

房间名称	室内温度/℃
大厅	16
洗手间	16
办公室、阅览室	20
报告厅、会议室	18
特藏、胶卷、书库	14

表1－17　图书馆空气调节系统室内计算参数

参数		冬季	夏季
温度 t/℃	一般房间	20	26
	大堂、过厅	18	室内外温差≤10
风速 v/($m \cdot s^{-1}$)		$0.10 \leq v \leq 0.20$	$0.15 \leq v \leq 0.30$
相对湿度 φ/%		30～60	40～65

表1－18　图书馆主要空调区的设计新风量

空调区名称	新风量/[m^3/(h·人)]
大厅	10
办公室、阅览室	30
报告厅、会议室	20

2. 图书馆热湿环境

图书馆作为提供藏书、读书、开会及其他活动的建筑，应当创造一个良好舒适的热湿环境。影响图书馆热湿环境的主要参数有：空气温度、相对湿度、空气流速和平均辐射温度。空气温度决定了人体通过对流向大气散热的速率。当气温高于人体表面温度（一般为37℃）时，空气对人体加热，使人感到太热；当气温低于10℃时，人体会感觉冷甚至过冷而不舒适。一般来说，舒适的气温范围冬夏不同，夏季为24～28℃，冬季为18～22℃。

汗液的蒸发与空气相对湿度有关。空气相对湿度过低，人体皮肤表面汗液蒸发过快，人体会缺水，使人的皮肤、口、鼻发干，甚至嘴唇开裂。当相对湿度过高时，人会觉得闷热难受，室内建材、书稿等会受潮，室内表面滋生霉菌。合理而舒适的相对湿度范围冬夏不同，冬季为40%～60%、夏季为40%～65%。

空气流速对蒸发散热和对流散热都有影响，因此夏季空气流速较大时使人感到舒适，而冬季空气流速太大会使人更加感到寒冷。一般来说，空气流速的舒适性范围在0.1～0.3 m/s。

室内墙面和物体的表面温度如果高于人体皮肤和衣物的表面平均温度(一般为29℃左右)，室内墙面和物体就会与人体产生辐射热交换。平均辐射温度T_{mrt}是针对位于室内某个点的某个人而言的，即假定在人的周围有一个温度均匀的黑色围护，人对它的散热与在实际房间中的散热相等。在一般情况下，房间内各表面温差不大，T_{mrt}可按照各个表面的角系数用式(1－3)进行计算。

$$T_{mrt} = T_1 F_{p-1} + T_2 F_{p-2} + T_3 F_{p-3} + \cdots + T_n F_{p-n} \tag{1-3}$$

式中：T_1，T_2，T_3，…，T_n——房间内各表面的绝对温度，K；

F_{p-1}，F_{p-2}，F_{p-3}，…，F_{p-n}——人和各表面之间的角系数。

美国采暖、制冷与空调工程师协会提出的热舒适是指对环境感到满意的心理状态。在这种状态下，人体的温度波动于一个很窄的范围内，皮肤表面温度较低，而且对人体自身调节的需要量很小。空气温度、相对湿度、空气流速和平均辐射温度这四个参数的某些特定组合，构成大部分人所认可的热舒适范围。比较简化的表示是在温湿图上表示的热舒适区(见图1－2)。当然，这种热舒适区图仅反映了温度、湿度两个参数，另外两个参数假设为恒定，即平均辐射温度(T_{mrt})被设定为与气温接近，而气流速度被设定为舒适度范围之内。

如果房间的平均辐射温度和流速不同于上述假设条件，那么热舒适的范围也将发生变化。为了补偿辐射加热的作用，室内气温应当降低。此时，舒适区会向左移动[图1－3(a)]。如果空气流速较高，气流的降温作用可允许房间有较高的温度。此时，舒适区会向右移动[图1－3(b)]。

应该指出，舒适区还与文化、习惯、一年中的季节时间、健康状况、个人活动状态和衣着多少等因素相关。图1－4所示为1997年ASHRAE推荐的冬季和夏季的舒适区，与前述舒适区叠加在一起，可见二者之间相差不大。

总之，图书馆室内设计参数应该结合我国实际情况、人们的生活习惯、活动情况、衣着情况和卫生标准以及节能要求等因素，基于人体对周围环境温度、相对湿度和风速的舒适性要求来确定。室内设计参数对热负荷影响很大，适当降低冬季室内设计温度和提高夏季室内设计温度，既可以满足舒适性要求，又可有效降低能耗。根据计算分析和实测表明，供暖时每降低1℃可节能10%～15%；供冷时每提高1℃可节能10%左右[6]。

3. 图书馆新风量的确定

在确定图书馆新风量时，应该充分考虑室内有害物的性质和数量以及它们的允许浓度，其中主要的有害物是粉尘、二氧化碳、一氧化碳、热气、湿气、细菌、化学物和烟气等。在稳定状态下，保证空调房间卫生要求的必要新风量可按式(1－4)确定：

$$L_0 = \frac{M_0}{C - C_0} \tag{1-4}$$

式中：M_0——有害气体发生量，mg/h；

C——有害物的允许浓度，mg/m^3；

C_0——室外空气中该有害物的浓度，mg/m^3。

有害气体的浓度有两种表示方法：一种是质量浓度表示法，即每立方米空气中所含污染

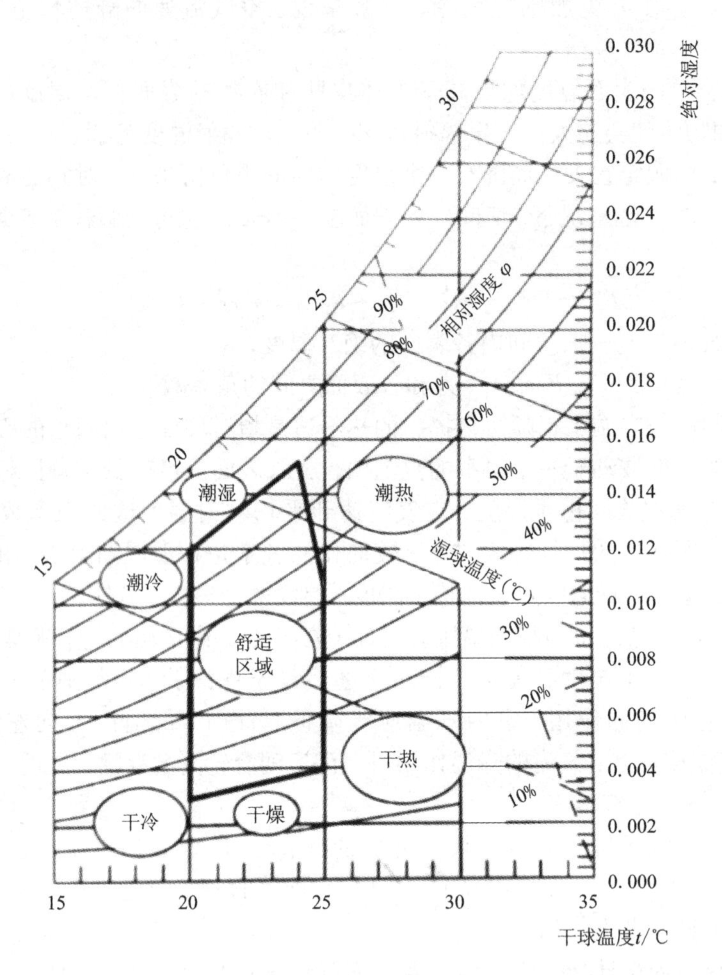

图1-2 热舒适图

物的质量数，即 mg/m³；另一种是体积浓度表示法，即一百万体积的空气中所含污染物的体积数，即 ppm，大部分气体检测仪器测得的气体浓度都是体积浓度。

室外空气（新风）中的 CO_2 浓度各个地区不大一样，但符合标准的大气可取 0.03%，城市中有时可达 0.06%。人体在新陈代谢过程中，会排出大量 CO_2，所以 CO_2 浓度常常作为衡量室内空气质量标准的一个指标，国外不少国家把允许的 CO_2 浓度取为 0.1%。

人体二氧化碳的发生量与人体表面积、新陈代谢量有关。根据不同的活动强度，可以计算出人体 CO_2 的发生量。当人体轻度活动时，CO_2 发生量为 0.023 m³/（人·h），假设标准大气 CO_2 浓度为 0.03%，室内 CO_2 允许浓度为 0.1% 时，必需的新风量为 33 m³/（人·h）。按《民用建筑供暖通风与空气调节设计规范》（GB 50736—2012）规定，图书馆阅览室最小新风量标准见表 1-19[9]。

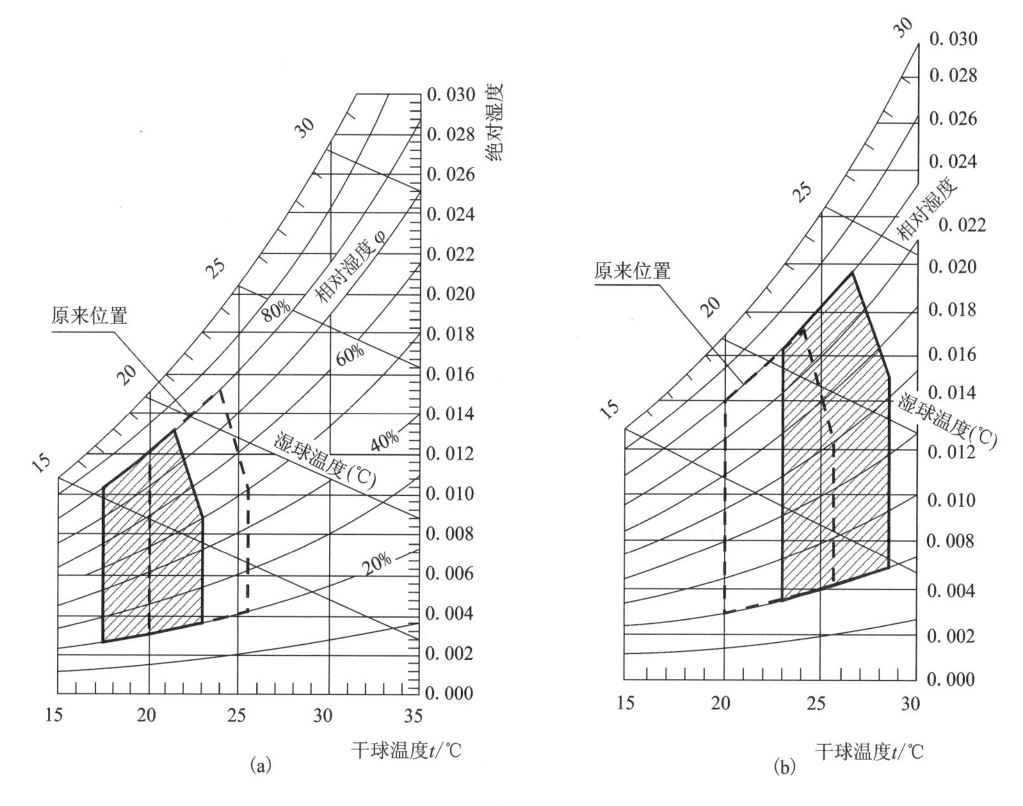

图1－3　舒适区的移动

表1－19　图书馆室内最小新风量[m^3/(h·人)]

建筑类型	人员密度 PF/(人/m^2)		
	$PF \leqslant 0.4$	$0.4 < PF \leqslant 1$	$PF > 1$
图书馆	20	17	16

以上是根据二氧化碳的浓度来确定的新风量，而室内环境的污染是由多种有害物质引起的。它们对人体有综合的影响，必须考虑去除除人体以外的其他有害物对空气的污染。

4. 其他参数的确定

空调系统的冷热源形式、性能参数等由设计文件确定。建筑空调通风管网输送系统中，水泵与风机的输送能耗根据设计文件提供信息进行计算。照明负荷、人员负荷和其他用电设备由设计文件确定，如果设计文件没有提供照明的使用时间表、人员的逐时在室率和其他用电设备的逐时使用率，则分别参考表1－11、表1－13和表1－15。

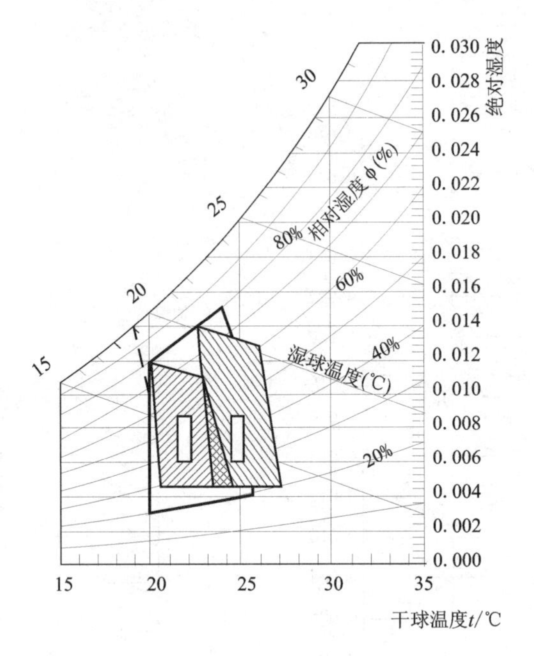

图 1－4　冬季和夏季的舒适区

1.5　用 EnergyPlus 分析建筑能耗

1.5.1　EnergyPlus 简介

EnergyPlus 是美国能源部和劳伦斯伯克利国家实验室在 DOE－2 和 BLAST 两个程序的基础上发展起来的一个通用免费软件，同它们的起源程序一样，EnergyPlus 也兼有能源和热负荷仿真分析的功能。当一个建筑的物理结构组成及相关机械系统等因素确定之后，EnergyPlus 能够计算在一个实际建筑中维持整个温度控制设定点所需的冷、热负荷，HVAC 系统和设备功耗，以及主要的环境能耗等。可见，EnergyPlus 作为一个全新的软件，相比 DOE－2 和 BLAST，增加了很多新的功能，被认为是能够用来替代 DOE－2 的新一代建筑能耗分析软件[5,6]。

1.5.2　负荷模拟

EnergyPlus 是一个建筑能耗逐时模拟引擎，采用集成同步的负荷、系统、设备的模拟方法。在计算负荷时，用户可以自由选择时间步长，一般为 10～15 min。为了便于更快收敛，在系统模拟的过程中，软件会自动设定更短的时间步长，从 1 min 到 1 h 不等。

EnergyPlus 采用了很多有效的方法和数学物理模型作为模拟的基础，如采用 CTF (Conduction Transfer Function)来计算墙体传热(CTF 是一种基于墙体内表面温度的反应系数，利用其进行计算能使得到的负荷更为精确)；采用热平衡法计算负荷；采用三维有限差分土壤模型和简化的解析方法对土壤传热进行模拟；采用传热传质模型对墙体的热湿传递进行模拟；采用基于人体活动量及室内温湿度等参数的热舒适模型模拟室内人员舒适性情况；采用天空各向异性的天空模型以改进倾斜表面的天空散射强度进行辐射计算。

EnergyPlus 能够准确地模拟可控的遮阳装置、可调光的电铬玻璃及日光照明，可以进行先进的窗户传热计算。在每个时间步长内，程序自建筑内表面开始计算对流、辐射和传湿过程。通过 EnergyPlus 中的 Airflow Network 模块可以对自然通风、机械通风及烟囱效应等引起的区域间的气流和污染物的交换进行模拟，区域之间的气流交换也可以通过定义流量和时间表来进行简单的模拟。其中 Airflow Network 可替代早期版本中的 COMIS 链接以及 ADS(Air Distribution System)模型；ADS 模型则可用来计算空气输配系统的气流以及由于风管传热和空气泄露引起的能量损失；COMIS 是 LBNL 开发的用来模拟建筑外围护结构的渗透、区域之间的气流与污染物交换的免费专业分析软件。

1.5.3 系统模拟

EnergyPlus 系统模拟方法采用时间步长可变的、模块化的软件。一些常用的空调系统类型和配置已做成模块，包括双风道的定风量空气系统和变风量空气系统，单风道的定风量空气系统和变风量空气系统，整体式直接蒸发系统，热泵、辐射式供热和供冷系统，水环热泵、地源热泵及变制冷剂流量(VRV)系统。空调系统由包括风机、冷热水直接蒸发盘管、加湿器、转轮除湿器、蒸发冷却器、变风量末端及风机盘管等部件所组成。这些部件由模拟实际建筑管网的水或空气环路(loop)连接起来，每个部件的前后都需设定一个节点，以便连接。这些连接起来的部件还可以与房间进行多环路的联系，因此可以模拟双空气环路的空调系统(如独立式新风系统，Dedicated Outdoor Air System——DOAS)。

1.5.4 设备模拟

EnergyPlus 设备模型采用曲线拟合的方法，能够模拟的冷热源设备包括吸收式制冷机、电制冷机、引擎驱动的制冷机、燃气轮机制冷机、锅炉、冷却塔、柴油发电机、燃气轮机及太阳能电池等。这些设备分别用冷冻水、热水和冷却水回路连接起来。

1.6 遮阳及其模拟

1.6.1 遮阳的方法

遮阳是指通过建筑手段，运用相应的材料和构造，与日照光线形成某一有利的角度，遮挡通过玻璃的热辐射，而不影响采光条件的手段和措施。采用各种遮阳设施的目的是降低进入室内的太阳直射和散射辐射的得热量。随着建筑技术的进步和建筑造型的日益丰富，当前很多新建图书馆都大面积采用玻璃幕墙以提高建筑自然采光的强度、美化图书馆本身的造型，进而导致围护结构的透光面积大大增加。图书馆内的夏季空调负荷相当一部分来自通过透光围护结构进入室内的太阳辐射，所以采取有效的遮阳措施可以大大减少进入室内的太阳辐射得热，从而有效地降低夏季空调冷负荷和建筑能耗。因此在图书馆设计中采取遮阳的方法很重要。

建筑物遮阳方法可以分为三大类：外遮阳、遮阳玻璃和内遮阳。

外遮阳是使用某种物理的方式阻隔太阳辐射热和太阳光线通过建筑外围护进入室内。外遮阳可以是永久性的建筑遮阳结构，如遮阳板、遮阳挡板、屋檐等；也可以是活动、可调节的，如活动挡板、卷帘等。这些构造在传统建筑中已普遍使用。另外，真正的外遮阳必须要满足遮阳隔热、透光透景、通风透气三个条件。

遮阳玻璃是采用现代玻璃镀膜技术，使窗玻璃可以对入射的太阳光进行选择，减小红外光进入室内的作用。遮阳玻璃已经成为现代节能建筑设计的重要手段之一。

内遮阳以遮阳和装饰并重，常见的内遮阳有内窗帘、百叶窗、内贴膜、各种防晒卷帘等。一般来说，如果不考虑其设计和功能上的需求，内遮阳的节能效果总体上不如外遮阳和遮阳玻璃，通常只有在无法采用前面两种方法时，才会采用内遮阳作为一种节能的补救措施。总之，遮阳措施不同，遮阳特性也相差很大，可以满足不同程度的遮阳需要。

1.6.2 遮阳系数

通常采用遮阳系数作为一种计算指标来定量分析各种遮阳措施对建筑空调负荷和耗能的影响，遮阳系数定义如式(1-5)。

$$SC=\frac{\text{通过窗和遮阳材料的太阳辐射热量}}{\text{通过标准玻璃窗的太阳辐射热量}} \tag{1-5}$$

随着与太阳入射夹角的不同(有太阳高度角、方位角和窗表面的法线夹角)，遮阳系数变化很大。对于某些建筑结构的外遮阳，由于一天中太阳位置(高度角、方位角)随着时间发生变化，会使一部分太阳光束进入室内。同样，对于活动、可调节的内、外遮阳设备和材料，其遮阳系数随调节程度变化而变化。因此，采用遮阳系数是工程中计算负荷和能耗的近似算法。

通常通过实验方法或计算机模拟来确定工程中所用的遮阳系数。其方法是建立两个几何形状和墙体材料完全相等的房间模型，在设定房间温度的情况下运行，其中一个房间的窗口安装有待测的遮阳装置或设备，另一个房间的窗口安装有 3 mm 厚的标准玻璃，两个房间的冷负荷之比就是该种材料、结构或设备的遮阳系数。计算机模拟是在虚拟环境中进行，它可以不受实际尺度、测试条件以及遮阳设备的限制，模拟起来非常方便。例如，可以假设房间的墙体内表面吸热系数为 0，外表面绝热、热时间常数为 0 等。这种虚拟环境可以避免采用量热器或防护热箱对比法测试中热平衡和设备标定的许多困难。但是，计算机模拟不能完全与实际过程相同，只有采用技术可靠的计算机软件，其模拟结果才是可靠的。

1.7 图书馆建筑能耗综合评定

在《公共建筑节能设计标准》中，提出了节能 50% 的目标，而图书馆建筑要实现节能 50% 的目标，必须依赖于改善建筑围护结构和空调、采暖系统，并提高建筑照明电力系统的节能效果才能实现。

门窗、屋顶、外墙等构件是建筑外围护结构的主要组成部分，其设计对建筑节能具有重要的意义，决定了建筑能耗系统的基础。一个好的建筑围护结构可以有效降低空调系统和照明系统的负荷，为建筑运行能耗的降低提供保障，所以相关标准对建筑设计、建筑热工参数等都有严格的限制，这些相关条文是设计者必须遵守的强制性条文。

建筑能耗是建筑在正常使用条件下产生的运行能耗，这些能耗是由建筑外围护结构和建筑设备决定的，因此建筑节能的对象和主体应该是建筑运行中必须启用和控制的所有能耗和设备。建筑一经启用，真正影响建筑能耗的是建筑内部的设备，所以对于既有建筑而言，影响建筑能耗的决定因素是建筑设备和系统。因此，建筑设备节能在建筑全寿命周期内非常重要。

由此可见，图书馆建筑的节能既包括建筑围护结构全年能耗的综合评定，也包括了建筑设备部分的综合评定。这两个综合评定就是图书馆建筑节能综合评定方法。其中，参照建筑与实际设计建筑的相关参数如前所述。

1.7.1 建筑全年能耗模拟方法

建筑全年能耗模拟必须依靠软件作为平台，对全年 8760 h 进行动态模拟，其基本流程如图 1－5 所示。

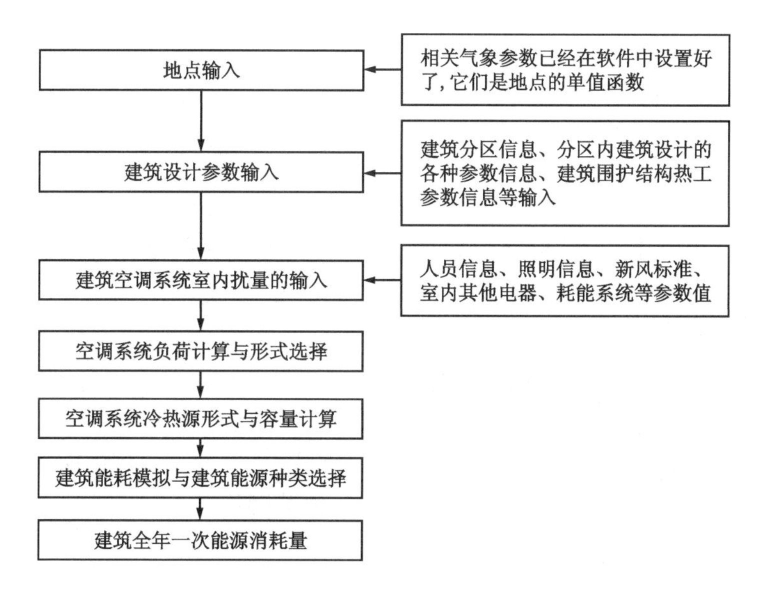

图 1－5 建筑全年能耗模拟基本流程

1.7.2 图书馆建筑能耗综合评定

1. 图书馆设计建筑的年能耗费用

图书馆设计建筑的年能耗费用应按式(1－6)和式(1－7)计算[14]。

$$DEC = \sum_{i=1}^{12} (MDEC)_i \tag{1-6}$$

$$(MDEC)_i = \sum_{j=1}^{m} [(DXC)_{ij} \cdot P_{ij}] \tag{1-7}$$

式中：DEC—— 图书馆设计建筑的年能耗费用，元；

$(MDEC)_i$—— 图书馆设计建筑在第 i 月的能耗费用，元；

$(DXC)_{ij}$—— 图书馆设计建筑在第 i 月消耗的第 j 种能源的量，kg 或 m^3 或 GJ；

P_{ij}—— 第 j 种能源在第 i 月的价格，元/kg 或元/m^3 或元/GJ。

按照图书馆设计建筑的能耗系统进行分类比较，分别模拟计算出各系统在某个月份的能耗数量，然后再根据消耗的能源种类，对消耗的能源数量分别进行叠加。即分别将某个月消耗的电能和天然气量进行叠加，分别计算出该月消耗电能的总量和该月消耗天然气的总体积。然后，将当月某种能源的价格乘以其消耗量，得到该能源在该月的能耗费用。最后，将所有这些能耗费用叠加得到该建筑在该月的总能耗费用，再将一年 12 个月的总能耗费用叠加，得到该建筑在全年的总能耗费用。

2. 图书馆参照建筑的年能耗费用

图书馆参照建筑的年能耗费用应按式(1－8)和式(1－9)计算[14]。计算过程与实际设计建筑的计算过程相同，在此不再赘述。

$$SEC = \sum_{i=1}^{12} (MSEC)_i \tag{1-8}$$

$$(MDEC)_i = \sum_{j=1}^{m} [(SXC)_{ij} \cdot P_{ij}] \tag{1-9}$$

式中：SEC—— 图书馆参照建筑的年能耗费用，元；

$(MSEC)_i$—— 图书馆参照建筑在第 i 月的能耗费用，元；

$(SXC)_{ij}$—— 图书馆参照建筑在第 i 月消耗的第 j 种能源的量，kg 或 m^3 或 GJ；

P_{ij}—— 第 j 种能源在第 i 月的价格，元/kg 或元/m^3 或元/GJ，与式(1－6)中采用的价格相同。

3. 基于建筑全年能耗模拟基础上的节能评定

根据上述模拟结果，当图书馆设计建筑的年能耗费用小于或等于图书馆参照建筑的年能耗费用时，即 $DEC \leqslant SEC$，则可认为该图书馆建筑为节能建筑。

1.8 图书馆节能设计方法与经济评价

1.8.1 图书馆节能设计方法

图书馆节能设计必须运用集成设计理念，而不能是简单的技术组合。在技术进步的同时，图书馆建筑设计过程的专业分工也日趋明显。在以往的图书馆建筑设计中往往很少考虑建筑方位、气候影响、阳光控制、室内环境和能源节约等因素之间的相互关系，但通过集成设计可以很好地解决上述问题。设计人员通过多种多样的技术集成，事先确定节能目标，进行方案的技术和经济性比较，确定最优方案，以获得最优化的节能效果。

在保证室内环境参数条件下，从方案设计开始，图书馆节能设计应根据当地的气候条件，通过建筑、结构、暖通、给排水、电气和经济分析等各种专业人员的紧密合作，应用先进技术和现代工具对方案不断优化，并进行设计创新，提高建筑设备及系统的能源利用效率，并合理利用新能源及可再生能源，从而降低建筑暖通空调、给水排水及电气等系统的能耗，最终将建筑能耗控制在规定的范围内。

1.8.2 图书馆节能设计经济性评价

要实现建筑节能，必然要增加建筑成本。节能建筑比普通建筑大约要提高近10%以上的造价。但很多所谓的节能建筑都只是在某个部位或某个时段达到节能的要求，没有从全寿命周期的角度考虑建筑节能带来的经济和社会效益。所以为了合理评估节能设计的效果，必须从全寿命周期的角度出发进行综合考虑。

一座图书馆的“寿命”，从它的选址、规划开始，经过设计、施工、使用和运行，直到它最终的再利用或拆除，通常为几十年甚至更长。比如，假设某图书馆寿命为30年，其建设初的投资大约只占其“一生”所耗总费用的2%，节能建筑较普通建筑提高的造价更少(约2‰)，运行和维护费用占6%，而人员费用占了92%。设计一座室内环境好、节约能源的图书馆，可以节省运行费用，同时减少人员费用。因此，从全寿命周期来分析，能够更好地揭示图书馆节能投资的经济性。

在节能设计过程中，关键技术作为技术方案选择时的依据，必须对其的选用进行评价。其中一种评价方法是净现值法，即以节约的能耗支出作为节能效益，将其与后期费用以某一折现率折算到评价初期，和初期投资相比较求差值，从而判断此项关键技术的经济合理性。

另外一种更加直观的方法是计算投资增额回收期，其采用的关键技术在运行过程中节约的能源支出抵偿采用该项技术的投资增额所需的时间。由于该方法简单易懂，且一般来说投资者极为关注的问题是尽快回收投资，所以得到了普遍采用。其计算公式可参考式(1-10)[15]。

$$Pd(k) = n - 1 + \left| \frac{\sum_{t=1}^{n-1} NCF_t}{NCF_n} \right| \tag{1-10}$$

式中：$Pd(k)$—— 某项关键技术的投资增额回收期；

n—— 累计净现金流量出现正值的年份数；

$\sum_{t=1}^{n-1} NCF_t$—— 第 $n-1$ 年累计净现金流量；

NCF_n—— 第 n 年净现金流量。

所谓现金流量，是指该年某项关键技术节约能耗费用与其增加的投资成本的差额。投资增额回收期越短，说明采用此项关键技术所增加的投资用节约能耗费用来弥补所需的时间越短。

参考文献

[1] 鲍家声. 现代图书馆建筑设计[M]. 北京：中国建筑工业出版社，2002.

[2] 鲍家声，朱赛鸿，吴建刚. 图书馆建筑设计手册[M]. 北京：中国建筑工业出版社，2004.

[3] ISO 2789：2006：Information and documentation - International library statistics [S]. The International Organization for Standardization，2013.

[4] GB 50176—1993：民用建筑热工设计规范[S]. 北京：中国建筑工业出版社，1993.

[5] JGJ 134—2010：夏热冬冷地区居住建筑节能设计标准[S]. 北京：中国建筑工业出版社，2010.

[6] GB 50189—2015：公共建筑节能设计标准[S]. 北京：中国建筑工业出版社，2015.

[7] 潘向龙. 关于图书馆建筑节能的研究与实践[J]. 图书馆论坛, 2007, 27(3): 147 - 149.
[8] DBJ 43—003—2010: 湖南省公共建筑节能设计标准[S]. 北京: 中国建筑工业出版社, 2010.
[9] GB 50736—2012: 民用建筑供暖通风与空气调节设计规范[S]. 北京: 中国建筑工业出版社, 2012.
[10] GB 19577—2004: 冷水机组能效限定值及能源效率等级[S]. 北京: 中国建筑工业出版社, 2004.
[11] DB 33—1036—2007: 浙江省公共建筑节能设计标准[S]. 北京: 中国计划出版社, 2007.
[12] 刘光大. 空调水系统输送能效比(ER)的探讨[C]. 湖南省暖通空调制冷学术年会, 2008
[13] GB 50034—2013: 建筑照明设计标准[S]. 北京: 中国建筑工业出版社, 2013.
[14] JGJ 38—1999: 图书馆建筑设计规范[S]. 北京: 中国建筑工业出版社, 1999.
[15] 黄有亮, 徐向阳, 谈飞, 等. 工程经济学[M]. 南京: 东南大学出版社, 2006.

第 2 章　图书馆平面节能设计

图书馆的节能首先应该体现在建筑的设计节能上。平面设计是建筑设计的基础，所以，建筑节能设计很大程度上取决于建筑平面设计。本章从图书馆的平面设计出发，主要阐述图书馆平面节能设计的一般原则、图书馆平面设计的详细方法以及平面设计中的可再生能源的利用等一系列问题。

2.1　图书馆平面节能设计的一般原则

图书馆平面节能设计是节能的主要组成部分，在设计中，应该遵循以下几条基本原则：

(1)图书馆平面设计应遵循《图书馆建筑设计规范》中的有关规定。

(2)精心进行图书馆平面设计。

精心进行图书馆平面设计，可以解决图书馆自身所需大部分的热量、冷量、光照和新鲜空气的平衡利用问题，从而大大降低对外部能源的需求，减少整个寿命周期的费用。

(3)合理地进行外部环境的规划布局。

图书馆平面设计应该在总体的规划、选址、布局的环境下，进行单体建筑设计。

(4)组织技术集成设计，实现设计方案最优。

设计集成是以满足图书馆的功能、形态、节能与环保的要求为前提的各工种协调并逐步优化设计的过程。在集成设计中，要解决好各种工种之间的矛盾，实现整体最优。

(5)最大限度地利用可再生能源。

在图书馆中最大限度地利用可再生能源，不但可以降低图书馆的能源消耗，同时可以通过减少能源消耗以减少 CO_2 的排放，从而有益于环境的保护。

(6)图书馆平面设计应兼顾艺术性、节能性和适用性。

建筑的艺术应该从属于其经济适用、工程结构安全要求来考虑。因此，只片面追求图书馆的形态美，而不照顾其实用性、安全性和经济性是不可取的。

2.2　图书馆平面节能设计的方法

由于图书馆平面设计会对建设造价、资源需求和周围环境产生巨大影响，在其方案的初步设计阶段需要对建筑的规模、布局、朝向、形态、高度和总平面布置等做出综合决策。

新建的现代化图书馆，大都采用块状布局模数式结构，且采用中间间隔较少的通透式、大开间的设计。这种建筑形式的缺陷在于过于封闭、自然通风效果差以及过分依赖空调系统和人工照明，因而会造成能耗高、经济性差等一系列的问题。

图书馆平面和竖向节能设计属于一种艺术和技术相结合的创造过程。梁思成先生曾经说过：“建筑的艺术和其他艺术有所不同，它是不能脱离适用、工程结构和经济的问题而独立存在的。”由此可见，如果图书馆只追求形态美而不顾其实用性和经济性就不能符合使用者的要求，最终它将被社会和历史所否定。优良的设计方案终究是适用、经济和美观之间的平衡。

2.2.1 技术设计集成

图书馆方案设计阶段就要开始考虑热舒适、光舒适、声舒适等问题，并对采暖、降温和照明等方面的问题进行综合考虑。应该重点考虑怎样尽量减少图书馆夏天的冷负荷，尽量降低冬天的热负荷；如何尽量减少对化石燃料和电能的需求，更加充分地利用自然冷热源。为了解决好这些问题，建筑师必须通过使用组织集成设计的方法，与结构、暖通和设备专业工程师协同配合才能达到节能设计的目的。所以，集成设计以满足建筑的形态、功能、节能与环保等要求为前提，通过各工种互动协调并逐步实现设计优化的目的。从方案设计开始，建筑师就要和各工种的工程师密切配合，把结构师、电气工程师和水、暖工程师的技术要求都汇集到设计中去，通过综合考虑，实现设计的优化。

在集成设计中，重点要关注合理确定建筑朝向，体形系数，围护结构保温、隔热的设置，最大限度地减少采暖和制冷的负荷。与此同时，最大限度地利用太阳能和风能、地热能等可再生能源，选择高效的空调、通风系统，并进行多方案的比较，最终确定技术经济合理的节能方案。一般来说，集成设计是必须经过的设计过程，可以解决建筑节能各个方面必须协调的问题，从而大大降低对外部能源的需求，减少整个寿命周期的费用。

2.2.2 图书馆总平面设计

在图书馆总平面的设计中，要充分利用有利的自然条件，比如夏季进行良好的通风，冬季利用好日照，且保证全年有良好的光照条件；而且要避开不利的自然环境，比如夏季防止日晒，冬季避开主导风向等。

在总平面设计阶段，应根据所在地区的气候条件，分析太阳辐射、自然通风等因素对图书馆节能设计的影响；将图书馆设计与自然通风的利用相结合，优化图书馆的总平面布置和图书馆的平、立、剖面形式。在冬季最大限度地利用日照，多获得能量，同时，避开主导风向以减少图书馆外表面热损失；在夏季最大限度地减少太阳辐射热，并利用自然通风来降温冷却，以达到节能的目的。

为了创造良好的图书馆室外风环境和自然通风条件，在图书馆总平面设计中，要充分利用附近构筑物和树木绿化等地形、地貌形成的导风作用，也要充分利用绿化、湖泊和水面等手段，尽可能营造建筑良好的自然通风外环境。

在夏热冬冷地区，建筑的朝向更加重要，一般需要在其南侧或东南侧留出较开阔的室外空间，以利于夏季主导风向的风吹向图书馆。同时，通过总平面图合理布局，尽量避免大面积围护结构外表面朝向冬季主导风向，在迎风面宜减少开门、窗或其他孔洞，以防止冬天大量冷风渗入。

2.2.3 图书馆朝向选择

朝向是指建筑物坐立的方位，建筑的朝向直接关系到太阳辐射、日照、自然通风等诸多方面。所以，选择有利的朝向，是降低建筑物冬季采暖和夏季空调能耗的一种重要设计手段，对夏热冬冷地区尤其重要，应该重视冬季和夏季对太阳辐射的不同需要。南北向的图书馆是比较舒适的，对节能也比较有利，且南北朝向的面积越大，节能越明显。

建筑的朝向对太阳辐射影响很大。在考虑太阳辐射方面，建筑朝向选择的原则是夏季能利用自然通风并减少太阳热辐射，而冬季能够获得足够的太阳照射并避开主导风向。然而，建筑的朝向、方位以及建筑总平面设计要考虑多方面的因素，要想同时满足夏季防热、冬季保温有较大的难度。因此，只能权衡各个因素之间的轻重与得失，选择出夏热冬冷地区的最佳朝向，以优化图书馆的规划设计。图2－1是广州、南京、武汉、北京地区冬季不同朝向太阳辐射强度的日变化特征[1]。图2－2[2]所示为夏热冬冷地区三座代表城市——上海、长沙、重庆的夏季不同朝向墙面太阳辐射强度变化曲线。

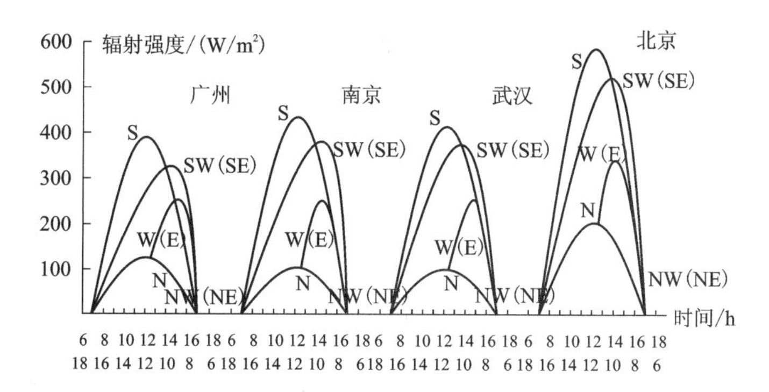

图2－1　冬季不同朝向太阳辐射强度

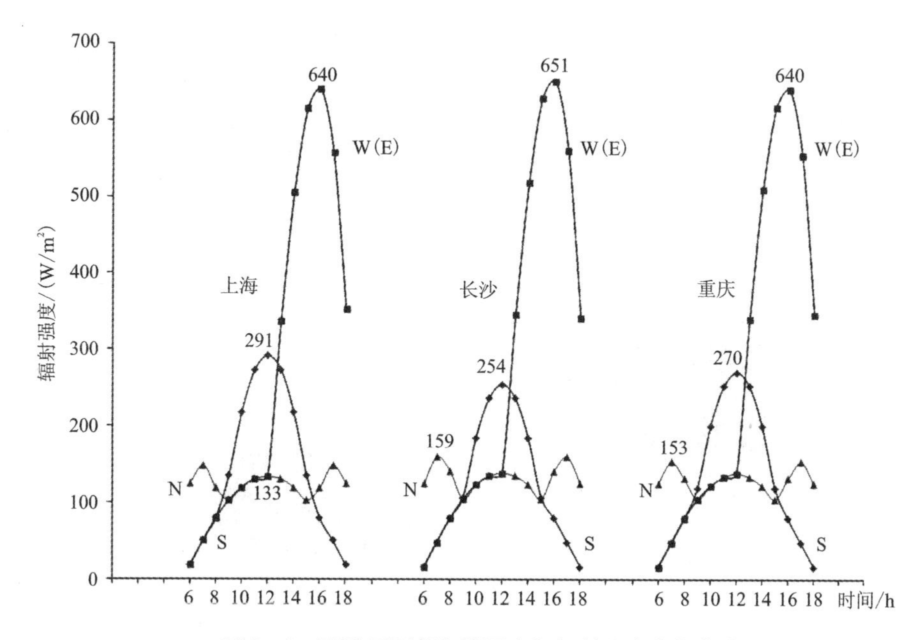

图2－2　夏季不同朝向墙面太阳辐射强度变化曲线

E—东向墙面；S—南向墙面；N—北向墙面；W—西向墙面

从图2－1和图2－2可知，夏热冬冷地区建筑南向垂直表面冬季日辐射量最大，而夏季南面太阳辐射量反而较小，但东、西向垂直表面辐射最大。综上所述，南偏东 10° ~ 南偏西 10°之间为最佳的朝向，西及西北为不适宜朝向。我国夏热冬冷地区部分城市建筑的最佳朝向参见表 2 - 1[2]。

表 2 - 1　夏热冬冷地区部分城市建筑合适朝向

地区	最佳朝向	适宜朝向	不宜朝向
上海	南 ~ 南偏东 15°	南偏东 15° ~ 南偏东 30° 南 ~ 南偏西 30°	北、西北
南京	南 ~ 南偏东 15°	南偏东 15° ~ 南偏东 30° 南 ~ 南偏西 30°	西、北
杭州	南 ~ 南偏东 15°	南偏东 15° ~ 30°	西、北
武汉	南偏东 10° ~ 南偏西 10°	南偏东 10° ~ 南偏东 35° 南偏西 10° ~ 南偏西 30°	西、西北
长沙	南 ~ 南偏东 10°	南 ~ 南偏西 10°	西、西北
南昌	南 ~ 南偏东 15°	南偏东 10° ~ 30° 南 ~ 南偏西 10°	西、西北
重庆	南偏东 10° ~ 南偏西 10°	南偏东 10° ~ 30° 南偏西 10° ~ 20°	西、东
成都	南偏东 10° ~ 南偏西 20°	南偏东 10° ~ 30° 南偏西 20° ~ 45°	西、东、北

此外，不同建筑体形对朝向的敏感程度不同，如图 2 - 3 所示。冬季得热最多的是以南北为主朝向的条式建筑和点式建筑，Y 形建筑总辐射面积小于上述两种，但在不同角度的 Y 形中，以正 Y 形和倒 Y 形最优，所以，在实际设计时，可以从节能的角度进行多种建筑体形的比较。

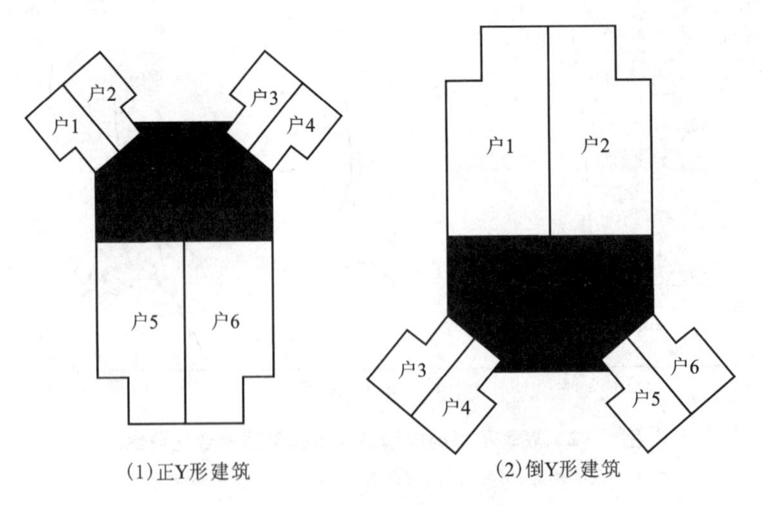

图 2 - 3　正 Y 形和倒 Y 形建筑

(1) 正 Y 形建筑；(2) 倒 Y 形建筑

自然通风也与建筑的朝向有密切的关系。对于有多排建筑体图书馆，以及位于建筑群中的图书馆，需要合理考虑建筑平面布局以充分利用自然通风。众所周知，当有气流直接吹向建筑立面时，在建筑的背风区会形成风影区。在风影区内，风向改变，形成涡流，会大大影响后排建筑自然通风的效果[3]。

如图 2－4 所示，来流入射角的改变会直接影响建筑群体的气流组织[4，5]。来流入射角为 0°与 60°时，建筑群体内部皆形成了大量的涡流，因此，从气流组织的角度看，来流入射角为 30°～45°时最好。同时，来流入射角会影响风影区长度、室内风速和通风量。当入射角 α >45°以后，风影区长度的缩减较微弱，而室内平均风速、室内通风量的衰减强烈。因此，α 应控制在 45°以下。此外，根据 B. Givoni[6] 的研究，在对开式房间内，若进口窗正对风向，则主要气流就由进风口笔直流向出风口，除了在出风口的两个墙角会引起局部的紊流以外，对室内其他地点影响很小。如果窗户与来流角度有所偏斜，则可在室内引起大量空气的紊流，使室内空气的均匀度更好。因此，要考虑建筑平面的布局与入射角度的关系。

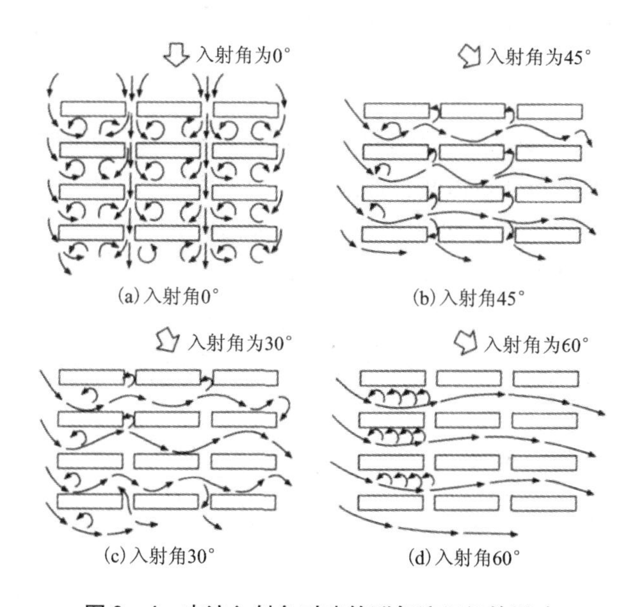

图 2－4　来流入射角对建筑群气流组织的影响

建筑的朝向对自然采光的影响也很大。北面的日照量较少，而南面窗户会得到比较多的日照。但是，对于图书馆这类有中庭和天窗的建筑物，北面的采光也可以通过天窗的漫反射来获得。当然，建筑的间距是影响采光和日照的至关重要的首要因素。在建筑群中，采光会受到周围高层建筑的影响。从自然采光设计的角度出发，必须设计出合适的建筑物之间的距离，以保证所有的建筑室内都可以获得充足的日照。其次，对于图书馆来说，另一个影响采光的因素是内部布局。在考虑采光设计时，首先需要确定自然采光的需求程度，并根据这些区域对于自然光源的不同要求结合通风、能耗等综合进行室内空间布局[7]。

综合上述，为了充分地利用自然资源以达到节能和提高人体舒适度的要求，在选择建筑物朝向时，要综合考虑多方面的因素。

2.2.4 体形系数

体形系数是目前常用的建筑体形控制指标之一，以比值 F_0/V_0 来描述，其物理意义是指围合建筑物室内单位体积(V_0)所需与大气接触的建筑外围护结构的面积(F_0)。其中，外表面积不包括建筑基底的面积。从节能建筑原理来讲，减少体形系数有利于降低能耗，所以要用尽量小的建筑外表面积来围合尽可能大的建筑内部空间体积。即 F_0/V_0 越小则意味着外墙面积越小，也就是能量流失越少，越具有节能意义，因此，从降低图书馆能耗的角度出发，应将体形系数控制在一个较低的范围，在进行建筑体形设计时，应该尽可能使图书馆体形简单、凹凸面减少，以降低房间的外围护面积。

在夏热冬冷地区，图书馆建筑在夏季空调使用的时间长，而冬季采暖的锅炉热效率不高，因此，冬夏两季的空调采暖能耗都比较大。研究表明，体形系数每增大0.01，能耗指标约增加2.5%。因此，《全国民用建筑工程设计技术措施》节能专篇中明确规定，在夏热冬冷地区，条式建筑的体形系数应不大于0.35，点式建筑的体形系数应不大于0.40。

1. 建筑基本平面形状与节能效果

当建筑的高度和平面面积相同(即体积 V_0 相同)时，其中体形系数以平面形式为圆形的最小，其他依次是正方形、长方形以及其他组合形式。对于形态各异的建筑进行简化、归纳和抽象后，可以归纳为六种具有代表性和可比性平面形状，即正方形、三角形、1∶2 长方形、六边形、八边形和圆形，见表2-2和图2-5[2]所示。

表2-2 不同平面形状的参量

参量	a	b	c	d	e	f
L	4000	4000	4000	4000	4000	4000
n_1	4	3	4	6	8	$+\infty$
β	4	3	4	6	8	$+\infty$
A	1	0.77	0.89	1.17	1.195	1.27
V	0.5	0.39	0.45	0.58	0.60	0.64
F	2	2	2	2	2	2
F_0/V_0	4	5.13	4.44	3.45	3.33	3.13

表2-2中六种平面形状的参量：

L——建筑的外墙长度，它可以基本反映由于外墙所散失热量的情况，L 越长，表示对节约能源越不利；

n_1——平面形状的周边边数，多边形比方形平面有较多的边数，所围合的平面随 n_1 的增多而越趋近于圆形；

β——平面形状由于多边形而形成角的数目，与边数相同，从建筑传热理论分析，角数越多对隔热越不利；

A——表示建筑标准层面积，是功能要求决定的；

F——建筑物围护结构的表面积，与 L 有关，对体形系数控制而言，F 越小越好；

V——建筑外墙围合成的体积，与 A 有关，从节能来讲，V 越大而 F 越小，是最佳方案

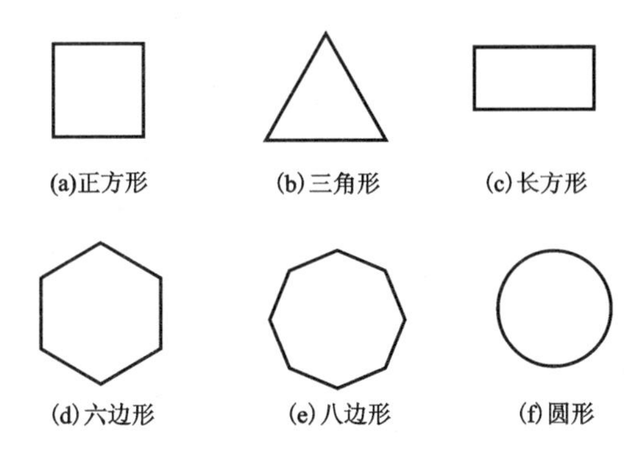

图 2-5　典型的建筑平面形状

分析表明，平面形状不同节能效果会有很大的不同[8]。从体形系数 F_0/V_0 的计算值可以看出，圆形的体形系数最小，三角形最大，体形系数与 n_1 和 β 成反比，即多边形边数越多(趋近于圆)，其体形系数越小。显而易见，以体形系数来评价不同的建筑平面形式，对节能的效果从好到差的顺序为圆、多边形、正方形、长方形、三角形，其中圆为推荐平面形状，而三角形对节能最差，平面形状越接近圆形则越有利于节能。

此外，当体积(V_0)相同时，立方体的体形系数小于长方体。当立方体的边长增大时，其体积会比表面积增加得更快。当进深和高度相同时，体形系数随长墙长度增加而减小。当平面尺寸相同时，体形系数随建筑高度增加而减小。

建筑平面形状对太阳辐射有较大的影响。从体形系数的对比来看，正方形比长方形平面形状更合理。但是以太阳辐射得热而论，南面较长的长方形平面形状的得热将较大。因此，为了使建筑在冬天获得更多的太阳辐射热量，在外墙面积相同情况下，应尽量扩大南立面而减小北立面。此外，从增加夏季建筑通风出发，尽量大的迎风口正压区域可以为改善室内通风条件创造良好的外部条件。

2. 体形系数确定原则

为了实现建筑节能，建筑设计中体形系数的确定应该贯穿节能概念的三项设计原则[8]：

(1)建筑体形简洁完整原则

节能的建筑平面体形应该简洁完整，避免零散、过于凹凸不齐。建议采取典型的如方形、圆形等平面特征的主体建筑。在此基础上做适当的平面变化，创造一定的美学效果。应尽量减少不必要的、小尺度的凹凸不齐的建筑平面。同时，尽量增加建筑层数，减少占地面积。建筑平面的宽度与深度之比不宜过大，长宽比应适宜。

(2)建筑外表面最小原则

建筑平面做到各单元的有机结合，尽量减少外墙面积，在满足消防、景观等要求的前提下，对建筑进行合理组合，尽量减少夏季西晒。

(3)合理的体形系数

合理确定建筑体形系数，通过多方案比较，以合理最小为原则，选择合适的建筑外形。

2.3 平面设计中的可再生能源利用

在图书馆平面设计中，如果能合理地利用可再生能源，如风能、太阳能等，并规避它的负面影响，这对降低建筑能耗、提高图书馆的舒适性至关重要。

2.3.1 风能的利用与冬季冷风的规避

1. 烟囱效应

高大空间或屋顶上设有排气设施的建筑可以产生“烟囱效应”，利用“烟囱效应”进行通风也是利用风能进行自然通风的一种形式，在温湿度适宜的季节或地区，这种通风方式非常有效。室内空气遇热浮升，形成上升气流从建筑上部的风口排出，室内会产生负压，因此，室外新鲜的冷空气则从建筑底部被吸入，这就是热压作用下的自然通风。在图书馆中，内部产生的热量较多，房屋较高，从而具备了热压的形成条件，利用热压进行自然通风是节约空调能耗最简单、最经济的技术措施，应当予以重视。

热压作用下的自然对流工作原理[2]：如图 2－6 所示的厂房，在外墙的不同高度上开有窗孔 a 和 b，其高度差为 h。其余物理参数如图，由于室内温度高于室外温度，即 $t_n > t_w$，所以室内密度较室外要小，即 $\rho_n < \rho_w$。

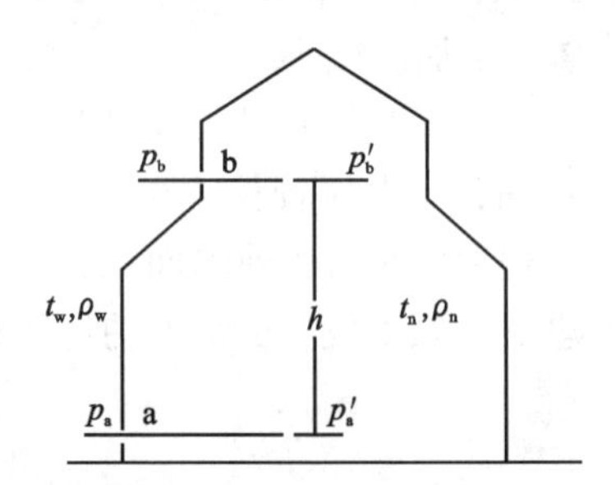

图 2－6 热压作用下的自然通风工作原理

窗孔 b 的内外压差 Δp_b 为：

$$\Delta p_b = p_b' - p_b = (p_a' - \rho_n gh) - (p_a - \rho_w gh) = \Delta p_a + gh(\rho_w - \rho_n)$$

上式表明，当窗孔 a 内外压差 $\Delta p_a = 0$，由于 $\rho_n < \rho_w$，作用在窗孔 b 的内外压差 $\Delta p_b > 0$。此时，如果将窗孔 b 打开，空气就会在 Δp_b 的作用下，由室内流向室外，导致室内的静压降低，从而 $\Delta p_a < 0$，室外空气会通过窗孔 a 进入室内。

此外，热压通风的效果取决于室内外温差大小和上部出风口与下部进风口的高差。温差和高差决定以后，通风口的面积可以根据需要的通风量加以计算。热压作用下的自然通风量 N 与通风面积、温差之间的关系见式(2－1)[2]：

$$N = 0.171\left[\frac{A_1 A_2}{(A_1^2 + A_2^2)0.5}\right]\left[H(t_i - t_o)\right]^{\frac{1}{2}} \qquad (2-1)$$

式中：A_1，A_2——进、排风口面积，m^2；

t_i, t_o——室内、外空气温度，℃；

H——上部出风口与下部进风口的高差，m。

在实际情况下，风压和热压往往是同时存在的。但是由于自然风的不稳定性或被包围物体遮挡，因此设计时只考虑利用热压来加强建筑物的自然通风。

2. 穿堂风

(1) 穿堂风原理

如图 2－7 和图 2－8 所示，在风压和温差造成的热压作用下，室外空气从建筑物一侧进入，贯穿内部，从另一侧流出的自然通风叫做穿堂风。穿堂风属于合理利用风能进行自然通风的范畴。由于在空气流通的两侧大气温度不同、风压不同而导致空气快速流动，产生于建筑物间隙、门窗间隙的房间或相似的通道中。温差越大，室外风速越大，穿堂风效果越强烈，一般以春、秋季居多。

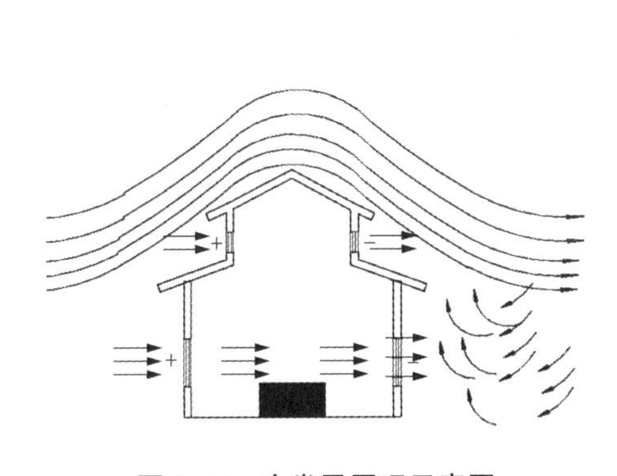

图 2－7　穿堂风原理示意图

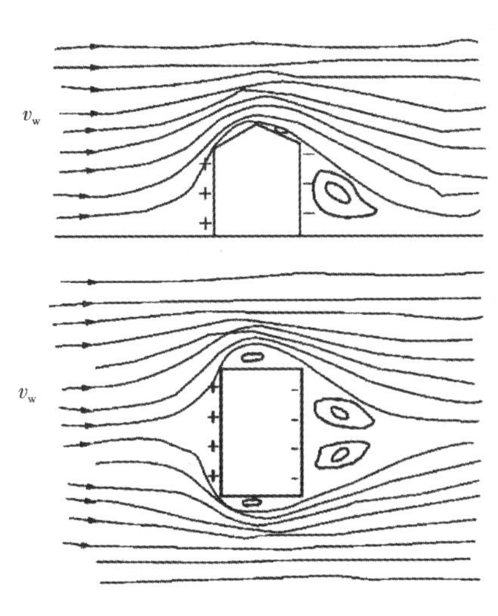

图 2－8　建筑周围风压分布

众所周知，在炎热、潮湿的地区，通风可以提高人体的舒适度。当风吹过人的皮肤时会促进皮肤表面的蒸发散热，让人产生一种凉爽的感觉。夏热冬冷地区的过渡季比较长且风资源比较丰富，因而自然通风已经成为人们传统的降温方式。此外，还可以利用夜间室外温度较低的空气进行通风，降低建筑围护结构温度。

图书馆内部人员密度大、发热设备较多，通风不仅可以降温、缩短空调系统开机时间，还可以排出室内污浊空气、从而提高空气品质、减少疾病传播。

一般来说，为了能够充分利用穿堂风，应该严格遵循国家标准的有关规定：外窗的开启面积不应小于窗面积的 30%；透明幕墙应具有可开启部分或设有通风换气装置。

(2) 进风口位置

在实际利用穿堂风时，首先要考虑进风口朝向。对于夏热冬冷地区平均风速较大的城市，建筑物的洞口应朝向夏季主导风向，并通过合理选用窗扇形式引风入室；其次，要注意进风口高度的确定。因为室外凉爽气流进入室内以后会呈上升趋势，所以进风口位置宜布置在较低的位置。若进风口位置高，气流又向上流动，人体将无法受益。因此，为了提高通风效果，进风口窗的位置宜设置在较低的地方。

(3)穿堂风利用的设计要点

要尽量扩大穿堂风的覆盖面，同时尽量降低穿堂风流动阻力，应使通风流畅，减少风向转折和阻力，减少涡流区。经验表明，适当地增加房屋进深，人体可以体验到更加凉爽和舒适的穿堂风效果。

建筑平面窗洞相对位置设计及其对通风质量的影响如表 2－3[2] 所示。

表 2－3　建筑平面窗洞穿堂风效果

名称	图示	通风特点	备注
穿堂型	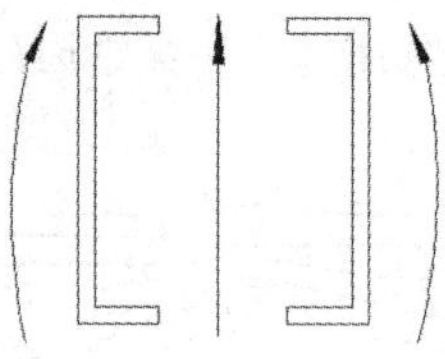	有较广的通风覆盖面； 通风直接、流畅； 室内涡流区较小、通风质量佳	建议采取
错位型	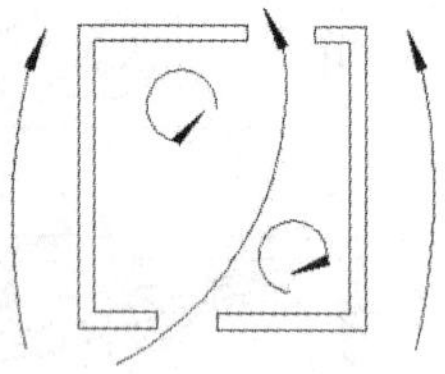	有较广的通风覆盖面； 室内涡流较小，阻力较小； 通风直接、较流畅	建议采取
侧穿型	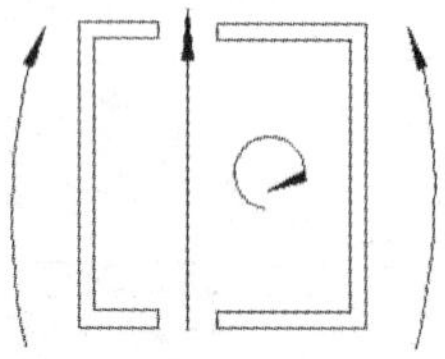	通风直接、流畅； 室内涡流区明显，涡流区通风质量不佳； 通风覆盖面较小	少量采取
垂直型	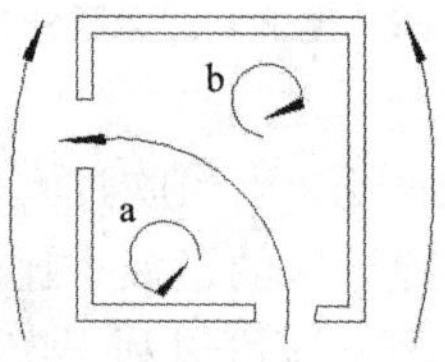	气流走向直角转弯，有较大阻力； 室内涡流区明显，通风质量下降； 区域 a 比区域 b 通风质量较好	少量采取
侧过型	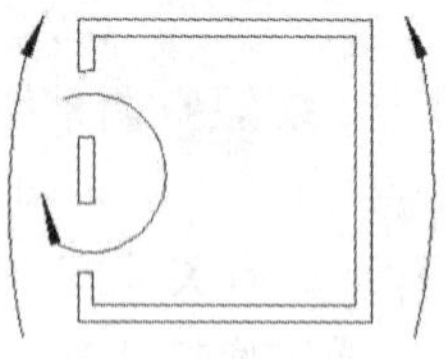	室外风速对室内通风影响小； 室内空气扰动很小； 无法创造室内良好的通风条件	尽量避免
逆排型	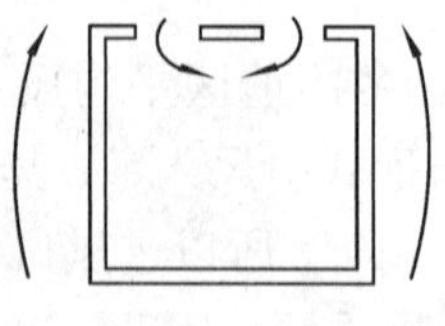	只有出风口，无进风口(相对而言)； 最不佳的开口方式； 仅靠空气负压作用吸入空气	尽量避免

3. 中庭通风

利用中庭自然通风进行夏季降温，并设置机械排风装置，是一种通常的设计方法。如图2－9为国外某绿色建筑的中庭通风实例，其原理是在热压作用下的自然通风的一种形式。从该图可以看出，中庭一般都被设计成透明的顶棚，用以采光并防雨。但是，在夏天，太阳辐射强度很高，使其内部温度相当高，透明的屋顶增加了建筑物的空调能耗。为了解决这一问题，可以采用自然通风或采用遮阳卷帘等措施，从而改善其内部热环境，并降低空调能耗。

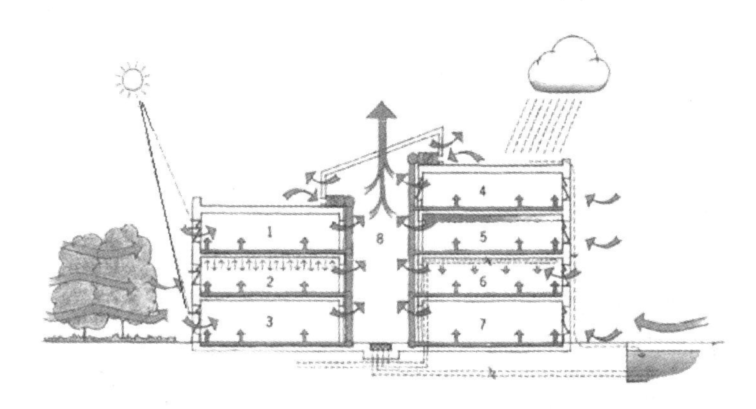

图2－9　国外某绿色建筑的中庭通风实例

中庭自然通风，实为风压和热压同时作用的结果，它是一个动态工况，情况比较复杂，通常需要采用计算机模拟技术来进行分析。

为了排除热气体，一般在中庭上部的侧面开一些窗或其他形式的洞口，必要时还可增加排风扇增强通风，才能保证中庭自然通风的效果。

4. 夜间通风

夜间通风是晚上利用风能的一种形式，这种被动式降温方法由来已久。由于室外空气的温度是逐时变化的，夜间气温一般比白天气温低。当建筑通风时，室外空气以其原有的温度进入室内空间并在流动过程中与室内的空气相混合，而且由室内外的温度差决定室内各表面进行的热交换。夏季，在夜间时段让温度低的空气在建筑内外流动，来冷却室内空气和建筑围护结构，从而降低室内温度，提高室内舒适度。到了第二天，已被冷却的建筑结构就成为一个吸热的“库”，它可以吸收室外传入的热量，从而降低对制冷的需求。

夜间通风降温的思路是通过降低围护结构的温度，达到给室内人员降温的目的[3]。实施自然通风原则上要夜晚开窗，早晨关窗。如果设计成机械夜间通风系统，就必须做到晚上送风，白天停机。一般来说，夜间通风适合于昼夜温差较大的地区、重质材料构成的蓄热性能较好的建筑。

一般来说，夜间通风有以下几种形式[10, 11]：

(1) 自然通风方式。例如通过建筑开口、窗户等的通风。人类利用自然通风来改善室内居住的舒适性有悠久的历史。室内、外的温度差异引起的热压和风压是自然通风的驱动力。人们利用自然通风来带走炎热季节建筑内部的余热、余湿，同时带来新鲜、清洁的空气，降低室内污染物及CO_2浓度，可以提供更加舒适的室内环境。

(2)机械通风方式。即采用引风机和排风机进行通风换气的方式，保证了一定的换气次数(ACH)，为避免室内压力过高或产生过度负压，需要设置恒压控制器来控制风机启动和停止。当室外温度超过室内温度时，或者当室外温度超过热舒适标准时，系统停止运行。

(3)混合通风方式，即同时打开风机并开启窗户通风的形式。通风的目的是为室内提供新风，并进行适当的热调节。

应根据所在地夏季气候特征以及建筑特点，对以上自然通风、机械通风、混合通风方式进行选择，在自然通风降温能力不足的情况下，辅助以机械通风方式，最大限度地降低室内温度，维持较好的室内热环境[12]。

5. 冬季冷风的规避

任何事物都有双重性，风能也不例外，既有有利的一面，也有有害的一面。虽然夏季能够带走室内余热，但它在冬季也会带走建筑内和围护结构的大量的热能，增加建筑的能耗。因此，对于风能的利用，也应采取一定的规避措施，例如：控制窗墙比，使开窗面积不超过70%；避免在东西向开门窗；加强围护结构的保温措施，特别是要防止夏热冬冷地区北向围护结构冷风的渗透。

2.3.2 太阳能的利用与遮阳

太阳是地球上光和热的源泉，太阳能是大自然赋予人类的最清洁、最持久、最丰富的能源。到达地球大气层外边缘的太阳辐射，其强度和光谱组成是相当稳定的；而穿过大气层到达地球表面的辐射强度和光谱组成随太阳角度和大气的成分有很大的变化。因此，一般来说，穿过大气层后太阳辐射的强度会有所下降。地球表面的太阳光谱也有了很大的变化，其中约47%为可见光，约48%为红外线，约5%为紫外线，前二者占了95%。

太阳能给人类生产与生活带来的好处是不言而喻的，但也存在不利之处。因此，在图书馆平面设计中应该合理利用太阳能，并在适当的时候采取遮阳措施。本节将首先阐述自然采光的设计方法，其次论述建筑中太阳能的利用方式，最后分析不同的遮阳技术。

1. 自然采光的应用

天然光源可分为直射日光和天空光两类，其中太阳光穿过大气层，直射到地面，称为直射日光。直射日光照度大，具有方向性，会在被照物体后形成阴影。由于地球与太阳相距很远，可认为直射日光是平行射到地面的。天空光又称天空扩散光，是部分阳光经过大气层上空气分子、灰尘、水蒸气微粒等多次反射，在天空形成的具有一定亮度的天然光源，无一定方向，不会形成阴影。此外，还有地面反射光，它是直射日光和天空光经地面反射及地面和天空之间多次反射而形成，这部分光源称地面反射光。一般在采光设计时，可不考虑地面反射光的影响。

(1)直接自然采光

自然采光也是利用太阳能最普通的形式之一。自然采光将日光直接引入到室内，并且将其按照一定的方式分配，可以提供比人工光源更加理想和质量更好的照明。自古以来，人们对自然采光非常重视，在建筑设计中被广泛应用，它不但减少了照明用电，而且可以营造一个动态的室内光环境，形成比人工采光照明更为健康的天然采光环境。对于图书馆来说，由于大中型图书馆通常采用电气照明，其照明能耗最高可达图书馆总能耗的25%～30%以上，因而，在大中型图书馆中采用自然光照明将是一项有效的节能措施，尤其适宜营造宜人的读书环境。但要注意，如果设计不好，则会影响效果，让人感觉不舒适，同时还会增加制冷能耗。

(2)光导自然采光

可以利用光导照明系统来间接进行自然采光。图2-10所示为光导系统示意图，可见它可使光线穿过围护结构，并可适当地改变光线传播的直线方向。图2-11所示为光导系统原理图。光导照明系统由采光装置、导光装置、漫射装置组成，它通过采光罩高效采集自然光线，并导入系统内重新分配，再经过特殊制作的光导管传输和强化后，由系统底部的漫射装置把自然光均匀高效地照射到需要光线的房间部位，得到由自然光带来的较为舒适的照明效果，所以，这种系统是一种无需维护的节能、环保、安全健康新型照明装置。

图2-10　光导自然采光系统示意图

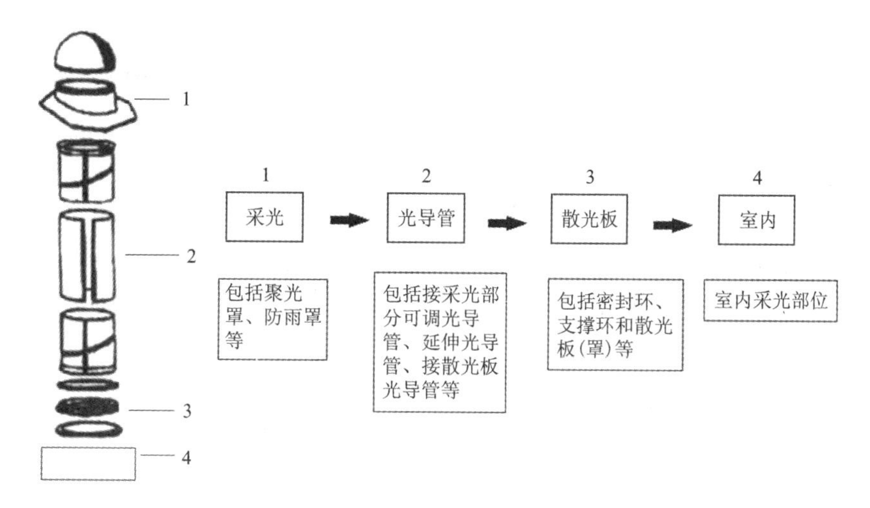

图2-11　光导自然采光系统组成

(3)自然采光系数

采用自然光进行采光也必须满足一定的照度的要求。自然光引入室内照度的大小可以用采光系数来衡量。采光系数是指在阴天室内照度和室外照度的比值(%)。图书馆窗户的设计如果能满足表2-4[1]的最低采光系数，则在一年中大部分时间室内都会有充足的日光。

表2-4　最低采光系数参考值

类别	采光系数/%
展示厅	4~6
办公室、阅览室	2
会议室、报告厅	1
走廊	0.5

(4)自然采光的设计要点

自然采光的目的是把更多的自然光引入室内较深处，尽量使室内照度均匀，同时，要尽量减少或消除阳光直射产生的眩光和过高的亮度比。

为了达到上述设计的目的，必须把握以下设计要点[1]：

①选择最佳的开窗朝向。因为南向能获得最多的阳光，而且冬季还有额外的取暖作用，所以南向是自然采光的最佳选择；北向也是可取的方案，因为这个方向不会有眩光问题，其光线强度比较稳定；应尽量避免东、西向，因为东西向的直射太阳光会带来严重的眩光，而且采光时间较短。自然采光的建筑布局可参见图2-12，图中虚线表示在该采光点布局下，室内照度的分布。

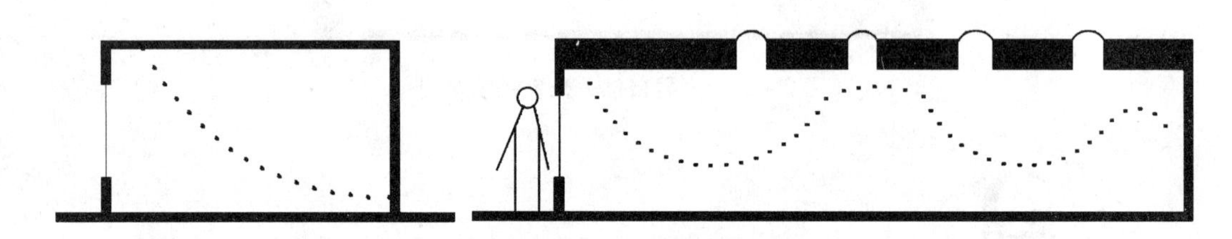

图2-12　考虑自然采光的建筑布局

②少用或避免水平天窗。过去采用较多的是水平天窗，但因为水平天窗带来的热负荷较大，且容易积灰，所以应该尽量避免采用水平天窗。高侧窗、采光顶或锯齿形天窗等竖直玻璃窗等做法都是比较合适的自然采光方式。屋顶开窗采光的几种做法见图2-13。

③因为平面为长方形的建筑布局较之正方形布局能更好地利用自然光，故尽量采用长方形的平面布局；为了使自然光能进入建筑深处，建筑内部应该设计成开放的空间；可以使用起到透光作用的玻璃做分割墙板；在隔板上部高于视平线处或隔板底部采用玻璃，也可以导入自然光。

④利用中庭开窗改善自然采光照明。一般来说，采用较高的窗户、高侧窗或天窗时，可有效获得自然光照明，但采用较低的窗户时，人可以欣赏到风景。因此，高处的窗可以使用

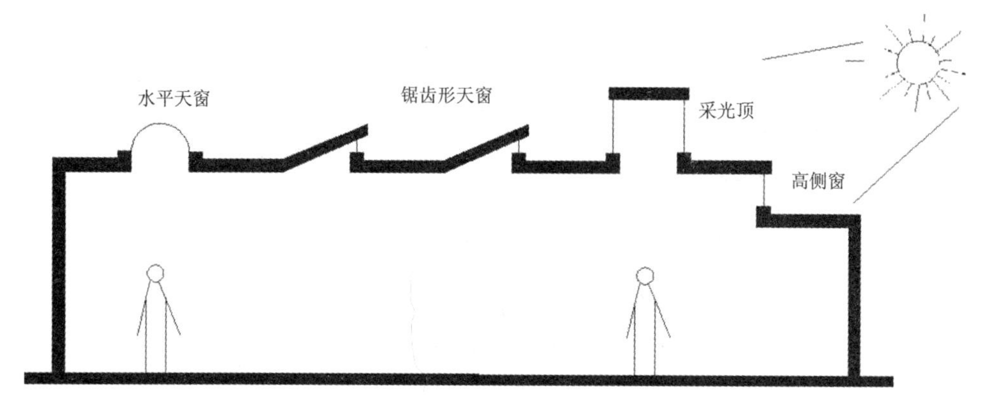

图 2－13　为自然采光而在屋顶开窗的几种做法

透明玻璃，而低处的窗则采用光谱选择性玻璃或反射玻璃以控制眩光。

⑤可以利用建筑物上的某些构造措施，把光线反射到室内。例如，窗户上设置反光板不仅可以提高自然采光的质量，而且还能增加自然光照进室内的深度，如图 2－14 所示[2]。

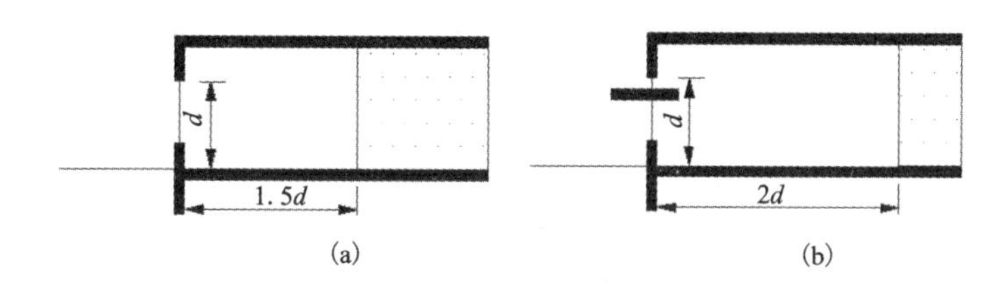

图 2－14　增设反光板加强自然采光

由图 2－14 可知，阳光直接照射南向的窗户时，对于普通窗户而言，自然光照距离仅为窗户高度的 1.5 倍，而有反光板的窗户可提高到其 2 倍。

⑥建筑物的外部和内部使用浅颜色的涂料，可把光线更多、更深入地反射到房间内，而且能使强光变成漫射光，从而改善室内光环境。一般来说，室内墙面需要采用浅反光颜色的部件包括顶棚、内墙和地面。此外，南向窗户的挑檐也可以减少眩光。

2. 太阳能的利用

地球在不停地自转的同时，也在绕着太阳公转（见图 2－15），所以，相对于地球上的某一个建筑而言，太阳是绕着建筑物在旋转的。如图 2－16 所示，我们把太阳光线和它的水平投影之间的夹角 A 称之为高度角，投影线与其南北轴线的水平夹角 B 被称为方位角。由物理位置可知，太阳高度角大，太阳高，辐射照度大，到达地表的辐射也较强，地面吸收辐射热量就会越多，气温就会升高，反之亦然。

把一天中太阳光线穿越该半球面的点连起来就得到太阳轨迹。太阳轨迹线随建筑所在地的纬度不同而变化，而对于同一个地点，在不同的季节和不同的日期，太阳的轨迹线也是不同的。其中，如图 2－17 所示，是太阳的高度角随季节的变化情况，夏热冬冷地区夏季太阳高度角最大，春秋季高度角减小，到了冬季，太阳偏移，高度角更小。

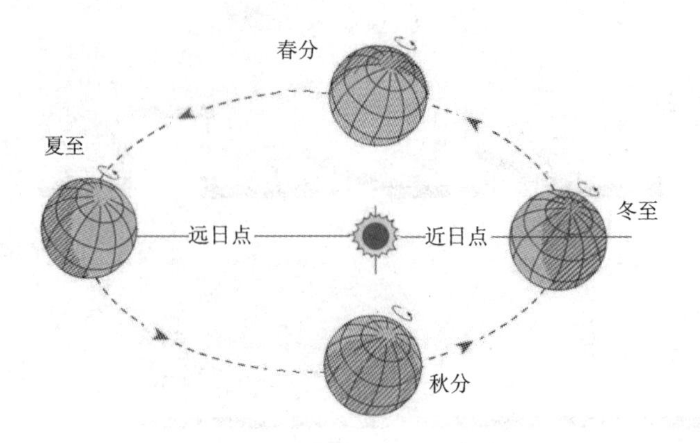

图 2－15　地球绕太阳公转示意图

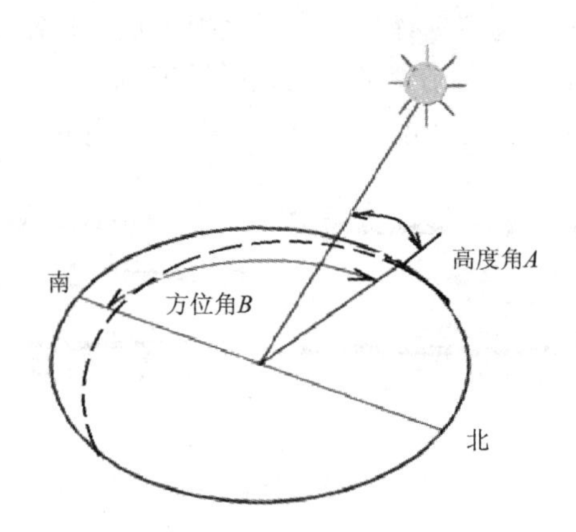

图 2－16　太阳的高度角和方位角

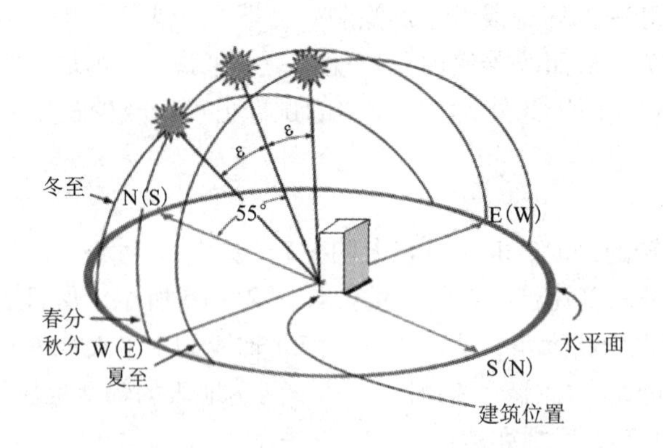

图 2－17　太阳的高度角随季节的变化

建筑物的太阳能利用，大体上可以分为两种方式：被动式太阳能系统和主动式太阳能系统。下面对这两种方式进行介绍。

(1)被动式太阳能系统

所谓被动式太阳能技术就是充分利用建筑本身的自然潜能，对建筑周围环境、遮阳、通风，以及能量储存中体现太阳能的被动利用。所以，被动式太阳能系统不须采用风机、水泵和复杂的控制系统而仅仅利用建筑本身对太阳能进行收集、储存和利用。因此，被动式太阳能系统的建筑组成构件，除了起到建筑构造和结构的作用之外，还要承担收集、储存和利用太阳能的功能。被动式太阳能系统有直接加热式、蓄热墙式和综合式等三种形式。

①蓄热墙式太阳能系统

蓄热墙式太阳能系统又称特郎勃墙(trombe)，它上下带有两个风口。在冬天，使室内空气通过而被加热，利用太阳能和墙体蓄热以达到节能的目的。在夏季利用玻璃盖板上侧的风口进行排风，消除室外传热量。在蓄热墙式太阳能系统中，将蓄热墙设置在朝南的玻璃窗内附近，并在朝向太阳光的墙面上涂以黑色(或深色)的吸热材料。这样，在白天，通过其提高墙面对红外辐射的吸收能力，并将热量传导到厚实的墙体内；而在夜间，墙体就起到了散热器的作用，将热量逐渐地释放到室内空气中，起到一定的供暖作用。虽然蓄热墙式太阳能系统采暖效果良好，但是它阻碍了太阳光进入室内，从而在一定程度上影响了室内的采光效果。在实际工程中，也可以在白天直接收集太阳辐射和光线，而到夜间则可利用蓄热墙进行采暖，把蓄热墙与直接加热方式结合起来。

这种被动式太阳能供暖系统工作原理如图2－18、图2－19所示。半开口的蓄热墙是将墙体的外表面涂成黑色，在墙的外面安装一层或两层玻璃。这样，既可以在冬季储蓄太阳能到夜间用来放热，又可以夏季利用自然通风防止墙体过热。因此，这种墙实际上既是集热器又是蓄热器。在冬季，室内冷空气由墙体下部入口进入集热器，被加热后，在热浮升力的作用下，向上部运动，并由上部出口进入室内进行采暖；当太阳下山后，将墙体上、下通道关闭，室内只靠墙体较高的壁温以辐射和对流形式不断地加热室内空气；而在夏季，主要是利用墙内的气流运动带走室内的余热。

②直接利用太阳能

目前人们直接利用太阳能的方式有两种：其一是通过阳光照射建筑物围护结构和内部房间，或者通过集热器[如平板型集热器、聚光式集热器，见图(2－20)]，把太阳能转化为热能，此过程能量是以热传递的方式发生的转移，其二是通过光伏发电把太阳能转化为电能，再在建筑中加以利用。

在冬天，由于太阳高度角较小，南面受太阳照射较多，所以可以充分利用朝南的玻璃窗或者水平的天窗作为一个直接加热式太阳能系统。因为玻璃窗在白天吸收的热量比晚上散失的热量多，且南面窗户在冬天吸收的热量比夏天吸收的热量多。由于夏季不会过多地增加室内冷负荷，冬季又能够大量吸收室外太阳能，直接加热式的太阳能系统适合应用于图书馆围护构建中，特别是阅览室建筑，这样可以达到节能舒适的要求。如图2－21所示，为美国芝加哥大学图书馆阅览室，阳光直射房间，营造一个宜人的读书环境。此外，为了更好地增强节能和蓄能效果，图书馆室内墙体、楼板、家具等都会吸收和储蓄热量，因此，在直接加热式太阳能系统中，建筑构件宜采用蓄热材料。当采用高性能的蓄热材料时，因为蓄热较多，则室内温度的变化幅度相对较小，可以较大幅度减少空调和采暖负荷。

总之，相比于其他太阳能系统，采用房间直接太阳照射加热或太阳能采暖系统，作为直接加热式太阳能系统的有效形式，具有构造简单，运行可靠，且造价最低，是常用的太阳能

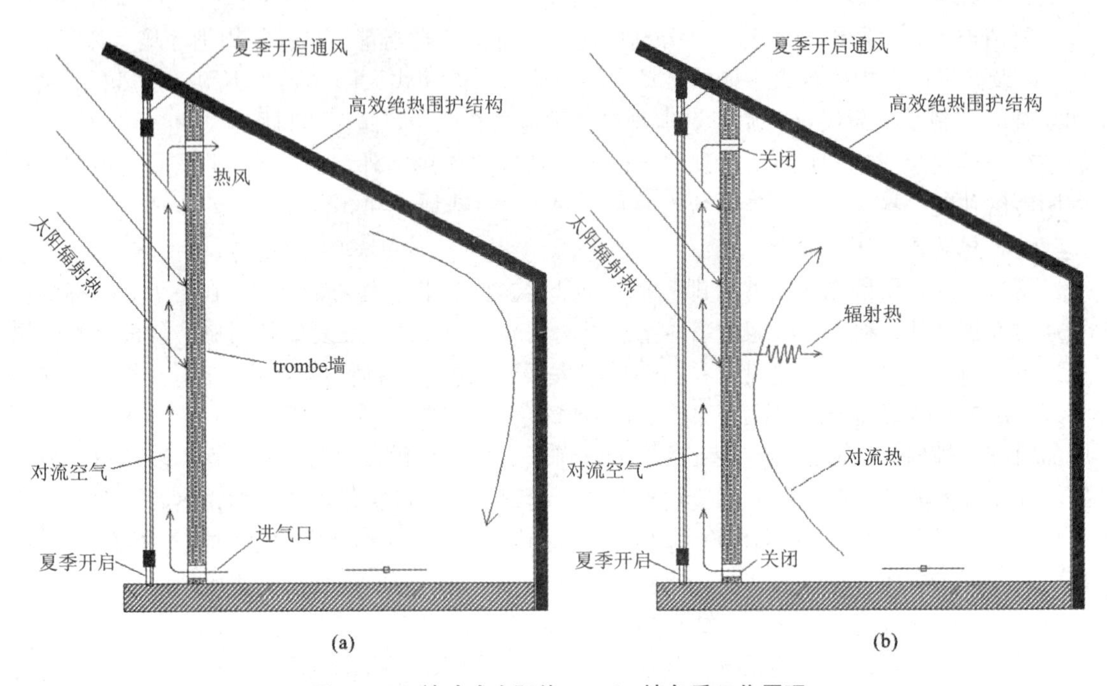

图 2－18　被动式太阳能 trombe 墙冬季工作原理

(a)冬季白天 trombe 墙工作原理；(b)冬季夜间 trombe 墙工作原理

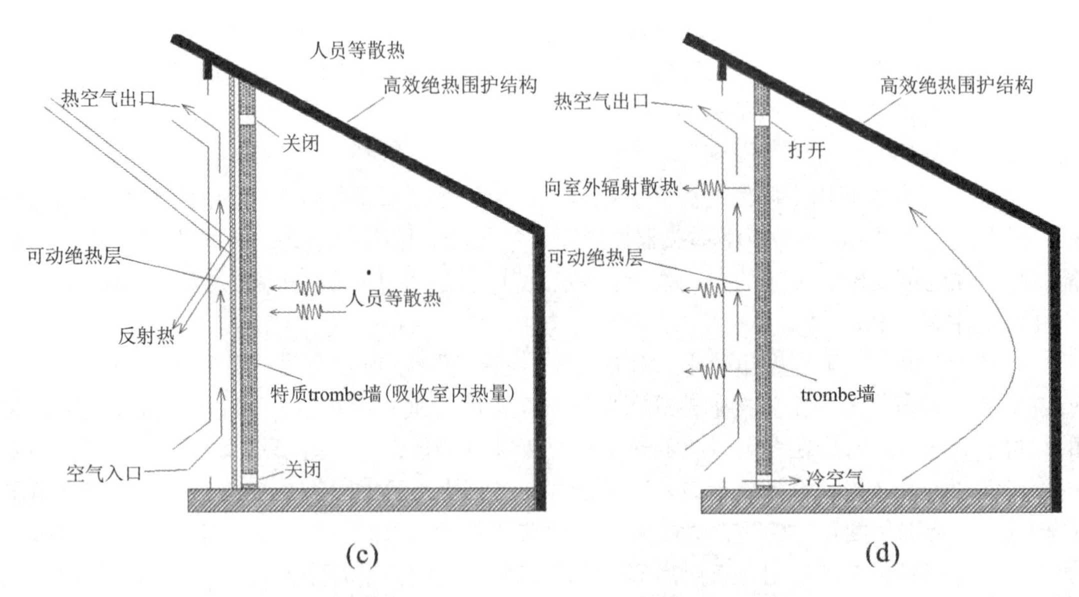

图 2－19　被动式太阳能 trombe 墙夏季工作原理

(c)夏季白天 trombe 墙工作原理；(d)夏季夜间 trombe 墙工作原理

直接利用的方法，应该在建筑设计中推广使用，当然，这种系统必须克服夏季的得热而使空调负荷增加的缺点和室内照度较高的弱点。

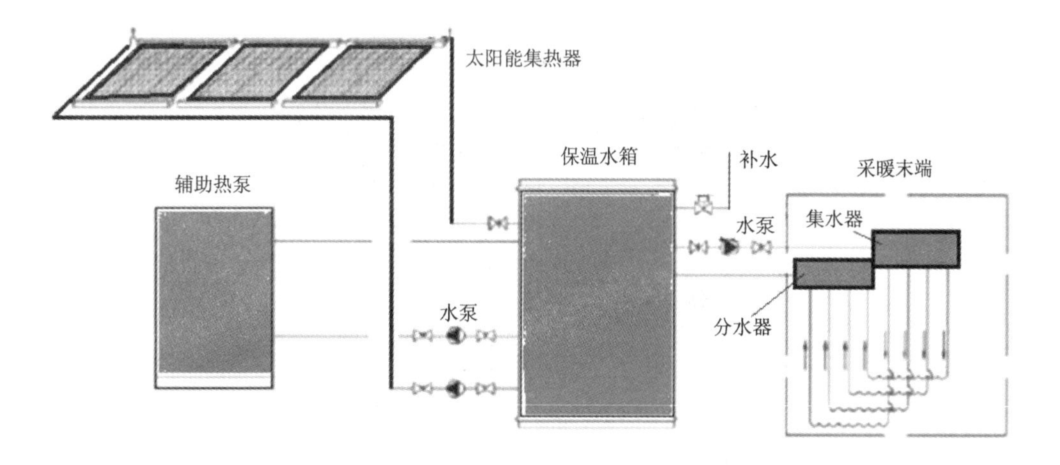

图2－20 太阳能采暖系统

图2－21 美国芝加哥大学图书馆阅览室

③被动式太阳房

太阳房是利用太阳能采暖的房子，是一种既可取暖发电，又可去湿降温、通风换气的节能环保建筑，包括主动式和被动式两种。被动式太阳房是最简便的，它不需要安装特殊的动力设备，而主动式太阳房则须采用相关技术设备，但其使用更加方便和舒适。

被动式太阳房是太阳采暖系统中用得最多的方式。它是一个半户外的透明房间（图2－22），白天可以有效吸收太阳热，为室内营造舒适的热环境。一个设计优良的温室，在晴朗冬天收集到的太阳能量，可以超过温室本身采暖需要的热量，其多余的热量会通过公共墙以热传导或热对流等方式进入相邻房间。太阳房在白天吸收热量之后，为了减少由于夜晚室外温度骤降而造成热损失，应该采取一定的保温措施。实际应用中，温室一般都与集热－蓄热墙组合进行使用。根据实践和经验，温室的进深不宜太大，可以做成阳光式的门斗、门罩，这样既可以减少冷风渗透又可以增加热量输入。

设计太阳房应把太阳能采暖的玻璃窗设于南面，这对冬季采暖和夏季降温都是有利的，

图 2－22　被动式太阳房

任何其他朝向都没有这么理想。此外，把南面阳台用玻璃窗封起来，保留原有外墙用于蓄热，且墙上的门、窗根据需要合理地进行启闭，从而达到冬暖夏凉的目的。为了能够最大限度地吸热，屋顶也可以使用玻璃材料，让光线能够直射进来，但同时要考虑夜晚的保温和夏季防晒的问题。从安全性、防水性和夏季的遮阳来看，垂直玻璃窗的效果是最好的。在夏热冬冷地区，遮阳十分重要，因此应尽量避免采用水平玻璃天窗。

应考虑采用自然通风以防止夏天和秋天太阳房内温度过高，在通风口设计中，底部进风口和上部排风口面积应为南向玻璃窗面积的5%以上。用于采暖太阳房的蓄热墙不宜过厚，以便热量能够传递到建筑内部。可使用砖、石、混凝土或水等作为蓄热材料。由于水的蓄热能力强，水的体积仅为储存同样热量的混凝土体积的1/3，因此，可以考虑采用水作为墙体的蓄热材料。

(2)主动式太阳能系统

对于多层和高层图书馆，由于其能够接收到的太阳光照射面积很小，被动式太阳能系统并不是最佳的，不能完全满足使用的要求，此时应采用主动式太阳能系统。主动式太阳能系统是需要消耗一定的机械能来利用太阳能的系统。常用的主动式太阳能系统有太阳能光电系统、太阳能热水系统和太阳能空调系统等。

①太阳能光电系统

将太阳辐射能直接转换为电能的固态电子器件被称之为太阳能电池。太阳能电池将太阳辐射转换为电能的方式是利用了光伏效应，故太阳能电池也称光伏电池。如图 2－23 所示，太阳电池单元(solar cell)是太阳能电池的最小元件，通常是由面积为 4～200 cm^2 大小的半导体薄片构成的芯片，其单元输出电压约为0.5 V，所以为满足不同用电设备的需要，通常将几十枚太阳能电池芯片串联或并联连接，然后用铝合金框架将其固定，表面再覆盖高强度透光玻璃，就构成太阳能电池(太阳能电池模组阵列)。太阳能电池使用以硅为基底的半导体材料，可分为单晶硅、多晶硅、非晶硅几种。单晶硅和多晶硅电池的能量转换和使用寿命等综合性能优于非晶硅电池，其中多晶硅比单晶硅转换效率低但价格更便宜。图 2－23 为太阳能电池单元(a)、模组(b)和阵列(c)的外形图。

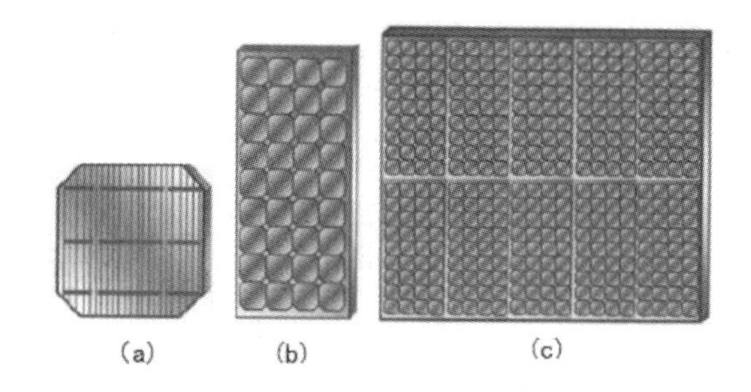

图2-23 太阳能电池单元、模组和阵列

通过光伏电池将太阳能转换为电能的发电系统称为太阳能光电系统。图2-24(a)所示为太阳能发电系统示意图，图2-24(b)所示为并网共用太阳能发电系统，图2-24(c)所示为太阳能独立发电系统。目前，工程上广泛采用的光电转换器件是晶体硅太阳能电池，其生产工艺成熟，已进入大规模产业化生产的阶段。

光-电系统利用可再生能源发电，对环境无污染，且设备简单，是一种理想的能源生产系统。在能源紧张、提倡利用可再生能源和发展低碳经济的今天，许多国家政府部门对光伏发电的认可度逐渐提高。作为一种可持续发展的新能源，太阳能光伏发电将成为一种重要的电力生产方式。

但是，由于其效率不是很高，且目前费用仍比传统发电昂贵，其应用范围还很有限。随着常规能源价格地不断上涨和工业技术地不断创新、发展，更多光电系统设备将投入使用，必将会促使其造价大幅下降。因此，光-电系统的普及应用是很有前途的。

光电产品一般由单体、方阵和系统附件构成。其中，太阳能电池组件(单晶硅)的产品特性见表2-5[1]。

表2-5 太阳能电池组件(单晶硅)产品特性

产品特性 产品型号	最佳工作电压 V_m /V	短路电流 I_{so} /A	峰瓦 W_p /W	外形尺寸 /mm
STP004-12/Db	16.6	0.56	4	216×306×18
STP006-12/Db	16.8	0.56	6	216×306×18
STP008-12/Fb	16.6	0.56	8	360×306×18
STP0012-12/Fb	17.0	0.80	12	360×306×18
STP0018-12/Cb	16.6	1.24	1	656×306×18
STP0022-12/Cb	17.1	1.41	22	656×306×18
STP038-12/Eb	16.6	2.52	38	630×541×30
STP042-12/Eb	16.8	2.56	40	630×541×30
STP080-12/Bb	16.6	5.00	75	1195×541×30
STP155-24/Ac	33.3	5.08	155	1580×808×35

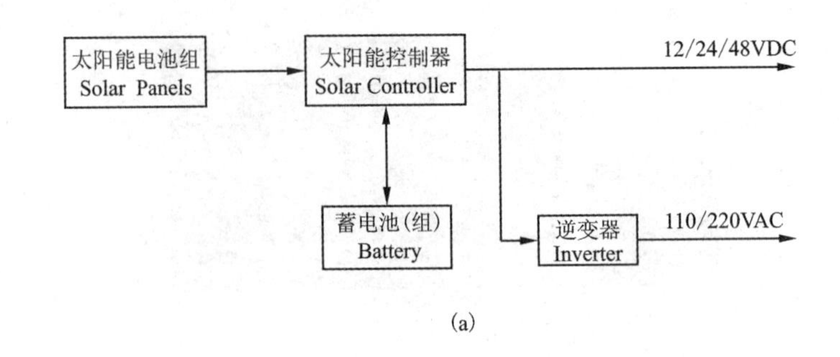

(a)

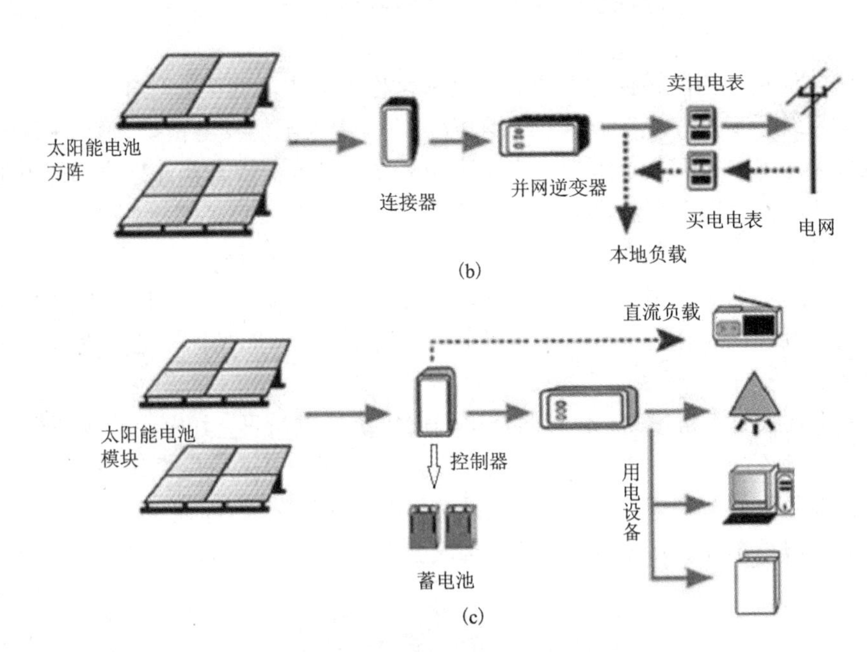

(b)

(c)

图 2－24　太阳能光电系统原理图

直接在建筑物上设置太阳能电池板有许多优点，一是可以减少电流输送的费用和电流输送过程中的能耗；二是节省了设置光－电板的空间和支架等的初投资；三是在不影响建筑的美观的前提下，可为建筑提供绿色环保的电力。

随着光电转换效率不断提高，太阳能光电板发展非常迅速。目前，为了适应建筑的装饰要求，人们相继生产了金色、蓝色、紫色和绿色的晶体光电组件。这些组件有硬板也有软板，它们可以以多种方式融入建筑之中，在进行发电的同时，还具有较好的装饰效果。

一般来说，太阳能光电板在建筑中的直接应用分为置于屋顶上、置于建筑立面、与玻璃窗相结合、与遮阳相结合等四种形式。

如图 2－25 所示，为屋顶式光－电板发电系统。在这种情况下，斜屋顶是比较理想的，因为其能够自然地形成倾斜角。当然，也可以在平屋顶上加支撑达到理想的倾斜角。对于图书馆而言，其屋顶可以做成锯齿形高侧窗，其南面可以设计为斜坡用来铺设光电板，且北向玻璃窗还可以用来采光。此外，由于薄膜式光电板很容易嵌入建筑的曲面中，它也可以覆盖曲面屋顶。当光－电板与屋面做成一体化时，在它接收阳光时会产生很多热量，这会影响光

－电板的发电效果，同时也会对建筑进行加热，因此必须给光－电元件的下部做一个通风透气降温层，以起到散热和隔热的双层作用。

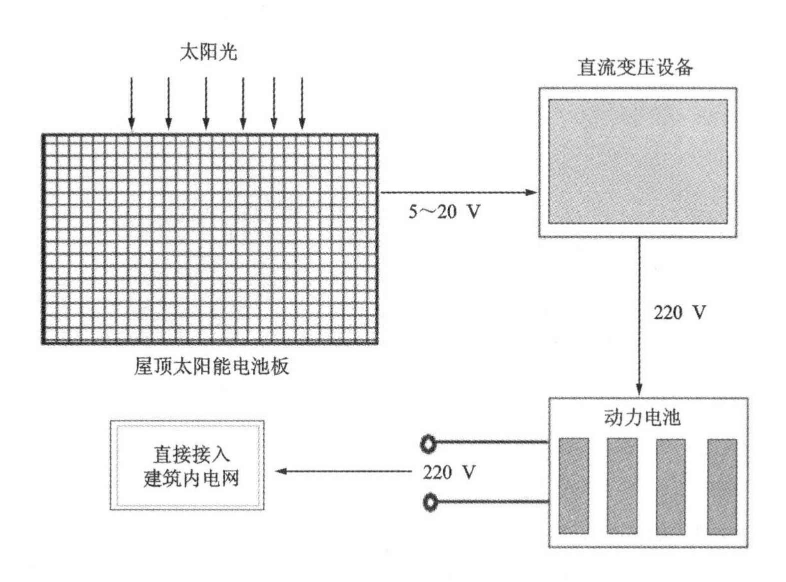

图 2－25　屋顶光电系统

设于建筑立面光－电板外形见图 2－26(a)所示，其原理和屋顶式光电系统是一样的，可以安装在南向、东向和西向的外墙上，北向照度较小，不宜安装。如果城市中建筑物比较密集，或者其他物体阻碍光线的照射，可以在建筑物较高部位的墙面上设置光－电板。

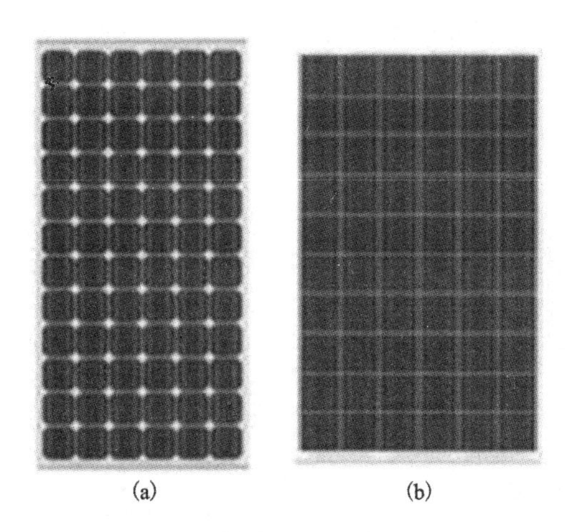

图 2－26　建筑墙面和玻璃窗光－电板

与玻璃窗相结合的光－电板如图 2－26(b)所示，这种光－电板玻璃窗系统是半透明的，就像给建筑物安装了有色玻璃窗。也可以在普通透明玻璃窗上安装不透明的光－电元件，这种光－电玻璃窗的透光率会随光－电元件排列和间距的不同而发生变化，同时还可增加这种窗户的保温隔热效果。

图 2－27 为太阳能光电板与遮阳板相结合的例子，此时，光－电板常常具有一定的倾斜角，这就为光－电板的光照提供了合适的条件。将太阳能光－电板与外遮阳结合起来，有效地利用了建筑物的闲置空间，化弊为利，并为室内提供宝贵的电力资源。

图 2－27　太阳能遮阳板

最后，在建筑物中设计和安装光－电系统时，应注意光－电板的朝向和坡度，这对发电效果会有很大的影响。一般来说，朝南外墙最高，朝西次之，朝东比朝南和朝西都要差些，而朝北不可取。此外，应确保照在光－电板上的太阳光不被遮挡或遮挡最小，同时必须处理好光－电板背面的通风降温问题，尽量避免水平方向设置光－电板，因为板面会积灰或积雪影响效果。特别是在多雪地区，为了有利于排雪，光－电板应具有较大的倾斜角。

②太阳能集热系统

太阳能集热系统一般是指利用太阳能集热器吸收太阳辐射热，并将该热量工质（水/空气）传递给用热装置，太阳能集热器又包括液体集热器和空气集热器，其原理如图 2－28 所示。该部分内容详见第 6 章“太阳能集热器”。

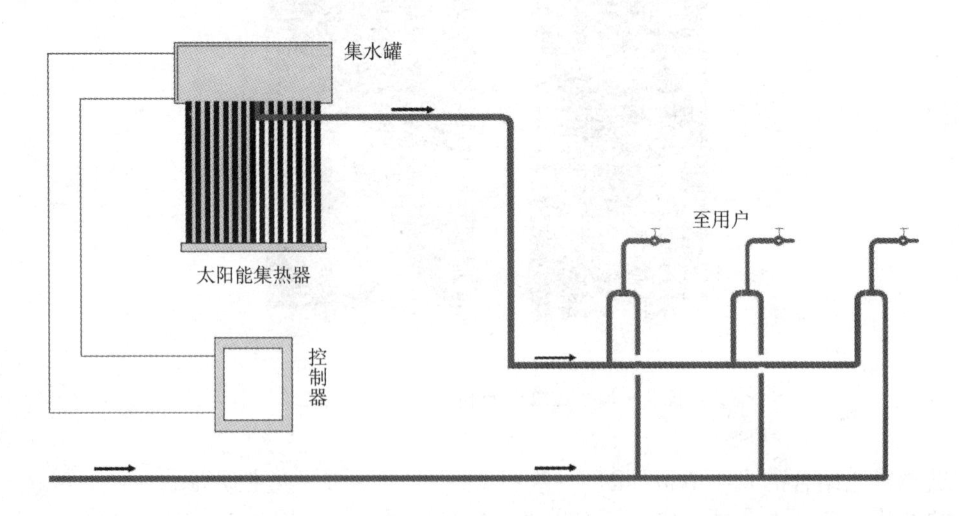

图 2－28　太阳能集热系统

③太阳能空调系统

太阳能空调系统原理如图 2－29 所示，它是由太阳能集热器、发生器、冷凝器、蒸发器、吸收器、节流阀和溶液泵等部件组成。

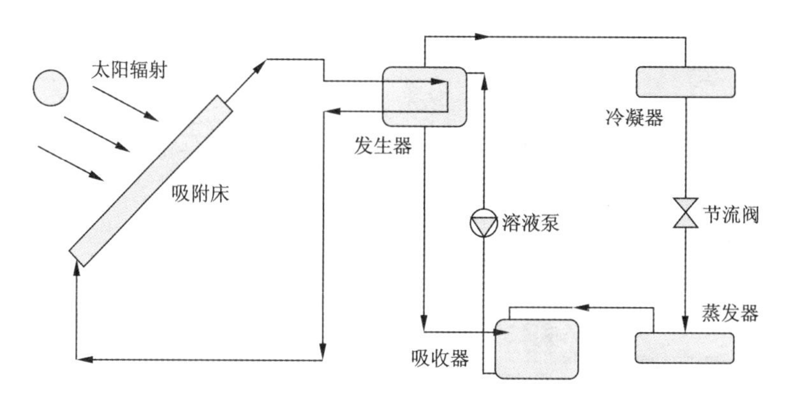

图 2－29 太阳能空调原理图

3. 遮阳

尽管冬天室内需要太阳加热升温，在炎热的夏季，遮阳是必需的，因为它是提高图书馆建筑热舒适的有效方法。随着建筑外墙大面积地使用玻璃，房间的得热会因为大面积太阳辐射而大大增加。为了减少太阳辐射热，人们在窗户内部添加窗帘或遮阳板，即采取内遮阳的形式。

理论和实践证明，已经通过玻璃进入室内的太阳辐射热并不会因为采取了内遮阳而显著减少，它最终都会传入室内。因此，要减少因太阳辐射热引起的冷负荷，就应当采用外遮阳，尤其是窗户的外遮阳。《公共建筑节能设计标准》也明确提出"夏热冬冷地区的建筑以及寒冷地区中制冷负荷大的建筑，外窗(包括透明幕墙)宜设置外部遮阳"。除此之外，为了减少辐射得热，确保隔热效果，还应采取一些技术措施，下面将进行介绍。

(1)确定好窗的朝向

由于太阳高度角的变化，太阳对建筑的辐射也在不断地变化。在夏季里，夏热冬冷地区的南向窗户得热并不太多，而冬季南向窗户却比其他朝向的窗户得到更多的太阳辐射。因此，南向是最适合开窗的朝向。如前所示，不论是从冬季取暖和夏季降温来看，东向和西向的窗户都是不可取的，应当尽量限制。

根据实测和理论分析，由于水平天窗在夏季汇集的太阳辐射约为南向窗的 4 倍，而冬天由于太阳高度角的变化其采暖功能却非常有限，所以，应尽量少用水平天窗。《公共建筑节能设计标准》明确规定：屋顶透明部分的面积不应大于屋顶总面积的 20%，否则会增加室内大量的余热。

(2)控制开窗面积

《公共建筑节能设计标准》要求建筑每个朝向的窗(包括透明幕墙)墙面积比均不应大于 0.70，其原因是建筑外窗(包括透明幕墙)是建筑墙体、屋面、外窗三大围护结构中热工性能较差的围护结构之一。由于其面积往往比屋顶还大，因此它也是影响室内热环境质量和建筑总能耗最主要的因素，必须很好地加以控制。

(3)采取合适的遮阳措施

在实际应用中，按照遮阳是否可动的形式，分为固定式遮阳和活动式遮阳两种；按照是否设于建筑内部或外部分成内、外遮阳两种(见图2-30、图2-31、图2-32)。对于普通建筑来说，遮阳措施还可以详细分成固定窗口外遮阳(水平遮阳、垂直遮阳、挡板遮阳)、活动窗口外遮阳(遮阳卷帘、活动百叶遮阳、遮阳篷、遮阳纱幕)、窗口中置式遮阳(设置在双层玻璃之间)、窗口内遮阳(百叶窗帘、百叶窗、拉帘、卷帘)、玻璃自遮阳(吸热玻璃、热反射玻璃、低辐射玻璃)、屋面的遮阳(屋顶构架遮阳、屋顶花园)、墙面的遮阳(绿化、遮阳构件)等形式，在设计中可以灵活采用。下面就常用的几种方式进行介绍。

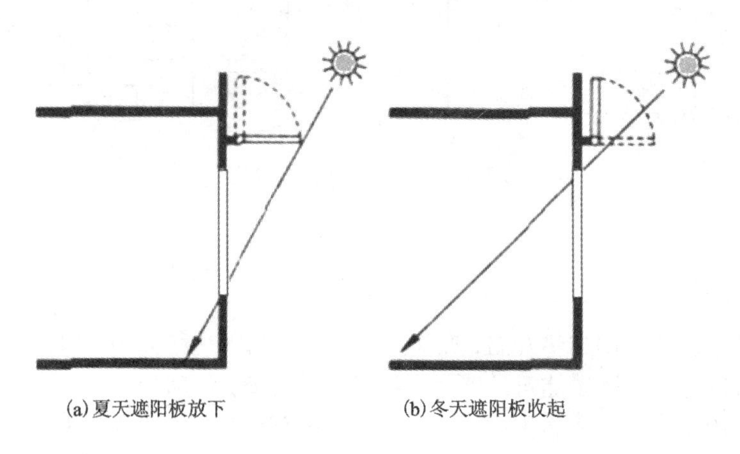

图2-30 窗户活动遮阳示意

图2-31 建筑外门活动遮阳棚

图2-32 建筑外窗活动遮阳棚和内遮阳

①固定式窗户遮阳

在夏热冬冷地区，由于高温延续的时间长，且夏季的太阳位置较高，因此，在南向窗户上设置固定的水平挑檐是非常有效的。

因为太阳高度角一直在变，而且早晨和下午太阳的高度角又很小，所以东、西向窗户的遮阳较难，故一般不在建筑的东西向设窗。若为了采光必须开设东、西向窗，可以采用垂直斜置遮阳板(图2-33)，且把其遮阳板的间距开向南方或北方，让阳光不能直射室内，而又可以利用斜置板间距采光。一般来说，将水平遮阳和垂直构件结合起来使用，遮阳的效果会更好。当二者布置密集时，就成为花格系统，这种遮阳适合夏热冬冷地区使用，如果设计得当，可以给建筑增强外墙的装饰效果。各种固定式外遮阳对不同朝向窗户的适用性见表 2 - 6[2]。固定遮阳必须满足大部分高温期遮阳的需要，但不能影响采光和冬季对太阳能的利用。因此，必须仔细计算遮阳构件的挑出宽度。

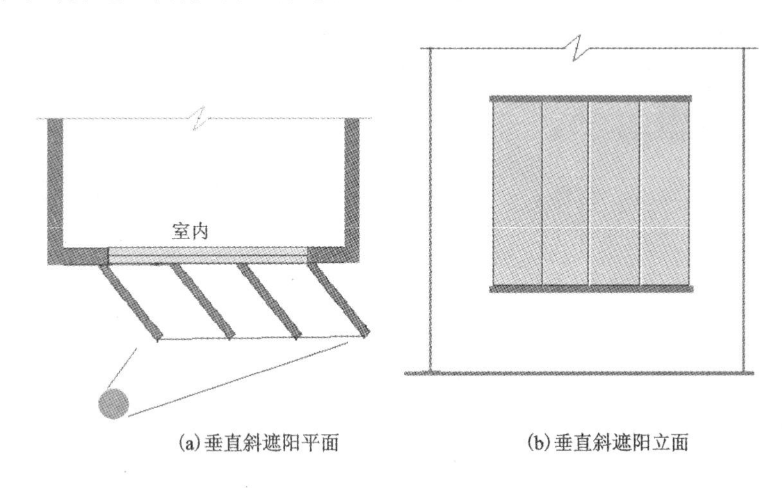

(a) 垂直斜遮阳平面　　(b) 垂直斜遮阳立面

图 2 - 33　垂直斜遮阳板

表 2 - 6　各种固定式外遮阳的使用特点

编号	样式	装置名称	最佳朝向	特点
1		挑檐 水平板	南 东 西	阻挡热空气流动； 可以承载风雪
2		挑檐 水平平面中的百叶	南 东 西	空气可自由流动； 承载雪不多； 尺度小； 最好购买
3		挑檐 竖直平面中的水平百叶	南 东 西	减小挑檐长度； 视野受到限制； 也可与小型百叶合用
4		竖直板	南 东 西	空气可以自由流过； 无雪载； 视野受限

续表 2-6

编号	样式	装置名称	最佳朝向	特点
5		竖直鳍板	东 西 北	视野受到限制； 只在炎热气候下用； 用于北立面
6		倾斜的竖直鳍板	东 西	向北倾斜； 视线受到很大限制
7		花格格栅	东 西	用于非常炎热的气候； 视线受到很大限制； 阻挡热空气流动
8		带倾斜鳍板的花格格栅	东 西	向北倾斜； 视线受到很大限制； 阻挡热空气流动； 用于非常炎热气候

②活动式遮阳

为了减少夏季太阳能传热量，在高温季节时夏热冬冷地区建筑需要遮阳，同时也要考虑在寒冷季节尽量利用更多的太阳能，固定式遮阳往往不能同时很好地满足上述要求，而活动遮阳装置却能够解决这一问题。如图 2-34 所示，为一活动遮阳帘的实例。此外，旋转平板式遮阳是非常方便的活动遮阳装置，通常这种装置可以手动进行操作，每年只需调节两次。

图 2-34　活动式遮阳帘

图2-35为活动式遮阳帘，其材料可以是钢条，也可以是硬质塑料，十分牢固。它白天可以遮阳，夜间还可用于安全防盗，欧洲国家非常流行。而且，室外卷帘对东、西向的窗户也比较适用，可以半天放下卷帘，另外半天打开卷帘。目前的材料和技术日渐成熟，已经可以提供活动自如的自动卷帘式遮阳装置，而且其维护非常方便，是非常有效的外遮阳的形式。

③双层玻璃幕墙遮阳

双层玻璃幕墙的遮阳也是非常重要的节能措施，其方法如图2-36所示，热通道的空气，用于带走玻璃幕墙内的热量，而遮阳百叶防止太阳直射入室内，内侧再设置中空的玻璃。

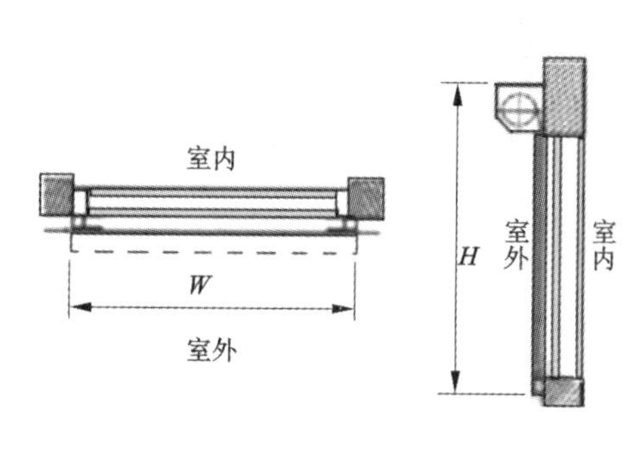

图2-35　活动式遮阳帘

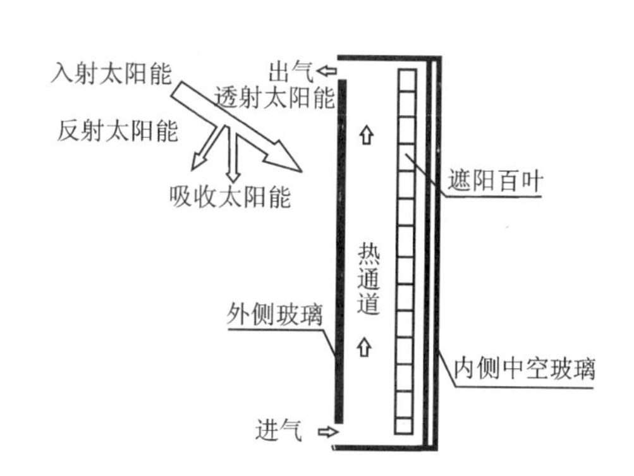

图2-36　双层玻璃幕墙遮阳

④内遮阳

图2-37为电动内遮阳的示意图，该遮阳系统可以与智能家居控制系统相联系，通过计算机信息系统或手机APP可以实现对其智能控制，以实现良好的遮阳效果。

⑤玻璃遮阳

目前，市面上的玻璃主要有普通玻璃、有色玻璃、热反射玻璃和低辐射玻璃等。其中有色玻璃能吸收一部分入射太阳辐射，但其中大部分又再次辐射到室内；而普通透明玻璃能让90%以上的入射太阳辐射进入室内；在玻璃上增加一层金属反射膜，可以制成热反射玻璃，它可以在保证一定的照度的同时减少太阳辐射进入室内。但由于热反射玻璃和有色玻璃都会滤掉一部分人们需要的可见光，因而对室内采光会造成较大的影响；低辐射玻璃类似于汽车的贴膜玻璃，是具有光谱选择性的玻璃，通过涂在它表面的一层薄膜，从而可以透过较多的可见光而有效地阻挡红外辐射。

一般来说，在工程应用中，在室内照度和太阳能加热都需要的场合，必须选用透明玻璃；在无法使用外遮阳时，如果要限制太阳热，可以选用反射玻璃；在不适合使用外遮阳的场合，如需要限制太阳热而又需要日光采光时，可选用低辐射光谱选择型玻璃。此外，在建筑外窗玻璃选择上，要尽量少用蓝、绿等有色玻璃以避免光污染。

在遮阳设计中，我们应当注意窗和幕墙玻璃的光学性能，特别是玻璃的可见光透射比（即常说的透光率）。国家标准规定，窗墙面积比小于0.4时，遮阳系数应不大于0.5（东、南、西向）。由于低辐射率的中空玻璃可见光透射比始终大于遮阳系数，因此选用低辐射中空玻璃时，其可见光透射比一般能够达到相关要求；而热反射中空玻璃的可见光透射比总是小于遮阳系数，故热反射玻璃不仅难以保证其传热系数达到节能要求，而且光透射比也难以

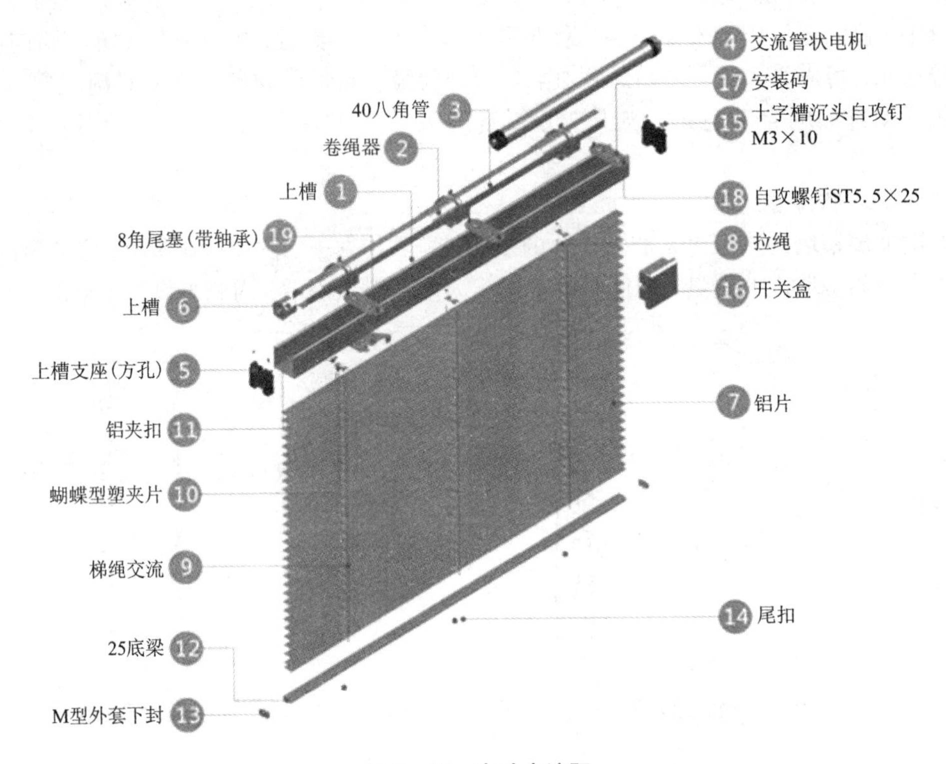

图 2－37　电动内遮阳

达到相关规定。因此，在节能建筑中应尽量采用低辐射率的中空玻璃或者普通中空玻璃，而不宜选用热反射中空玻璃。

除了作为遮阳的关键材料——窗玻璃之外，外遮阳的遮阳效果当然还与遮阳装置的形式密切相关，因此选用玻璃外遮阳时，还应充分考虑气候特点、房间的使用性质以及窗口的朝向等因素。此外，外遮阳还与遮阳设施的构造、安装位置等因素有关，在设计中都要仔细考虑。比如，活动式的遮阳板可按一天中太阳位置的变化和天空的阴暗情况任意调节遮阳板的角度，因此在夏热冬冷地区宜多采用这一类活动式的遮阳产品。在寒冷季节，可以收折起遮阳板，或者通过卷放或调节百叶开度，以最大限度地获得阳光，因而可以同时起到良好隔热、采暖和节能的效果。

总之，关于遮阳装置，目前已经形成了专业生产厂家和供货市场，产品形式多样，在节能设计时可供设计人员选用。

参考文献

[1] 王晓，彭逊志，夏为威. 武汉地区公共建筑采光节能的研究分析[J]. 建筑节能，2010(08)：51－54.
[2] 徐吉浣，寿炜炜. 公共建筑节能设计指南[M]. 上海：同济大学出版社，2007.
[3] 周淑贞，束炯. 城市气候学[M]. 北京：气象出版社，1994.
[4] 朱昌廉. 住宅建筑设计原理[M]. 北京：中国建筑工业出版社，1999.
[5] 陈璐璐，王怡. 建筑朝向对自然通风的分析及确定[J]. 山西建筑，2009，27：30－31.

[6] B. Givoni. 人"建筑"气候[M]. 陈士驎, 译. 北京: 中国建筑工业出版社, 1982.
[7] 李恺蔓, 孙建梅. 上海地区民用建筑采光设计研究[J]. 建筑节能, 2016(01): 62-65.
[8] 宋德萱, 张峥. 建筑平面体形设计的节能分析[J]. 新建筑, 2000, 03: 8-11.
[9] 王汉青. 通风工程[M]. 北京: 机械工业出版社, 2007.
[10] Pfafferott J, Herkel S, Jäschke M. Design of passive cooling by ventilation: evaluation of a parametric model and building simulation with measurements. Energy and Buildings, 2003, 35(11): 1129-1143.
[11] Geros V, Santamouris M, Tsangrasoulis A, et al. Experimental evaluation of night ventilation phenomena. Energy and Buildings, 1999, 29(2): 141-154.
[12] 许艳. 长沙地区办公建筑夜间通风技术实验研究及DeST模拟分析[D]. 湖南大学, 2007.
[13] 韩轩. 建筑节能设计与材料选用手册[M]. 天津: 天津大学出版社, 2012.

第3章　图书馆建筑围护结构的热工设计与节能

建筑围护结构是指建筑物及房间各面的围挡物，如门窗、墙、屋面、地面等，由于其能够有效地利用室外有利的环境条件，同时可以抵御室外不利环境的影响，从而可以营造一个较稳定、舒适的室内环境。随着社会经济发展和人民生活水平的提高，以及对建筑能耗的控制要求，改善建筑围护结构的热工性能显得至关重要。本章将对图书馆围护结构的热工特性进行阐述。首先，将讨论图书馆围护结构热工设计及节能改造的一般原则；其次，论述图书馆建筑热工性能指标及其计算方法；最后，分别说明图书馆外墙、屋面、幕墙及其他设施的构造与要求。

3.1　围护结构节能重点

夏热冬冷地区建筑围护结构的节能，主要是要提高建筑围护结构的保温和隔热性能。建筑围护结构包括墙、屋面、地板、顶棚、窗、天窗、门、玻璃隔断等。按是否与室外空气直接接触，又可分为外围护结构和内围护结构。在不需特别加以指明的情况下，围护结构节能主要是指外围护结构，包括外墙、屋面、窗户、外门等，以及不采暖楼梯间的隔墙等。所以，围护结构节能主要包括以下几个方面：

(1)墙体节能

在建筑围护结构中，墙体在全年空调的能耗中所占比例最大，大约为总能耗的30%～40%，因此，如何改善墙体的保温和隔热性能成为围护结构节能的关键。目前，墙体保温隔热包括内保温、夹心保温、外保温及综合保温等形式。其中，外墙外保温是倡导推广的主要保温形式，其保温方式最为直接、效果也最好。

(2)门窗节能

在建筑围护结构的门窗、墙体、屋面、地面等关键部件中，门窗是影响室内热环境和建筑节能的主要因素。门窗作为联系室内外的关键构件，其能耗约占建筑围护结构总能耗的40%～50%，因此，增加门窗的保温隔热性能以减少门窗的能耗，是提高建筑围护结构节能水平的重要措施。

(3)屋面节能

屋面节能的原理与墙体节能一样，它是通过改善屋面层的热工性能阻止热量的传递来实现的。对于多层建筑，其能耗占到总能耗的15%以上；对于低层建筑而言，其比例更高。

为了实现围护结构节能，提高图书馆围护结构热工性能，其节能设计与施工方法应该遵循以下的一般原则：

(1)图书馆围护结构的热工性能应分别符合《公共建筑节能设计标准》(GB 50189—2005)和各省市的地方《公共建筑节能设计标准》的相关规定的要求。

(2)图书馆围护结构节能设计与施工方法应符合国家和地方行业标准及施工图集的相关要求。

根据上述要求，本章详细介绍围护结构各个部分的节能设计方法。

3.2　图书馆建筑热工性能指标及其计算方法

本节阐述图书馆建筑的热工计算的理论部分，包括图书馆建筑热工性能指标、热工计算方法以及规范标准。

3.2.1　热阻

围护结构热阻(R)是表征围护结构本身或其中某层或多层材料阻抗传热能力的物理量，单位是($m^2 \cdot K/W$)，分为单一材料层热阻和多层结构热阻。

1. 单一材料层的热阻

单一材料层的热阻计算，按公式(3－1)计算。

$$R = \frac{\delta}{\lambda} \tag{3-1}$$

式中：δ——材料层厚度，m；

λ——材料导热系数计算值，W/(m·K)。

2. 多层围护结构的热阻

多层结构热阻为各构造层热阻之和，其热阻计算示意图见图3－1；其热阻计算公式如式(3－2)所示。

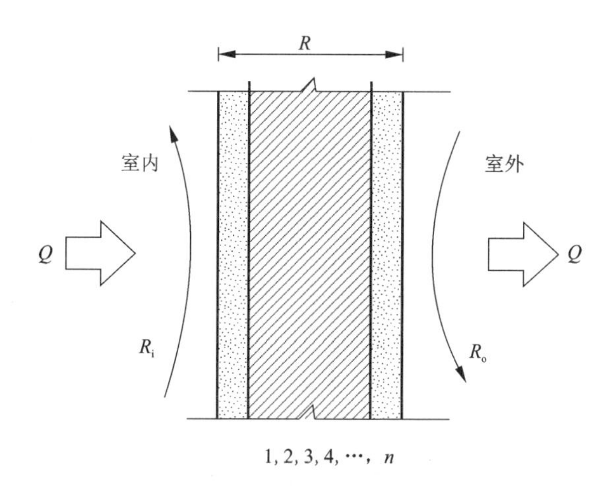

图3－1　热阻计算示意图

$$R = R_1 + R_2 + \cdots + R_n = \frac{\delta_1}{\lambda_{c_1}} + \frac{\delta_2}{\lambda_{c_2}} + \cdots + \frac{\delta_n}{\lambda_{c_n}} \tag{3-2}$$

式中：R_1，R_2，…，R_n——各层材料热阻，$m^2 \cdot K/W$；

δ_1，δ_2，…，δ_n——各层材料厚度，m；

λ_{c_1}，λ_{c_2}，…，λ_{c_n}——各层材料导热系数计算值，$W/(m \cdot K)$。

当多层围护结构出现以下几种情况时，其热阻可根据具体情况分别进行计算。

(1)若构造层由两种以上材料组成(如图3-2中的中间层)，则应先计算出该层的平均导热系数$\bar{\lambda}$，再计算该层的平均热阻，具体的计算公式如式(3-3)、式(3-4)。

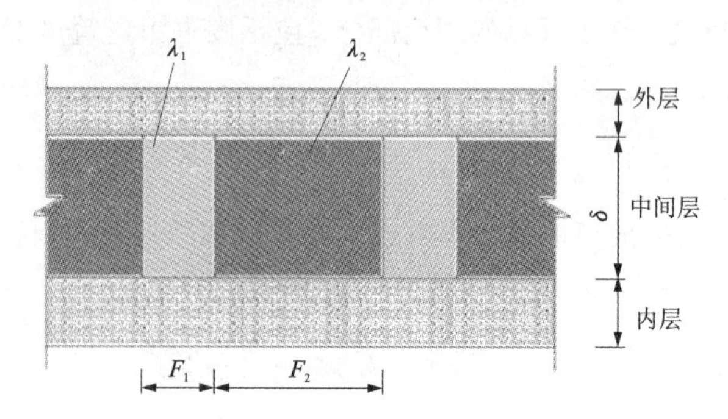

图3-2　某构造层示意图

$$\bar{\lambda} = \frac{\lambda_1 F_1 + \lambda_2 F_2 + \cdots + \lambda_n F_n}{F_1 + F_2 + \cdots + F_n} \tag{3-3}$$

$$\bar{R} = \frac{\delta}{\bar{\lambda}} \tag{3-4}$$

式中：λ_1，λ_2，…，λ_n——各个传热面积上材料的导热系数，$W/(m \cdot K)$；

F_1，F_2，…，F_n——在该层中按平行于热流划分的各个传热面积，m^2。

(2)由两种以上材料组成的、双向非均质围护结构(包括各种形式的空心砖砌块、填充保温材料的墙体等，但不包括多孔黏土空心砖)，其平均热阻应按式(3-5)[1]计算。

$$\bar{R} = \left[\frac{F_0}{\frac{F_1}{R_{0\cdot1}} + \frac{F_2}{R_{0\cdot2}} + \cdots + \frac{F_n}{R_{0\cdot n}}} - (R_i + R_e)\right]\varphi \tag{3-5}$$

式中：$\bar{R}$——平均热阻，$m^2 \cdot K/W$；

F_0——与热流方向垂直的总传热面积，m^2；

F_1，F_2，…，F_n——按平行于热流方向划分的各个传热面积，m^2；

$R_{0\cdot1}$，$R_{0\cdot2}$，…，$R_{0\cdot n}$——各个传热面部位的传热阻，$m^2 \cdot K/W$；

R_i——内表面换热阻，$m^2 \cdot K/W$，取0.11；

R_e——外表面换热阻，$m^2 \cdot K/W$，取0.04；

φ——修正系数，可查取《实用供热空调设计手册》中的相关表格。

3. 围护结构传热阻

围护结构传热阻是表征包括两侧空气边界层在内的围护结构阻碍传热能力的物理量，它是结构总热阻($\sum R$)与两侧表面换热阻(R_i、R_e)之和(见图3-1)，其单位是$m^2 \cdot K/W$，传热阻(R_0)具体计算公式见式(3－6)。

$$R_0 = R_i + \sum R + R_e \tag{3-6}$$

3.2.2　传热系数

1. 传热系数的计算

建筑围护结构的传热系数是指在稳定传热条件下，围护结构两侧空气温差为1 K，单位时间内通过单位面积传递的热量，单位是W/(m^2·K)。类比于电阻概念，传热系数是热阻的倒数，外围护结构的传热系数按式(3－7)进行计算：

$$K = \frac{1}{R_0} = \frac{1}{R_i + \sum R + R_e} \tag{3-7}$$

式中：R_0—— 围护结构传热热阻，m^2·K/W；

$\sum R$—— 围护结构各构造层热阻之和，m^2·K/W；

R_i，R_e—— 围护结构内、外表面换热阻，m^2·K/W，可查取《民用建筑热工设计规范》。一般情况下，R_i 可取0.11 (m^2·K)/W；R_e 可取0.11 (m^2·K)/W。

2. 外墙平均传热系数的计算

节能设计标准一般都将外墙平均传热系数作为围护结构的一项热工性能指标和控制指标。外墙传热系数是指包括主墙体及其周边结构性热桥在内的外墙平均传热系数 K_m。K_m 等于外墙各部位(不包括门窗)的传热系数对其面积的加权平均值，其中热桥包括构造柱、圈梁、楼板伸入外墙部分等，如图3－3所示。在我国建筑节能设计中，应考虑围护结构的传热系数的计算，尤其是热桥部位传热系数的计算，且应具体分析内保温、外保温对平均传热系数的影响[2]。

(1)外墙平均传热系数[1]按下式(3－8)计算：

$$K_m = \frac{K_P \cdot F_P + K_{B1} \cdot F_{B1} + K_{B2} \cdot F_{B2} + K_{B3} \cdot F_{B3}}{F_P + F_{B1} + F_{B2} + F_{B3}} \tag{3-8}$$

式中：K_m——外墙的平均传热系数，m^2·K/W；

K_P——外墙主体部位(主墙体)的传热系数，m^2·K/W，取计算值。通常由计算确定，如主体墙由两种或两种以上材料组成，应作加权平均计算；

F_P——外墙的主体部位(主墙体)面积，m^2；

K_{B1}，K_{B2}，K_{B3}——外墙各热桥部位(构造柱、圈梁、楼板伸入外墙部分等)的传热系数，m^2·K/W，由计算确定；

F_{B1}，F_{B2}，F_{B3}——外墙各热桥部位的面积，m^2。

(2)丁字形外墙构造柱与楼板端头热桥部位传热系数计算

在图3－3所示外墙的构造柱、楼板端头和圈梁三种热桥部位中，丁字形外墙构造柱与楼板端头(伸入外墙部分)部位的传热系数 K_{B1}，K_{B3}的计算厚度如图3－4所示，K_{B1}，K_{B3}的具体计算公式如式(3－9)[1]。圈梁部位传热系数 K_{B2}可按与主墙体同样的方法计算。需要注意的是，如圈梁有位于主墙体中间的构造柱，其热绝缘系数的结构计算厚度应与主墙体相同。

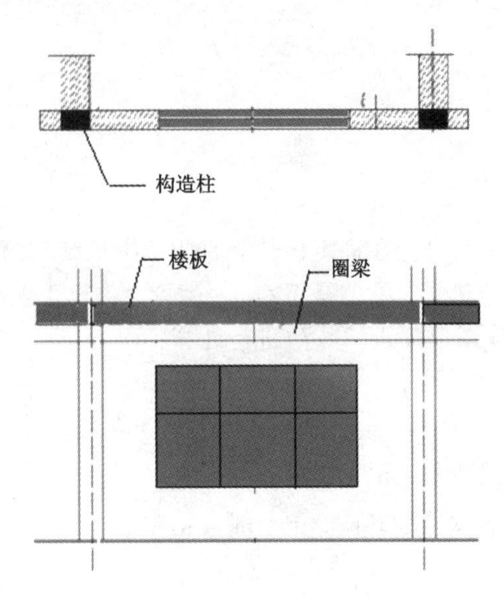

图 3-3　外墙热桥部位示意图

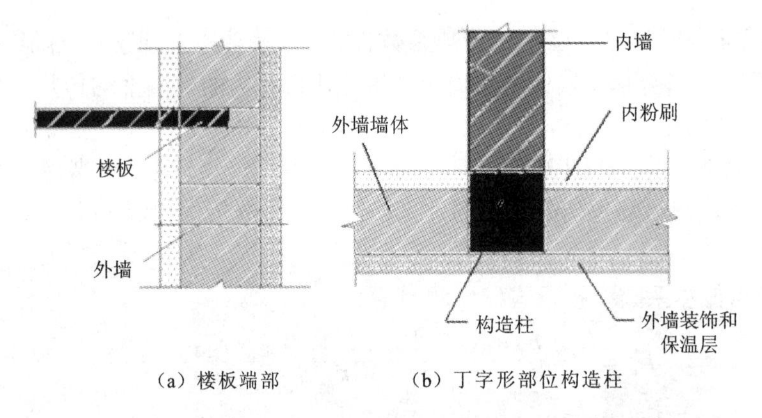

图 3-4　丁字形部位构造柱和楼板端头部位传热系数计算

(a)楼板端部；(b)丁字形部位构造柱

丁字墙构造柱部位传热系数 K_{B1} 的计算：

①采用外保温法时：

$$K_{B1}=\frac{1}{\frac{\delta_e}{\lambda_{ce}}+\frac{\delta_w}{1.74}+\frac{0.02}{\lambda_{cw}}+0.15} \qquad [3-9(a)]$$

②采用内保温法时：

$$K_{B1}=\frac{1}{0.023+\frac{\delta_w}{1.74}+\frac{\delta_i}{\lambda_{cw}}+0.15} \qquad [3-9(b)]$$

楼板端头部位传热系数 K_{B3} 的计算：

①采用外保温法时：

$$K_{B3}=\frac{1}{\frac{\delta_e}{\lambda_{ce}}+\frac{\delta_w+0.02}{1.74}+0.15} \qquad [3-9(c)]$$

②采用内保温法时：

$$K_{B3}=\frac{1}{0.023+\frac{\delta_w+\delta_i}{1.74}+0.15} \qquad [3-9(d)]$$

在上述公式中：数值0.02为外墙采用保温时，内抹灰层的厚度，单位为m；其中，数值0.023为水泥混合砂浆外抹灰层的热阻值，单位为$m^2\cdot K/W$。式中，数值1.74为钢筋混凝土材料的导热系数计算值，$W/(m\cdot K)$；数值0.15为内、外表面换热阻之和。其他符号意义如下：

δ_w 为不包括抹灰层在内的主墙体厚度，单位为m；λ_{cw}为内墙材料的导热系数计算值，单位为$W/(m\cdot K)$；δ_e为外保温层厚度，单位为m；λ_{ce}为外保温层材料导热系数计算值，单位为$W/(m\cdot K)$；δ_i 为内保温层厚度，单位为m。

3.2.3　热惰性指标

1. 热惰性指标及其意义

热惰性指标(index of thermal inertia)，是指表征围护结构反抗温度波动和热流波动能力的无量纲指标，用D表示，其值等于材料层热阻与蓄热系数的乘积。它是目前居住建筑节能设计标准中评价外墙和屋面隔热性能的一个设计指标，D值愈大，说明周期性温度波在其内部的衰减愈快，穿越建筑围护结构所需的时间越长，围护结构的热稳定性就越好，夏季隔热性能也越好。

2. 热惰性指标的计算

《公共建筑节能设计标准》未对外墙和屋面提出具体的热惰性指标的要求。但在上海市、湖南省等省市的地方标准中，提出了D值的具体指标，其计算方法如下：

(1)对于单一材料的围护结构，其热惰性指标$D=R\cdot S_c$；

(2)对于多层材料的围护结构，其热惰性指标$D=\sum D=\sum(R\cdot S_c)$。

在上面计算式中，R和S_c分别为围护结构各构造层材料的热阻和蓄热系数。

(3)如某建筑构造层由两种以上材料组成，则应按下面公式来计算该层的热惰性指标(D)[1]。

$$\bar{S}=\frac{S_1F_1+S_2F_2+\cdots+S_nF_n}{F_1+F_2+\cdots+F_n} \qquad (3-10)$$

$$D=\bar{R}\cdot\bar{S} \qquad (3-11)$$

式中：$\bar{S}$——平均蓄热系数；

S_1，S_2，…，S_n——各个传热面积对应的材料的蓄热系数；

F_1，F_2，…，F_n——在该层中按平行于热流划分的各个传热面积，m^2。

3.2.4 外墙表面对太阳辐射的吸收系数

外墙外表面对太阳辐射的吸收系数(ρ)值是指围护结构外表面吸收的太阳辐射照度与其投射到的太阳辐射照度的比值。其值可根据外墙的表面材料、表面状况与色泽按《民用建筑热工设计规范》取值或根据实测确定。

外墙设计中一般采取根据外墙 D 值来匹配选用 ρ 值的方法，即当外墙的 D 值较小时，比如对外墙面采用浅色涂料或浅色面砖等，可以通过降低 ρ 值的方法来使外墙满足夏季隔热要求。

我国夏热冬冷地区气候特征一般为夏季炎热，冬季湿冷。为了减少围护结构的传热损失，对外墙的设计应着眼于提高墙体的保温和隔热性能，从而达到热稳定和节能的目的。一般来说，外墙中的一些特殊构件，如钢筋混凝土的梁、柱、剪力墙等，会对建筑围护结构的能耗造成较明显的影响。这些构件所在的部位传热能力强，内表面温度较低，室内的热量容易从这些部位散失到室外，从而造成大的能耗。实际上，这些部位就是所谓的“热桥”，所以隔断热桥的热传递是降低外墙热损失的关键[3]。因此，外墙需要采用保温材料与基层墙体复合构成的复合保温墙体，或采用具有较高热阻和热稳定性的墙体材料，以实现自保温。目前，我国夏热冬冷地区建筑主要采用的各类墙体材料，绝大部分需要采用复合保温技术来实现节能。只有加气混凝土制品由于其内部具有大量气孔和微孔，可以在达到一定厚度后实现自保温。

夏热冬冷地区四类常见的无保温措施的外墙热工性能，如表 3－1 所示[1]。可以看出，这些外墙的平均传热系数(K_m)均远大于公共建筑外墙节能规定的性能指标。表中 K_p 值可作为外墙节能设计计算时基本墙的传热系数。在表 3－1 中，墙体两侧均有水泥混合砂浆抹灰层各 20 mm 厚。

表 3－1 夏热冬冷地区外墙的热工性能

分类	墙体材料与砌体厚度		墙体厚度/mm	主墙体部位传热系数 K_p/[W/(m^2·K)]	外墙平均传热系数 K_m/[W/(m^2·K)]	热惰性指标 D
1	240 多孔黏土砖(KP$_1$型)		280	1.75	2.11	3.68
2	190 混凝土空心小砌块	单排孔灌芯型	230	2.62	2.81	2.67
		双排孔小砌块	230	2.12	2.45	2.14
		三排孔(盲孔)	230	2.00	2.36	2.32
3	混凝土多孔砖	240 八孔砖	280	1.92	2.24	2.85
		190 八孔砖	230	2.00	2.36	2.16
		190 六孔砖	230	2.22	2.52	2.40
4	钢筋混凝土	180 mm 厚	220	3.34	3.24	2.27
		200 mm 厚	240	3.22	3.24	2.47
		250 mm 厚	290	2.94	2.96	2.97

3.2.5　外窗遮阳系数及综合遮阳系数

如前所述，在给定条件下，遮阳系数（S）（shading coefficient）是指太阳辐射透过窗玻璃所形成的室内得热量与相同条件下的标准窗玻璃所形成的太阳辐射得热量之比。其中“室内得热量”包括透过窗玻璃直接进入室内的太阳辐射热和窗玻璃本身吸收太阳辐射热后温度升高而散入室内的热量等两部分。“标准窗玻璃”指的是厚度为 3 mm 的无色普通玻璃。由此可知，只要不是标准窗玻璃，其遮阳系数一般都会小于 1。

外窗综合遮阳系数（SW）（overall shading coefficient of window）是指考虑窗本身和窗口的建筑外遮阳装置综合遮阳效果的一个系数，其值为窗本身的遮阳系数（SC）与窗口的建筑遮阳系数（SD）的乘积。当窗口外面没有任何形式的建筑外遮阳时，外窗的遮阳系数（SW）就是窗本身的遮阳系数（SC）[4]。

3.2.6　围护结构热工性能指标的规范标准

根据规范要求，建筑围护结构各部分的传热系数和热惰性指标不应大于表 3－2 中规定的限值。当设计建筑的屋面、外墙、架空或外挑楼板、外窗不符合表 3－2 的规定时，必须按照《夏热冬冷地区居住建筑节能设计标准》的相关规定进行建筑围护结构热工性能的综合判断[5]。

表 3－2　建筑围护结构热惰性指标（D）和传热系数（K）的限值

围护结构部位		传热系数 $K/[W/(m^2 \cdot K)]$	
		热惰性指标 $D \leq 2.5$	热惰性指标 $D > 2.5$
体形系数≤0.40	屋面	0.8	1.0
	外墙	1.0	1.5
	底面接触室外空气的架空或外挑楼板	1.5	
	分户墙、楼板、楼梯间隔墙、外走廊隔墙	2.0	
	户门	3.0（通往封闭空间） 2.0（通往非封闭空间或户外）	
	外窗（含阳台门透明部分）	应符合 JGJ 134—2010 标准表 4.0.5－1 和表 4.0.5－2 的规定	
体形系数＞0.40	屋面	0.5	0.6
	外墙	0.8	1.0
	底面接触室外空气的架空或外挑楼板	1.0	
	分户墙、楼板、楼梯间隔墙、外走廊隔墙	2.0	
	户门	3.0（通往封闭空间） 2.0（通往非封闭空间或户外）	

此外，根据规范要求，不同朝向、不同窗墙比的外窗传热系数和综合遮阳系数应该符合表 3 - 3 的要求[5]。

表 3 - 3　外窗传热系数和综合遮阳系数的限值

建筑	窗墙面积比	传热系数 K/[W/(m²·K)]	外窗综合遮阳系数 SW（东、西向/南向）
体形系数≤0.40	窗墙面积比≤0.20	4.7	—/—
	0.20 < 窗墙面积比≤0.30	4.0	—/—
	0.30 < 窗墙面积比≤0.40	3.2	夏季≤0.40/夏季 < 0.45
	0.40 < 窗墙面积比≤0.45	2.8	夏季≤0.35/夏季 < 0.40
	0.45 < 窗墙面积比≤0.60	2.5	东、西、南向设置外遮阳 夏季≤0.25　冬季≥0.60
体形系数 > 0.40	窗墙面积比≤0.20	4.0	—/—
	0.20 < 窗墙面积比≤0.30	3.2	—/—
	0.30 < 窗墙面积比≤0.40	2.8	夏季≤0.40/夏季 < 0.45
	0.40 < 窗墙面积比≤0.45	2.5	夏季≤0.35/夏季 < 0.40
	0.45 < 窗墙面积比≤0.60	2.3	东、西、南向设置外遮阳 夏季≤0.25　冬季≥0.60

3.3　图书馆外墙节能构造与要求

图书馆外墙节能要通过外墙的保温构造来实现。根据保温层在墙体中的位置不同，有外保温、内保温、中保温和组合保温等多种墙体的复合保温做法。在夏热冬冷地区，外保温和内保温两种形式的应用较为广泛。

外墙外保温，即将保温材料设置在墙体外侧。保温层的材料应满足轻质、吸水率低、耐火等级高等要求。随着节能技术的不断发展，外墙外保温技术已逐渐成为建筑保温节能的主流方式了。与外墙内保温相比，外保温是一种具有众多优越性的先进的外墙节能技术，也是当前和今后一种重要的建筑节能措施。图书馆的外墙节能的要求较高，为减少热桥的影响，避免因内保温层偏厚而过多占用室内面积，在可能的情况下图书馆的外墙节能宜以外保温为主。当要求外墙外侧为硬质或重质材料，以及需要面砖或石材饰面时，可采用硬质的无机保温材料，同时也可以采用内保温或中保温(夹心保温)，或在外保温外侧再干挂石材等方法。外保温节能构造是一种把保温隔热层设置在外墙表面的节能技术，具有保温隔热性能优良、不占室内面积、不影响室内装修、便于既有建筑节能改造等众多优点。外墙外保温的适用范围广，可用于各种砌体和混凝土基层的外墙，适用于绝大多数建筑。在夏热冬冷地区，这种保温形式可以阻止热量通过墙体向外扩散，有效切断外墙梁柱形成的冷桥，有利于较少水蒸气的凝结，能够保护主体结构少受温度应力变化的影响，确保外墙保温的连续性和整体性[6]。《中国节能技术政策大纲》中也明确指出了，“重点推广外保温墙体”。对于图书馆的外墙节能而言，应尽可能采用外保温做法。

外墙中保温（夹心保温）是把保温层设置在两外墙中间的复合保温做法。墙体由内叶墙和外叶墙构成，并在中间空腔内设置一定厚度的保温材料。这种做法的优点是墙体内外侧均为重质材料，内、外饰面的自由度均大，热稳定性好。但墙体较厚，内、外叶墙之间需有可靠的构造联结（拉结件等）。另外，内叶墙系承重墙，外叶墙为非承重墙，由于承受的荷载不同，存在较大的变形差，必须有相应的构造措施，以防止墙体开裂。

外墙内保温是把保温隔热层设置在外墙内表面的一种复合保温技术，基本构成为，重质材料的饰面层在外墙外侧，轻质材料保温层在外墙内侧。它具有施工方便、保温部位的施工作业不受室外天气条件影响、外墙装饰自由度大、造价相对较低等优点。但结构中存在热桥，这会使得局部温差过大而导致结露现象的产生。此外，其还具有热工性能较差、主体结构温差应力大、占用室内面积等缺点。一般来说，内保温法更适用于热稳定性较差、间歇性使用的房间，如厨房、卫生间等。

3.3.1　外墙外保温节能构造与要求

外墙外保温节能构造：一般由结合层、保温层、护面层和饰面层构成。外墙外保温做法主要有[1]膨胀聚苯板（EPS 板）薄抹灰外墙外保温系统；挤塑聚苯板（XPS）薄抹灰外墙外保温系统；胶粉聚苯颗粒外墙外保温系统；单面钢丝网架聚苯板整浇外墙外保温系统；现场喷涂聚氨酯硬泡体外墙外保温系统；无机不燃型材料的外保温系统等六种，下面一一简述其做法。

1. 膨胀聚苯板（EPS 板）薄抹灰保温

膨胀聚苯板（EPS 板）薄抹灰保温是以模塑聚苯乙烯泡沫塑料板为保温材料的一种应用系统。国家相关部门发布了《膨胀聚苯板薄抹灰外保温系统》（JG 149—2003）等相关的标准、规范，来规范这种保温系统的设计、施工。该系统的基本节能构造如图 3－5 所示。

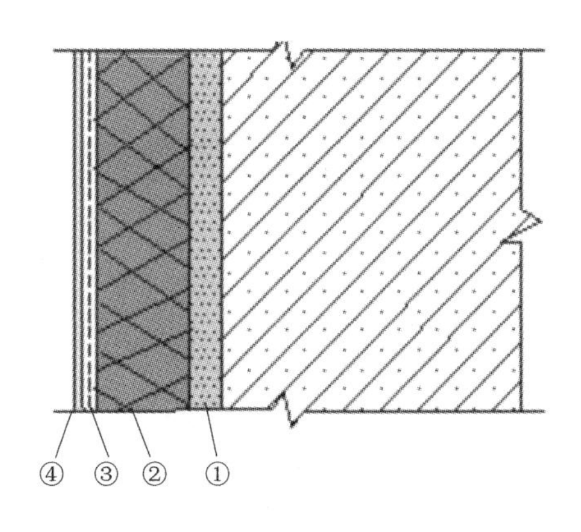

图 3－5　膨胀聚苯板薄抹灰保温构成示意图

①黏结层；②保温层；③薄抹灰增强防护层；④饰面层

在上图中，各层的组成材料包括黏结层采用胶黏剂、保温层采用膨胀聚苯板、防护层采用抹面砂浆复合耐碱网布的薄抹灰增强防护层和饰面层采用涂料。

EPS板外保温节能系统有以下优越性，具体体现在：①可以避免“热桥”的产生，节约能耗，保温效果好。该系统中EPS板导热系数小，约在0.038~0.041 W/(m·K)之间，并且EPS板厚度一般不受限制；外墙外保温构造避免了内保温在分隔墙和楼板等部位保温材料中断产生“热桥”的缺点，在采用同样厚度的保温材料条件下，外保温要比内保温的热损失减少约1/5，从而节约了热能；②减轻墙体重量、增加使用面积、降低工程造价；③改善居住环境，避免了室内结露、霉斑现象；④保护主体结构，延长建筑物使用寿命；⑤保持室温稳定，有利于建筑物内部冬暖夏凉[7]。

膨胀聚苯板(EPS板)薄抹灰系统采用的原材料一般有EPS板、胶黏剂、抗裂保护层、耐碱玻纤网格布、锚栓、涂料等[8]。该系统各组成材料的技术性能应符合《膨胀聚苯板薄抹灰外墙外保温系统》(JG 149—2003)的要求，同时要注意保温层材料膨胀聚苯板(EPS板)应为阻燃型(或难燃型)，其性能应满足《绝热用模塑聚苯乙烯泡沫塑料》(GB/T 10801.1—2002)第Ⅱ类的要求和以下要求[1]：导热系数应不大于0.041、垂直于板面方向的抗拉强度不小于0.10、表观密度处于18.0 kg/m^3至22.0 kg/m^3之间、尺寸稳定性不大于0.30%。

此外，防护层抹面砂浆应具有一定的柔韧性，因此黏结层材料胶黏剂(黏结胶浆)和防护层用抹面砂浆均应采用聚合物砂浆，即采用经聚合物改性的水泥砂浆。胶黏剂和抹面砂浆的性能指标如表3-4和表3-5所示[1]。

表3-4 胶黏剂的性能指标

试验项目		性能指标
拉伸黏结强度/MPa(与水泥砂浆)	原强度	≥0.60
	耐水	≥0.40
拉伸黏结强度/MPa(与膨胀聚苯板)	原强度	≥0.10，破坏界面在膨胀聚苯板上
	耐水	≥0.10，破坏界面在膨胀聚苯板上
可操作时间/h		1.5~4.0

表3-5 抹面砂浆性能指标

试验项目		性能指标
拉伸黏结强度/MPa(与膨胀聚苯板)	原强度	≥0.10，破坏界面在膨胀聚苯板上
	耐水	≥0.10，破坏界面在膨胀聚苯板上
	耐冻融	≥0.10，破坏界面在膨胀聚苯板上
柔韧性	抗压强度/抗折强度(水泥基)	≤3.0
	开裂应变/%(非水泥基)	≥1.5
可操作时间/h		1.5~4.0

在膨胀聚苯板(EPS板)薄抹灰保温中，应该采取措施增强抗裂性能，即采取增强抗裂性能的耐碱玻璃纤维网布，施工中把它埋入抹面砂浆中。耐碱玻璃纤维网布是由表面涂覆耐碱

防水材料的玻璃纤维网格布制成的，用以提高防护层的机械强度和抗裂性，可分为标准网格布和加强网格布两种，其性能指标应符合《膨胀聚苯板薄抹灰外墙外保温系统》(JG 149—2003)中的相关规定。而耐碱标准网布的主要技术性能指标有以下几个方面：单位面积质量不小于 130 g/m^2、耐碱断裂强力(经、纬向)不小于 750 N/50mm、耐碱断裂强力保留率(经、纬向)不小于 50%、断裂变径(经、纬向)不大于 5.0%。

建筑物高度在 20 m 以上时，在受风压作用较大的部位应使用锚栓辅助固定。同时，由于胶黏剂承担系统全部荷载，因此要严格要求黏结固定的性能。此外，对于涂料，其应与薄抹灰外保温系统相容，性能指标符合相关涂料标准中的规定。膨胀聚苯板薄抹灰保温的性能指标应符合表 3 -6 中的要求[1]。

表 3 -6　膨胀聚苯板薄抹灰保温性能指标

试验项目		性能指标
吸水量/(g/m^2)(浸水 24 h)		≤500
抗冲击强度/MPa	普通型(P 型)	≥3.0
	加强型(Q 型)	≥10.0
抗风压值		不小于工程项目的风荷载设计值
耐冻融		表面无裂纹、空鼓、起泡、剥离现象
水蒸气湿流密度/[$g/(m^2 \cdot h)$]		≥0.85
不透水性		试样防护层内侧无水渗透
耐候性		表面无裂纹、空鼓、起泡、剥离现象

2. 挤塑聚苯板薄抹灰保温

挤塑聚苯板是以聚苯乙烯(PS)树脂为主要原料，加入发泡剂等辅助材料，通过加热混合同时注入催化剂，经特殊工艺连续挤塑压出发泡成型的硬质泡沫塑料新型保温板材，简称 XPS 板。以挤塑聚苯板为保温层材料的外保温系统，其节能构造与膨胀聚苯板薄抹灰系统基本相同，但保温层的密度和强度相对得到了提高，系统的密实性、整体性和抗冲击性能也有了一定程度的提高，而导热系数有所降低。由于该类系统目前尚未制定行业标准，可参照国家标准《膨胀聚苯板薄抹灰外墙外保温系统》中要求，或按照各省、市编制的地方性专项技术标准、图集进行设计施工[1]。

挤塑聚苯板薄抹灰保温是由黏结层、保温层、薄抹灰增强防护层、饰面层等组成，基本节能构造如图 3 -6 所示。

挤塑聚苯板(XPS)与膨胀聚苯板(EPS 板)相比，其表面密度和强度更高，导热系数、吸水率、水蒸气透过系数都比较小，因此保温层厚度可相对减薄，且保温性能持久稳定。XPS 广泛适用于建筑和公路工程的保温、隔热防潮处理，在外墙保温中应采用外墙专用柔性 XPS 保温板。

在进行挤塑聚苯板(XPS)薄抹灰保温系统施工时，系统的节能构造与膨胀聚苯板薄抹灰系统基本相同，但应对挤塑板的两个表面采用特种界面剂进行处理，以保证挤塑板表面与粘贴材料、抹面砂浆之间黏结牢固无空腔。同时，要提高粘贴材料胶黏剂与抹面砂浆的拉伸黏结强度，并对所有墙面采用锚固件做辅助固定。

施工时，应遵循“放抗结合、以放为主”的抗裂原则，合理地逐层释放界面层、保温隔热层、抗裂防护层、饰面层等材料的变形应力，提高系统的防裂功能。当建筑物超过一定高度或保温层达到一定厚度时，每隔一定间距将塑料膨胀锚栓钉在墙体上，利用粘钉结合的方式固定保温层，保证整个保温系统的安全性。

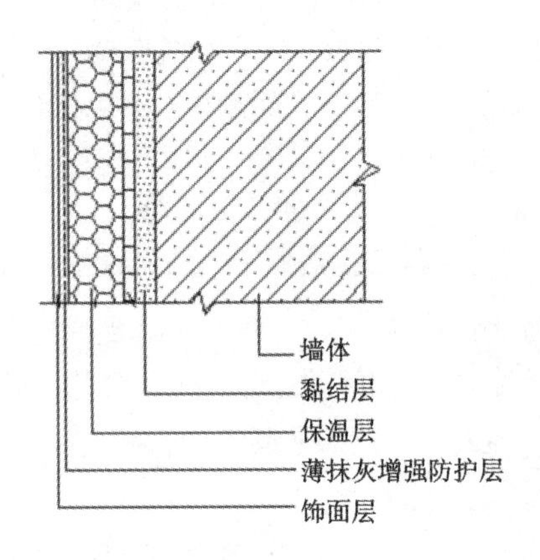

图 3－6　挤塑聚苯板薄抹灰保温

上述介绍的 EPS 和 XPS 板的主要差异在于其所用原材料的不同：①EPS 所用的珠粒均为原生颗粒，其中除包含聚苯乙烯之外，还包含发泡剂、阻燃剂(需要时)等；②XPS 板所用颗粒中不含发泡剂和阻燃剂，这些外加剂所用颗粒分为原生和再生颗粒两种，再生颗粒中因质量差异再分成几个级别。EPS 和 XPS 板性能指标对比如表 3－7[9]。

表 3－7　EPS 和 XPS 板性能指标对比

检验项目		EPS 板	XPS 板
产品标准		GB 10801.1、JG 149、JG 144	GB 10801.2、JG 144(修编稿)
密度/($kg \cdot m^{-3}$)		18～22[1]	≥28，不宜>32
热导率/[W/(m·K)]		≤0.041[2](≤0.039 新标准)	≤0.030[3]
水蒸气渗透系数/[ng/(Pa·m·s)]		≤4.5	≤3.5
压缩强度/MPa(形变 10%)		≥0.10	≥0.15
抗拉强度/MPa		≥0.10	≥0.2
尺寸稳定性/%		≤0.3	≤0.2
吸水率(体积分数/%)		≤4	≤1.5
燃烧性	燃烧性能级别	B2/B1	
	氧指数	≥26/≥30	—

3. 单面钢丝网架聚苯板整浇保温

单面钢丝网架聚苯板整浇保温是外墙外保温中一种典型的做法，也是近年来应用于高层建筑外墙保温的一种先进技术，其特点是整体性好，能够一次性完成外保温与外墙的施工，外模板使用率得到提高，其构造如图 3－7 所示。

系统的保温层材料膨胀聚苯板一侧带有梯形凹槽，槽距 50 mm，制品规格为 1225 mm ×

1025 mm，四周有高低口。聚苯板系统可以通过L、U形锚筋现浇于混凝土结构内，使单位面积内钢丝网聚苯板荷载为100 kN，抗拉强度为0.1 MPa，锚筋抗拉强度为370 MPa，这种强度可以保证涂料和砖饰面等饰面层黏结牢固[10]，从而解决了以往聚苯板和基层墙体黏结不牢固而脱落的问题。

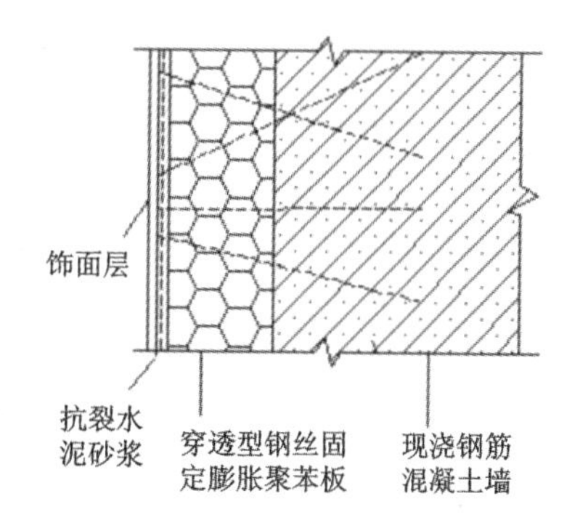

图3-7 单面钢丝网架聚苯板整浇保温构成

用于钢丝网架聚苯板外侧的面层材料应采用抗裂水泥砂浆。面层抗裂水泥砂浆在聚苯板外侧的厚度为20~25 mm，砂浆强度不宜低于M10。若使用强度为42.5或32.5的普通硅酸盐水泥，应掺加一定量的抗裂剂、尼龙纤维或聚丙烯纤维，且砂浆收缩值不大于0.15%。应在面层抗裂砂浆抹灰和分层抹灰完成后，再进行抗裂水泥砂浆和刮糙的施工。设计施工时应该按照《外墙外保温工程技术规范》、国家标准设计图集《外墙外保温建筑构造(一)》等规范的相关规定进行。

系统中所需的材料的主要性能指标聚苯板除应符合GB/T 10801.1—2002和GB/T 10801.2—2002规定阻燃剂(ZR)的要求外，还应符合表3-8的要求[11]。聚苯板材料出场前必须喷敷，喷砂界面剂的性能要求如表3-9所示。

表3-8 聚苯板的性能要求

项目		单位	指标
表观密度		kg/m²	18~22
导热系数		W/(m·K)	≤0.042
抗拉强度		MPa	≥0.1
氧指数		%	>30
尺寸稳定性		%	0.2~0.3
陈化时间	自然条件	d	≥42
	蒸汽(60℃)	d	≥5

表3-9 聚苯板喷砂界面剂的性能要求

项　目			单位	指标
拉伸黏结强度	与水泥砂浆	标准状态28 d	MPa	≥0.70
		渗水7天	MPa	≥0.50
	与聚苯板(18 kg/m²)	标准状态28 d	MPa	≥0.10且聚苯板破坏
		渗水7天	MPa	≥0.10且聚苯板破坏

“TBS钢塑复合锚固栓聚苯板外墙外保温系统”的做法是：将插接栓预置在待浇混凝土的

基层外墙中，并使其穿过聚苯板，在完成外墙混凝土浇捣后，聚苯板通过每平方米 8 ~ 10 个插接栓固定在基层外墙外侧，具体面层示意图如图 3 - 8[1] 所示。这种系统具有构造简单，施工和面砖粘贴方便，可不再另设锚固钢筋等特点，且具有良好的骨架和抗裂作用。

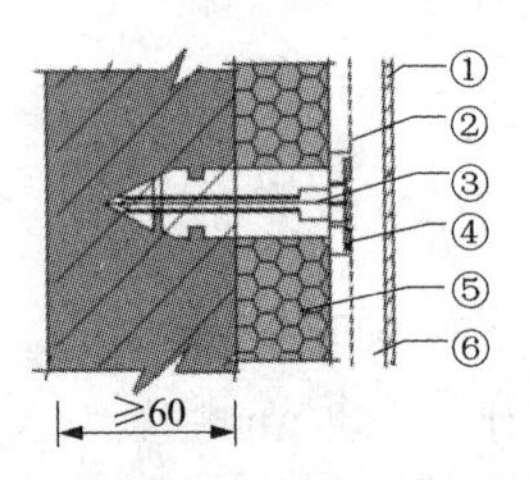

图 3 - 8　采用插接栓的大模内置聚苯板整浇做法

1—饰面层；2—镀锌钢丝网；3—插接栓；
4—固网套件；5—保温板；6—水泥抗裂砂浆

4. 胶粉聚苯颗粒保温

胶粉聚苯颗粒保温是以胶粉聚苯颗粒保温浆料为保温层材料的整体抹灰保温。胶粉聚苯颗粒一般由胶粉料、聚苯颗粒轻料和水泥混合搅拌而成，保温性能较好，使用较为简单，现场加水即可使用。胶粉聚苯颗粒外保温系统的饰面层可采用涂料或面砖，技术上采用了“变形力逐层释放”和“悬挂力分散”等原理，具有抗风压能力强、隔热性能好等特点。可按照国家行业标准《胶粉聚苯颗粒外墙外保温系统》、国家建筑标准设计图集《ZL 胶粉聚苯颗粒外墙外保温构造》进行设计施工，其基本构造如图 3 - 9 所示[1]。

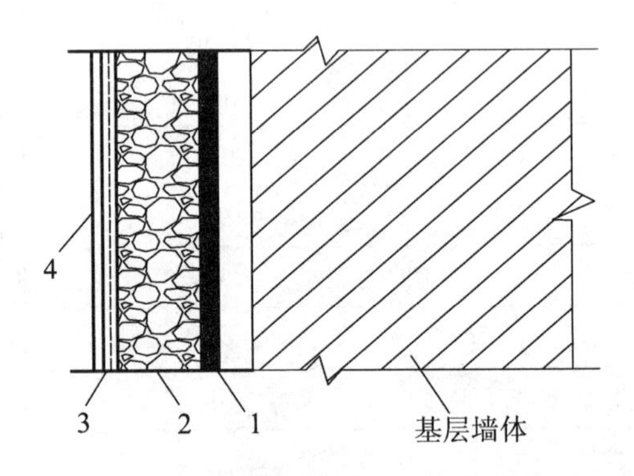

图 3 - 9　胶粉聚苯颗粒外墙外保温构造图

1—界面层；2—保温层；3—抗裂防护层；4—饰面层

该保温方式由界面层、胶粉聚苯颗粒浆料保温层、抗裂砂浆薄抹面层和饰面层组成。薄抹面层中铺满玻纤布，胶粉聚苯颗粒保温浆料可以在现场经混合搅拌后抹在墙体上，制成保温层。

保温层材料是由硅酸盐类胶粉料与聚苯颗粒细集料组成的保温浆料(胶粉聚苯颗粒保温浆料)，其技术性能应符合表 3 - 10[1] 的要求。在实际施工中，必须严格控制材料的干密度和保温层厚度，使之符合标准规定。

表3-10　胶粉聚苯颗粒保温浆料性能指标

性能项目	指标
湿表观密度/($kg \cdot m^{-3}$)	≤420
干表观密度/($kg \cdot m^{-3}$)	180~250
导热系数/[W/(m·K)]	≤0.060
压缩强度/kPa	≥200
压剪黏结强度/kPa	≥50
线性收缩率/%	≤0.30
软化系数	≥0.5
难燃性	B1级

薄海涛[11]做了胶粉聚苯颗粒外墙外保温系统黏结强度的试验，得出了以下结论：胶粉聚苯颗粒外墙外保温系统做饰面瓷砖和涂料饰面时，只要保证质量，其黏结强度都大于规定要求，安全性可以得到保证。此外，当饰面层使用粘贴方式的面砖时，应采用热镀锌电焊钢丝网增强护面层的牢固性，并用尼龙锚固件固定在基层上，面砖的粘贴也应符合相关规范的要求。

5. 现场喷涂聚氨酯硬泡体系统

聚氨酯硬泡沫是以异氰酸酯和聚醚为原料，在催化剂、阻燃剂等多种试剂的作用下，通过专用设备混合和高压喷涂，现场发泡制成的高分子聚合物。聚氨酯硬泡体是一种具有保温与防水功能的新型合成材料。现场喷涂聚氨酯硬泡体外保温系统的导热系数小，保温层厚度薄，具有稳定性强、防火性能好、黏结性能好、施工性能好等优点。目前，聚氨酯硬泡沫主要应用在建筑物外墙保温、冷库保温隔热、管道保温等场合。在进行现场喷涂聚氨酯硬泡时，应该要对混凝土、水泥砂浆、砖等基层墙面进行湿度的处理，以防止对系统效果的影响。开发应用的主要有ZL无溶剂聚氨酯硬泡喷涂系统和193聚氨酯彩色防水保温系统等形式。在ZL无溶剂聚氨酯硬泡喷涂保温中，采用无溶剂聚氨酯硬泡沫喷涂为主体保温材料，用ZL胶粉聚苯颗粒保温浆料找平来做补充保温，其饰面层为防水弹性涂料。进行193保温系统聚氨酯现场喷涂施工24 h后，应进行表面修整，再涂刷涂膜稀浆界面层材料后用纤维增强抗裂腻子作保护层，一般厚度为3~5 mm。在喷涂中，要及时地改变原料配方，并注意保持喷涂的适宜温度。饰面层采用面砖时，在全部墙面保护层中设置钢丝网，并用尼龙锚栓锚入基层墙体中。此外，应使基层墙体在喷涂前干透，以防止聚氨酯硬泡脆性增大，而影响到系统的保温效果。

6. 无机不燃型材料的外保温

以保温制品、保温砂浆等无机保温材料为保温主体的墙体保温方式，具有不燃、耐久以及保温层高密实性等优点，从而获得了市场广泛的认同。无机不燃型材料的外保温系统主要包括XP无机保温砂浆、泡沫玻璃保温板、硬质硅酸盐保温板等形式。这些系统由于其密度和强度较高，而提高了外保温层的抗冲击性能；还由于有较大的蓄热系数，而提高了墙体的隔热性能。

(1) XP 无机保温砂浆保温方式

以无机保温砂浆为保温层材料的外墙保温方式，发展至今，已产生了多种形式。无机保温砂浆是一种建筑物内外墙粉刷的新型保温节能砂浆材料，根据胶凝材料的不同分为水泥基无机保温砂浆和石膏基无机保温砂浆；具有节能利废、保温隔热、防火防冻、耐老化、价格低廉等特点。保温砂浆的轻骨料有多种玻化微珠、膨胀珍珠岩等多种。需要注意的是，无机保温砂浆的性能指标应该满足《建筑保温砂浆》(GB/T 20473—2006)中的相关规定。

无机保温砂浆外保温的构造基本上参照胶粉聚苯颗粒保温。但在构造做法上进行了简化，对于面砖饰面，应用锚固件来作耐碱网布与基层墙体的固定。无机保温砂浆外保温的厚度不应大于 50 mm，而且当抹灰厚度大于 35 mm 时应采取加强措施。对保温节能有要求的图书馆外墙，宜采用内外组合保温的做法，即以一定厚度的内保温取代外墙传统的内抹灰层，再根据外墙的节能要求来确定外保温层的厚度。无机保温砂浆施工应在界面砂浆凝固前进行批涂，要保持界面砂浆的湿润，以防止影响保温砂浆的强度。

(2)泡沫玻璃保温板保温方式

泡沫玻璃是一种利用碎玻璃作为主要原料加入适量的发泡剂、氧化剂等混合并研磨成粉末状后经熔窑高温熔融、发泡和退火冷却后制成的具有均匀蜂窝状密闭气孔结构的无机绝热材料。其主要特性有[12]：不燃烧(不燃 A 级)，不产生任何有毒气体；保温性能好[导热系数为 0.058 W/(m·K)]；膨胀系数小，与日常硅酸盐类无机建筑材料十分接近，因而与这些材料粘贴牢靠，不易产生开裂；质量轻(其体积密度在 160 ~ 180 kg/m^3)、强度高(其抗压强度 0.6 MPa，抗折强度 0.6 MPa，抗拉强度 0.26 MPa)；吸水率低(体积吸水率仅为 0.2%)、透湿系数低[透湿系数为 8.8×10^{-11} g/(s·Pa·m)]，有良好的隔潮、防潮性能；不易老化，使用寿命长；有良好的化学稳定性，防腐耐蚀，特别适宜于有特殊要求的场所，如：博物馆、音乐厅、展览馆、图书馆等；易切割加工成型，现场施工方便。

(3)硬质硅酸盐保温板保温方式

硬质硅酸盐保温板是由硅酸盐无机胶凝材料经物理发泡、养护、截割制成的一种不燃型保温材料，其密度较小、强度较高，且无毒、无害、能够抗生物侵害。系统的构造与膨胀聚苯板薄抹灰系统基本相同，可采用水泥抗裂砂浆来黏结基层外墙；饰面层可采用涂料或面砖。

7. 外墙外保温系统设计与施工要求

在外墙外保温系统设计与施工过程中，应该满足如下条件：

(1)必须按照国家或地方建筑标准设计图集要求或应用标准的要求，设计外墙外保温的构造层次以及各构造节点的做法。

(2)外墙外保温方式必须通过耐候性和抗风压性能检测，且其各组成材料以及保温方式的技术性能应符合行业标准的相关要求。

(3)从安全和美观角度考虑，薄抹灰保温的饰面层宜采用涂料。如果使用面砖，应保证聚苯板的表面密度应在 25 ~ 35 kg/m^{3}之间，吸水率小于 1.5%；胶粉聚苯颗粒系统的设计与施工应符合《胶粉聚苯颗粒外墙外保温系统》(JG 158—2004)的相关要求；饰面砖要有良好的吸水率和抗冻性能，且质量要小于相关规定的要求；对于以泡沫塑料为保温层材料的薄抹灰系统，建筑高度在24 m以上时，应设置使用不燃材料而制作的防火隔离带。

(4)建筑外墙应用外墙外保温时，外保温层的厚度应根据基层外墙的定性指标或平均传热系数要求值通过计算确定，并宜根据当地《公共建筑节能设计标准》的要求合理确定外墙的热惰性指标 D 与外墙外表面的太阳辐射吸收系数 ρ 值，提高外墙的夏季隔热性能。

(5)机械锚固件的制作应该符合如下要求：

对基层墙体材料为混凝土空心砌块，应采用有回拧机构的锚固件；金属螺钉应采用不锈钢或经过表面防腐处理的金属制成；锚栓的有效锚固深度不小于25 mm。

(6)加强抗风压设计。一般的，应使外墙外保温系统在自身重量、温湿度及主体结构合力等各项应力的共同作用下保持稳定。其中，风力因素特别是风吸力应该是被特别重视的。近年来，不断地有外墙外保温材料被吹落的事件发生，因此，必须从设计的源头上加强抗风压设计[13]。

(7)注意控制外保温系统的总质量。目前，我国相关标准规范尚未对外保温系统的总重量做出明确要求，但欧洲标准《膨胀聚苯乙烯外墙外保温复合系统规范》PREN13499规定：外保温系统的单位面积质量应不大于30 kg/m^2。这个可以给我们提供参考，从另一方面考虑，外保温系统的重量越轻，外墙的荷载也就越小，使用寿命也会越长。

(8)充分利用保温材料的可塑性。目前，在实际工程中使用的材料有很多种，其中EPS板由于相对而言有明显的优点，而被广泛使用。EPS板可塑性非常强，因而，建筑师期望的线条可以非常简便地利用EPS板来实现。因此，在保证安全的前提下，要利用这种材料的可塑性来积极迎合市场的需求。

3.3.2 外墙中保温节能构造与要求

外墙中保温系统是在混凝土框剪体系中将保温材料内置于建筑模板，然后浇注混凝土，使混凝土与保温材料一次浇注成型为复合墙体，主要由结构层、保温层、保护层三部分组成。外墙中保温节能构造如图3-10所示，并表示了外墙内、中、外保温的温度变化。外墙中保

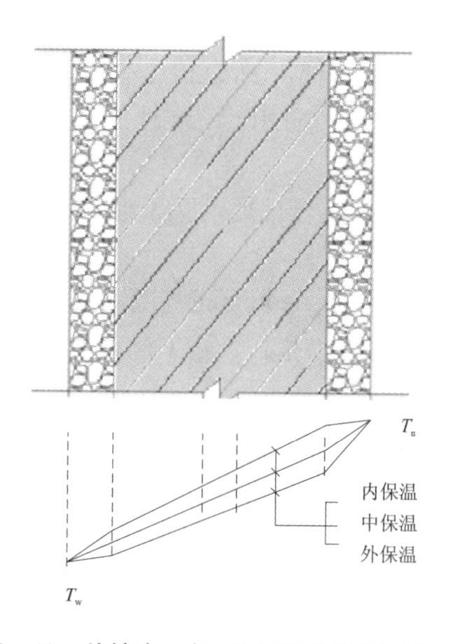

图3-10 外墙内、中、外保温的温度变化示意图

温节能构造的优点是墙体内外侧均为重质材料，内、外饰面的自由度均大，热稳定性好，因此对图书馆有一定适用性。但墙体较厚，必须设置可靠的构造联结(拉结件等)，存在较大的变形差，必须有相应的构造措施，以防止墙体开裂。

上述夹心墙的保温层应采用导热系数小、难燃或不燃的憎水性材料，考虑到施工的便利性，可以多采用聚苯板，包括膨胀聚苯板或挤塑聚苯板；在保温层内侧留出一定厚度的空气层，便于水蒸气滞留与扩散。夹心墙的夹层厚度不宜大于 100 mm，否则必须在拉结件设计时，考虑压屈、抗拉、拔出和荷载分布等因素；夹心墙内、外叶墙块体的强度等级不应低于 MU10，且对夹心墙拉结钢筋大小有明确的要求。

为了使外墙中保温结构稳固，一般采取下述措施[14]：设置构造柱和拉结筋、两层墙体之间采取镀铬冷拔钢丝网片拉结、采用高标号的抗渗砂浆、框架柱处设“L”形拉结网片连接、设置钢筋混凝土支座。

3.3.3 外墙内保温节能构造与要求

外墙内保温是在墙体结构内侧覆盖一层保温材料，通过黏结剂固定在墙体结构内侧，之后在保温材料外侧作保护层及饰面的技术。目前内保温多采用粉刷石膏作为黏结和抹面材料，再通过使用聚苯板或聚苯颗粒等保温材料来达到保温效果。

1. 外墙内保温的特点

外墙内保温应用也比较广泛，而且内保温也有一定的好处，比如造价低、安装方便等。外墙内保温施工的方法，是在外墙结构的内部加做保温层，所以内保温技术的施工速度快，操作方便灵活，可以保证施工进度。从其发展过程来看，内保温应用时间较长，技术成熟，施工技术及检验标准是比较完善的。

外墙内保温系统采用可靠的连接方式将保温层与基层牢固地连接在一起，再在表面做保护层及装饰层，通过保护层有效阻断冷(热)桥，减少了空气、风及湿气等的流入，稳定了建筑热环境，从而达到节能的目的。它的优点主要有以下几个方面[15]：

(1)因为可以选用性能优异的保温材料，所以传热系数低；

(2)取材方便。对饰面和保温材料的防水、耐候性等技术指标的要求不甚高，纸面石膏板、石膏抹面砂浆等均可满足使用要求；

(3)采用整体性保温设计，从结构上合理地消除了板隙间的冷(热)桥，升温降温都很快，保温效果良好；

(4)内保温材料被楼板所分隔，仅在一个层高范围内施工，不需搭设脚手架，受气候影响小，施工工艺方便快捷，施工质量容易把握，施工过程的质量检验及问题容易发现，维修方便；

(5)相对于外保温，内保温系统造价相对较低；

(6)添加了进口的性能优异的高分子聚合物、各种水泥外加剂、聚苯板黏结剂和抗冻融材料，适合于混凝土、砌块砖、多孔黏土砖等各种基层墙面的黏结，黏结强度高；

(7)外墙内保温系统所使用的聚苯板黏结剂和增强粉刷石膏均为微孔型结构，对水蒸气有极好的渗透性，保证系统整体具有良好的呼吸性能，透气性能佳。

外墙内保温的缺点在于：

(1)由于材料、构造、施工等原因，许多种类的内保温做法的饰面层易出现开裂；

(2)不便于用户二次装饰和吊挂饰物；

(3)占用室内使用空间较大；

(4)由于圈梁、楼板、构造柱等会引起热桥，热损失相对较大；

(5)比较容易造成墙体内部冷凝的发生。

2. 外墙内保温节能构造与要求

目前，从构造角度来看，外墙内保温系统主要有四种构造：粘贴保温板薄抹灰内保温系统、龙骨 + 保温材料 + 面板内保温系统、保温砂浆内保温系统、成品板内保温系统。在此，不展开叙述。

外墙内保温的构造要求如下：

(1)保温材料应选用导热系数较小的不燃或难燃材料，建筑的墙面装修材料燃烧性能等级应为 B1 级。

(2)采用对室内环境无污染的材料，材料应满足不影响室内环境质量、不损害人体健康的要求。

(3)保温层面向室内的一侧应设置有用以提高表面硬度、强度和抗冲击能力的护面层；挂钩的埋件必须固定在基层墙体内，防止损坏内保温层。

(4)做好热桥部位节点的保温设计，防止内表面出现结露问题；还需采取有效措施来防止外墙出现裂缝。

3. 外墙内保温的施工方法

实际上，所谓外墙内保温就是一种施工方法。其主要功能就是使建筑达到保温的效果，以满足人们正常的生活需要。其使用的材料主要有苯板和保温砂浆两种，这两种材料的保温效果较好。保温砂浆抹灰、硬质建筑保温制品内贴或锚固(或黏、钉结合)以及保温层挂装(干挂)等是外墙内保温的主要做法。在实际应用中，建筑保温制品内贴成为一种主要的做法。

4. 内保温的类型

(1)增强粉刷石膏聚苯板内保温

该保温方式是以挤塑聚苯板或膨胀聚苯板为保温层材料，以天然粉刷石膏砂浆为护面层，采用双层中碱玻璃纤维网格布为增强材料的硬质建筑保温制品内贴做法。其节能构造如图 3 – 11 所示[1]，从左到右分别由墙体、黏结层、保温层、护面层、饰面层等组成，其材料分别为黏结石膏、挤塑聚苯板或膨胀聚苯板、粉刷石膏砂浆(内置 A 型玻璃纤维网布)和各种室内涂料。

增强粉刷石膏聚苯板内保温技术具有以下优势：①结构上合理地消除了板隙间的冷(热)桥，热工性能好；②罩面层采用干缩值低的粉刷石膏、双层玻纤布增强材料既保证了保温墙体的强度，又避免了板隙及门、窗洞口部位的开裂；③倚靠粉刷石膏凝结硬化快的特点，可大大缩短工期；④采用现场施工工艺，省略了工厂预制过程，降低了内保温复合墙的成本；

⑤适用面广，适用于各种民用及工业建筑的外墙内保温、楼梯间保温和地下室顶板的保温[16]。此外，该内保温技术的构造简单、施工简便，打洞、开槽、修复也很方便。

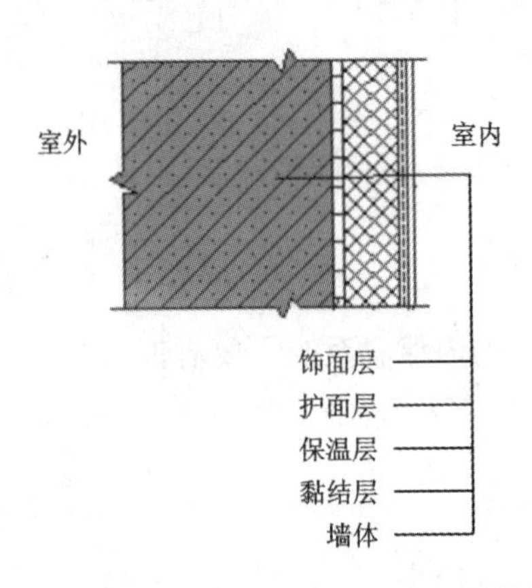

图 3－11　增强粉刷石膏聚苯板内保温的构成

增强粉刷石膏聚苯板外墙内保温的面层采用耐水腻子。面层的 B 型网布先用胶黏剂粘贴在粉刷石膏(砂浆)护面层上，再用耐水腻子刮平，如图 3－12[1]所示。

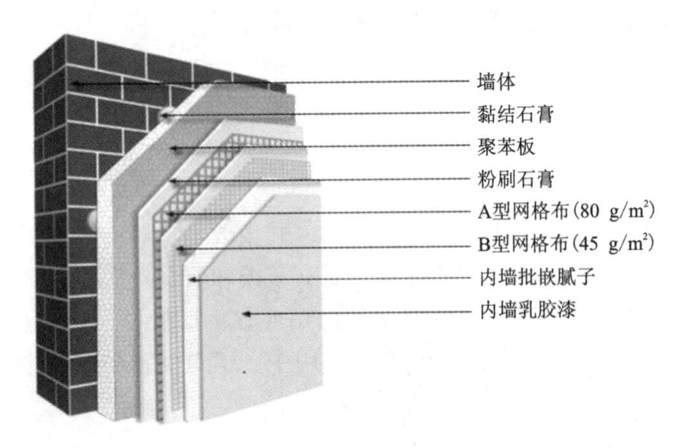

图 3－12　增强粉刷石膏聚苯板外墙内保温节能构造示意图

(2)聚苯复合保温板内保温

聚苯复合保温板的聚苯板与面板为在工厂预先黏合的复合制品，聚苯板内侧复合一层面板，燃烧性能为 B1 级。聚苯保温板是一种具有吸水率低、高抗压、耐腐蚀等优点的保温材料，应用得非常广泛。

建设部发布的《外墙内保温建筑构造》(11J122)列举了一些典型的外墙内保温系统的结构构造，其中，就有钢丝网架聚苯复合板外墙内保温构造。钢丝网架聚苯复合板就是由钢丝方格平网与聚苯板通过斜插腹丝，不穿透聚苯板，将两者焊接，从而使腹丝、钢丝网与聚苯板复合成一块整板。其抹灰、安装等性能要求可以参照《外墙内保温建筑构造》(11J122)。

(3)无机不燃型保温板内保温

泡沫玻璃和 ZJ－K 无机节能保温板是目前两种常用的无机不燃型保温板，均为防火 A 级。采用无机不燃型保温板能有效提高内保温层的防火和抗冲击性能，在图书馆中使用尤为合适。

还有一种无机不燃型保温材料是无机轻集料外墙保温材料，是以憎水型膨胀珍珠岩、膨胀玻化微珠、闭孔珍珠岩等无机轻集料为保温材料，以水泥或其他无机胶凝材料为主要胶结料，并掺加高分子聚合物及其他功能性添加剂而制成的建筑保温干混砂浆。由界面层、无机轻集料保温砂浆保温层、抗裂面层及饰面层组成的保温系统，可用于外墙外保温、内保温。其特点是容重轻、导热系数低；防火性能好、难燃，满足防火要求；黏结力强，无空鼓现象，使用寿命长，无需对基层进行找平处理，节省工程成本。

(4)加气混凝土砌块外墙聚苯复合板内保温

所谓加气混凝土砌块外墙聚苯复合板内保温是指在加气混凝土砌块外墙墙体施工完毕后，在外墙基面上先用专门黏结石膏粘贴阻燃性聚苯复合板，抹 8 mm 后粉刷石膏，全部板面满粘中碱玻纤塑网布增强材料，然后用 3～5 mm 厚耐水腻子分两次刮平，同时形成饰面层的施工方法。

该保温方式的主要优点有：①保温板与墙体黏结良好、保温板不易坠落、面层不易开裂；②室内作业，不受天气影响，干法作业可进行连续施工；③具有附加材料少，节约工期和造价低等特点；④节能效果较好，具有较好的推广应用前景[17]。

(5)外墙内侧保温层挂装

外墙内侧保温层挂装由龙骨、保温层和硬质面板构成，除饰面层外，全部材料在现场组装，其节能构造如图 3－13[1] 所示。

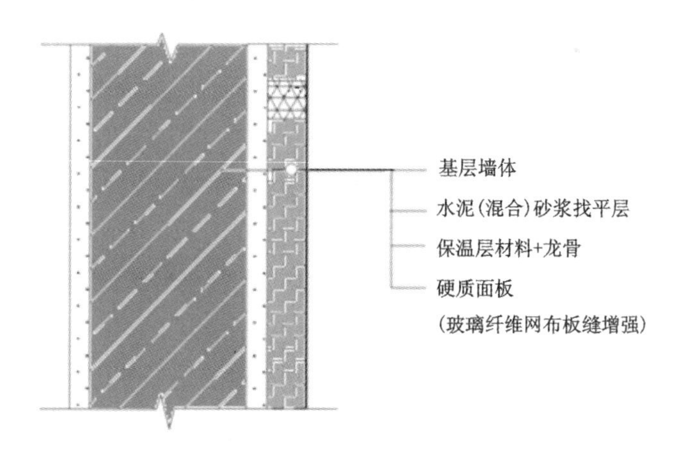

图 3－13　挂装内保温构造

此保温方式的龙骨可采用石膏龙骨或木龙骨，进行单向或双向设置。其保温层挂装在龙骨之间的空间内。保温层可采用半硬质矿岩棉板或矿岩棉毡、半硬质玻璃棉板、燃烧性能为 B1 级的挤塑聚苯板或膨胀聚苯板等材料。硬质面板可采用厚度 6 mm 的加压硅酸钙板或厚度不小于 10 mm 的纸面石膏板。饰面层采用柔性腻子批刮后刷涂料或按工程设计。

3.3.4 自保温外墙节能构造与要求

外墙自保温指的是以单一墙体材料即能满足现有节能要求的外墙保温技术，保温材料即墙体材料本身，一般多应用于非承重墙体[18]。目前，我国应用得较多的自保温墙体材料有加气混凝土砌块、轻集料混凝土小型砌块、硅藻土多孔保温砖、复合墙板等集中材料。一般来说，自保温系统的材料密度相对较小，保温隔热性能、耐火性好，且施工技术成熟简单，因此能满足节能的需求。此外，因为自保温系统的保温材料就是墙体围护材料，因此自保温系统的使用寿命是与建筑相同的。最常见的自保温材料是加气混凝土砌块，分有砂加气和粉煤灰加气两种形式。

1. 对自保温蒸压加气混凝土制品的要求

制品的密度等级宜为 B05 或 B06 级，其导热系数和蓄热系数符合表 3－11 所示的要求[1]。

表 3－11 蒸压加气混凝土制品的 λ_c 和 S_c 值

项 目	砂加气制品		粉煤灰加气制品	
	B05 级	B06 级	B05 级	B06 级
干密度/($kg·m^{-3}$)	≤550	≤650	≤550	≤650
导热系数计算值 λ_c/[W/(m·K)]	0.16	0.19	0.20	0.24
蓄热系数计算值 S_c/[W/(m^2·K)]	2.61	3.01	3.26	3.76

目前市场上的加气混凝土砌块的干密度一般在 300 ~ 850 kg/m^3之间，如北京某公司生产的蒸压加气混凝土砌块的干密度在 300 ~ 700 kg/m^3 之间，导热系数在 0.09 ~ 0.17 W/(K·m)，砌块抗压强度小于 5.0 MPa[19]。

蒸压加气混凝土自保温砌块具有许多优异特性，主要原料粉煤灰长期供应的来源稳定可靠，全部采用无机原料制成，生产工艺也较为简单。砌块组砌工效较高，无需保温层的二次施工，且该墙体总造价低于其他种类砌块墙体成本[20]。

2. 不同厚度加气混凝土制品外墙传热系数与热惰性指标的计算值

如表 3－12[1]所示，为不同厚度加气混凝土制品外墙的主墙体传热系数(K_p)和热惰性指标(D)的计算值。其中，砂加气制品墙体内外饰面层均为界面剂加弹性防水腻子(3 mm 厚)，粉煤灰加气制品墙体内外饰面均为水泥混合砂浆抹灰(20 mm 厚)。

一般来说，加气混凝土制品与周边热桥材料(如混凝土等)的导热系数相差较大，这就会导致外墙的厚度较大，因此，需要采取一些措施来减小自保温墙体厚度：可采用短肢剪力墙部位附加保温，或对整个外墙实施附加外保温或内保温等减薄措施。

表3-12　蒸压加气混凝土制品不同厚度外墙的 K_p 和 D 值计算值

品种与密度等级	结构层厚度/mm	墙体厚度/mm	主墙体传热系数 K_p [W/(m^2·K)]	热惰性指标 D
砂加气混凝土制品(B05级)	200	206	0.71	3.34
	250	256	0.58	4.15
	300	306	0.49	4.97
砂加气混凝土制品(B06级)	200	206	0.83	3.24
	250	256	0.68	4.04
	300	306	0.58	4.83
粉煤灰加气混凝土制品(B05级)	200	240	0.84	3.75
	250	290	0.69	4.57
	300	340	0.59	5.38
粉煤灰加气混凝土制品(B06级)	200	240	0.97	3.63
	250	290	0.81	4.41
	300	340	0.69	5.19

3. 硅藻土(多孔)自保温砖

对于硅藻土保温砖墙体材料[19]，保持强度指标和保温指标之间的平衡是其生产工艺的关键技术要求。硅藻土是硅藻遗体的沉积物，其主要组分是无定型含水氧化硅，化学成分包括 SiO_2、Al_2O_3、Fe_2O_3、CaO 和 P_2O_5 有机质等，硅藻土密度也会随黏土等杂质含量的变化而变化。

有研究表明，800℃的烧结温度对于硅藻土(多孔)保温砖，是相对合理的烧结温度，此时，孔洞结构是比较理想的。此外，原材料的选择和合理的配合比是保证产品质量和生产成本的关键，要通过适宜的试验来改善产品性能和减少成本。

3.4　外窗的节能构造与要求

建筑物通过外窗的能量损失主要包括三个部分：一是通过外窗材料(主要是玻璃)和窗框的热传导而引起的能量损失；二是太阳辐射透过窗玻璃造成制冷负荷的增大而引起的损失；三是因为空气渗透和日常通风换气引起的采暖和制冷的能量损失。这三种能量损失过程在任何季节都存在的，只是在不同地区、不同季节，这三种能量损失在窗的总体能耗中所占的比重不同，因而对室内环境的影响程度也不一样[21]。

建筑外窗是建筑外围护体系中节能的重要环节，其节能效果在很大程度上影响着室内热环境质量，因此，要做好建筑的外窗节能设计。外窗的节能设计包括控制窗墙面积比、调整外窗朝向、选择好的外窗材料、降低传热系数和遮阳系数以及提高气密性等措施。降低传热系数(K)值，可以减少室内外温差而产生的传热，降低室内外热量的传递量；降低遮阳系数

(*SC*)可以减少夏季太阳通过窗户入室的辐射热量。下面介绍外窗节能的几种主要措施。

3.4.1 合理的建筑外窗朝向

外窗的朝向对获取太阳辐射热量的多少具有决定性的影响。根据太阳在天空中的运行规律，就北半球而言，在常见的外窗朝向设置中，南向窗在冬季接受的太阳辐射水平最高，在夏季比较低。外窗朝南可以最大限度在夏季避开暑热、冬季争取更多日照，因此，在图书馆建筑设计中，宜多设置南向外窗，尽可能地少设置东西向外窗。此外，水平的天窗在夏季会汇集大量太阳辐射，因此除必须设置外，民用建筑很少设置天窗。

3.4.2 控制窗墙比

窗墙比是指不同朝向外墙面上的窗、阳台门及幕墙的透明部分总面积与所在朝向建筑的外墙面的总面积之比。窗墙比是建筑节能设计的一个重要指标。窗墙面积比对供暖、空调能耗的影响主要体现在两点：一是窗墙比对空调冷耗指标的影响比对供暖热耗指标影响要显著得多；二是在冬季，过大的开窗面积会导致建筑全年供暖能耗指标升高。因此，要合理地控制窗墙比，《公共建筑节能设计标准》规定，窗墙面积比不得大于0.7，同时应尽量避免在东、西朝向大面积开窗，并应采用传热系数较小的外窗。

3.4.3 降低外窗传热系数

外窗传热系数反映了窗户传热能力的强弱，会直接影响到室内外的传热量大小。显然，降低传热系数，通过窗户内外温差传递的热量就会减少。可以通过采用热阻大的窗玻璃、窗框(包括窗扇)材料来降低外窗的传热系数。由于窗玻璃的面积占窗户面积的比例较大，一般为65% ~80%，因此，提高窗玻璃的节能性能尤为重要。目前，降低外窗传热系数的措施主要有采用新型外窗材料和产品、新的外窗制造技术。

对太阳辐射的能量分析结果显示，可见光的能量约占三分之一，热辐射能量则占三分之二，而普通透明玻璃的透射范围刚好与太阳光谱区域重合。因此，选用具有合适的可见光透射性，且对红外线阻挡效果好的玻璃，是外窗节能的关键。玻璃和玻璃窗的遮阳系数越小，隔绝热辐射的性能就越好[22]。

可以采用中空(或双层或三层玻璃)玻璃窗的形式，利用玻璃之间形成空气间层，来减小玻璃的传热系数，这可以在一定程度上提高玻璃系统的保温隔热性能。采用木、塑料、玻璃钢等传热系数小的材料窗框代替金属材料窗框，或者对金属材料窗框进行断热处理，也可以降低窗的传热系数。此外，通过对普通玻璃镀膜的方法得到的 Low - E 玻璃，也可以有效降低传热系数[21]。

3.4.4 采取遮阳措施

可以通过采取对窗玻璃本身遮阳以及窗户的各种遮阳，来满足《公共建筑节能设计标准》(GB 50189—2005)中对外窗(包括透明幕墙)遮阳系数的要求。采取窗户遮阳措施能让适量的太阳辐射进入室内，改善室内热舒适环境，尽量减少空调的冷负荷，降低对能源的依赖。而在夏热冬冷地区，建筑天窗，东、西向外窗是遮阳的重点。为了在冬季能取得较多的太阳辐射热，南向的遮阳宜设置活动的外遮阳设施，具体遮阳技术见本书第2章“2.3.2 太阳能的利用与遮阳”。

当然，采取遮阳措施也会影响到采光、通风等方面[23]。首先，毫无疑问遮阳措施会极大地影响到室内接受外界天然采光，会减少进入室内的光通量，因此从天然采光的观点来看，遮阳措施有挡光作用，从而会降低室内照度，在阴天更为不利。其次，遮阳板对自然通风也有一定的阻挡作用，一般来说由于遮阳板的设置不当，会使得室内风速减弱 22% ~47%，从而对通风造成干扰。但是，另一方面它对建筑的通风又会起到一定的引导作用。

因此，要选择适宜的遮阳措施来趋利避害，避开遮阳所带来的不利影响。同时，从美观角度上看，也必须根据建筑物的特性，合理灵活地运用遮阳的形式，以设计出特色、美观的建筑外窗遮阳设施。

3.4.5　断桥隔热措施

众所周知，铝合金型材具有强度高、重量轻、稳定性强、耐腐蚀性强、可塑性好、变形量小、无污染、无毒、防火性强、使用寿命长、回收性好等优点，多年来被广泛应用于建筑门窗工程中。但由于金属导热性强，也是容易散热部位，冬季遇到室外冷空气，该处不但不保温，如果不采取措施还会结露，故称之为“冷桥”。所谓隔热铝合金型材，即为内、外层由铝合金型材组成，中间由低导热性能的非金属隔热材料连接成“隔热桥”的复合材料，简称隔热型材。用隔热材料阻断了冷桥，避免了上述现象。这种设计叫“断桥”设计。其断面结构示意图如图 3 - 14 所示。

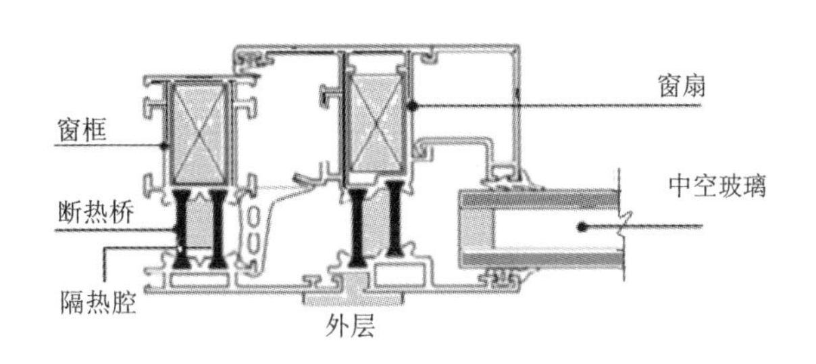

图 3 - 14　断桥隔热窗断面示意图

断热铝合金型材的构造有穿条式和灌注式两种，其目的都是为了形成断桥，来阻止热量的传递。从传热学知识可知，窗框的传热系数 K 值不仅取决于窗框本身导热系数，还取决于窗体与其室内外表面传热系数。

根据计算分析，窗框不采用断桥隔热的普通铝合金，窗体传热系数要比采用断热铝合金要大 42.8%；比塑钢要大 51.1%。数据说明，框材的传热系数对外窗传热系数的影响是不可低估的，在对外窗进行节能设计时，除了合理的窗框比，在满足其他使用功能前提下，窗立面不宜分割太碎，不宜采用大断面的金属型材作小面积窗户，而且必须采用断桥隔热的节能窗框材料[24]。

实践表明，采用隔热铝合金型材，可以显著降低窗框的热量传导，其导热系数为 1.8 ~3.5 W/(m^2 · K)，大大低于普通铝合金型材[为 140 ~170 W/(m^2 · K)]；在冬季，带有隔热条的窗框能够减少 1/3 的通过窗框散失的热量。除此之外，断桥隔热窗框具有优良的隔音性能，可降低噪声 30 ~50 dB。

采用不同窗框与不同窗玻璃组合的外窗，其综合传热系数参照值如表 3 - 13 所示[1]，传热系数也可以采取经认证的质检机构提供的检测值。

表3－13 外窗传热系数参照值

窗户类型	窗框材料	窗玻璃	窗框窗洞面积比/%	传热系数 K/[W/(m²·K⁻¹)]
单层窗	PVC 塑料	普通单层玻璃	30～40	4.5～4.9
	铝合金	普通中空玻璃	20～30	3.6～4.2
		低辐射中空玻璃	20～30	2.7～3.4
	断热铝合金	普通中空玻璃	20～30	3.3～3.5
		低辐射中空玻璃	20～30	2.3～3.0
	PVC 塑料或玻璃钢	普通中空玻璃	30～40	2.7～3.0
		低辐射中空玻璃	30～40	2.0～2.4

3.4.6 外窗的开启方式

外窗的开启方式主要会影响到气密性和通风效果两方面。外窗的气密性是指门窗关闭的状态下空气透过外窗缝隙的性能。由前面分析可知，作为围护结构中保温节能的最薄弱环节，门窗的能耗列居首位。其中，外窗所占的能耗比例尤为突出。除了材料传热之外，冷风渗透耗热量所产生的热损失也不可以小看，其与导热一起可能会占到全部建筑能耗的40%～50%之多[25]。由此可以看出，加强外窗的气密性对建筑围护结构节能有重要作用。好的气密性可以有效减少渗入室内的冷(热)风量，从而减少因加热(制冷)这部分渗透空气而消耗的能量。

外窗不同的开启方式会对气密性和通风效果有影响，从而影响到其热工性能。比较几种常见的外窗形式，固定窗的气密性能最好，悬窗、平开窗次之，推拉窗相对最差。而即使是相同尺寸和相同位置的窗户，也会因开启方式的不同，而影响到其实际可开启面积、角度及导风效果等，使得通过的风量、风速以及流场的分布变得不同，从而对房间的自然通风产生不同的效果。因此，要统筹考虑，选择合适的外窗开启方式来增强节能效果。

外窗的缝隙主要是框扇之间的装配缝隙，也与外窗开启方式有关。推拉窗的开启面积只有50%，不利于实现良好的通风效果，而悬窗可以根据风向和风速来调整窗户的开启角度，能实现良好的通风效果。但是，一般出于经济、安全的考虑，推拉窗被使用得较多。为了加强外墙的气密性，可以通过正确地选择窗框扇的材料、加强密封、减少接缝长度等方法来实现，以达到降低能耗的目的[26]。

3.5 屋面构造的节能构造与要求

由于建筑屋顶直接面向外界环境，同时直接接受太阳的照射，其构造方法对整个建筑物的节能效果影响巨大。尤其是在炎热的夏季，顶层房间的温度会更高，空调制冷能耗较大，使得整个建筑物能耗增加。因此，加强对建筑屋面构造的节能研究至关重要。

3.5.1 坡屋面节能构造与要求

坡屋面是指坡度大于3%的屋面。坡屋面的结构层一般都是整体现浇钢筋混凝土板，其厚度为 100 ~ 120 mm，并应该根据是否设置吊顶的情况，在结构层上方或下方设置保温层。在坡屋面上铺设保温层应该根据建筑特点来进行设计(如图 3 - 11、图 3 - 12 所示)。对于坡度大的屋面，还应采取相关防滑措施。

坡屋顶的保温隔热材料可采用硬质聚苯乙烯泡沫塑料保温板、岩棉、硬质聚氨酯泡沫保温板、玻璃棉或喷涂硬泡聚氨酯等材料，不宜采用散状隔热材料。所采用的保温隔热材料的物理系数应该符合相关材料的标准规范、相关建筑热工设计规范的要求。坡屋面有瓦材钉挂型坡屋面和瓦材黏铺型坡屋面两种。

1. 瓦材钉挂型坡屋面

对于瓦材钉挂型坡屋面，屋面保温层设置在顺水条的下面，其做法有以下三种[1]：设置分格木做法、不设分格木做法和细石混凝土做法，具体构造详见图 3 - 15、图 3 - 16、图 3 - 17。

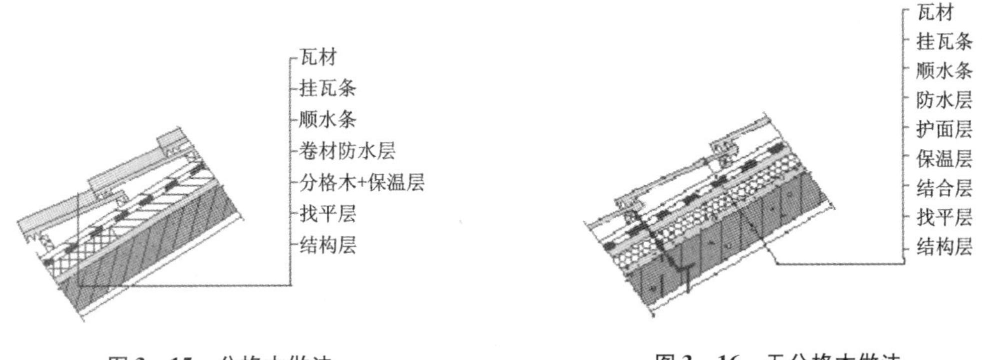

图 3 - 15　分格木做法　　图 3 - 16　无分格木做法

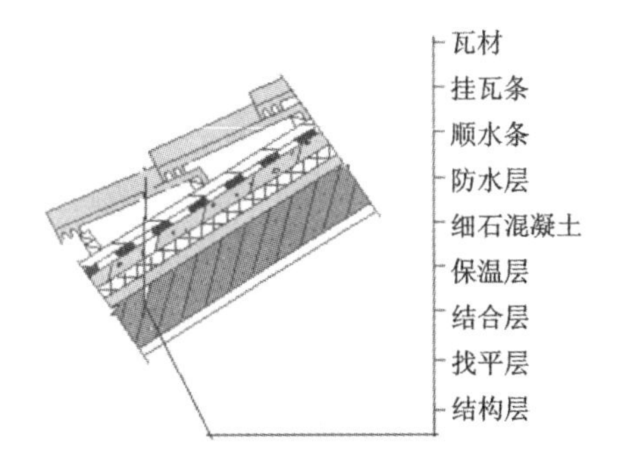

图 3 - 17　细石混凝土做法

对于细石混凝土做法而言，在屋面坡度 <30°时，在保温层上面做 40 mm 厚细石混凝土整浇层，再在其上钉装顺水条和挂瓦条，这会有利于增强屋面夏季隔热的效果。

2. 瓦材黏铺型坡屋面

瓦材黏铺型坡屋面的基本节能构造见图 3 - 18[1]所示，有无细石混凝土和有细石混凝土两种。

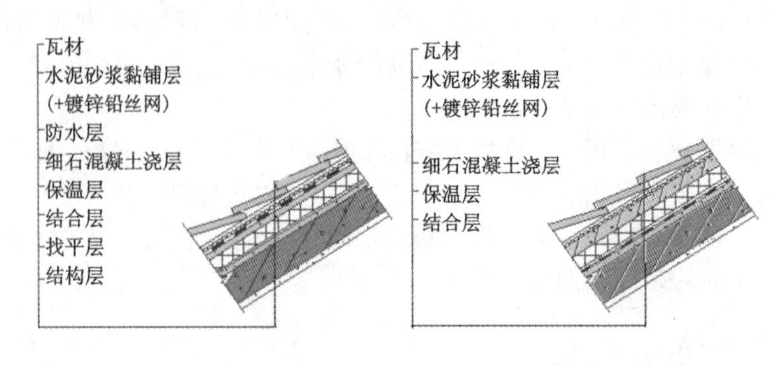

(a)瓦材黏铺型无细石混凝土整浇层　(b)瓦材黏铺型有细石混凝土整浇层

图 3－18　两种瓦材黏铺型坡屋面节能构造

当建筑内房间设置吊顶时，屋面保温层还可设置在结构层内侧，其保温层可采用半硬质矿棉板，由于吊顶内空气层增加了热阻，故保温层的厚度可相应减薄。此外，除了加强坡屋顶隔热的构造外，还可以采用通风隔热的坡屋顶，例如顶棚通风隔热坡屋顶和架空通风隔热坡屋顶以及反射型隔热坡屋顶等[27]。

3.5.2　平屋顶的节能构造与要求

平屋顶保温主要以铺设保温材料来完成，在平屋顶上，如屋面的保温层设在防水层之上，保温层上面应做保护层(也就是倒置式保温)；若保温层设于防水层下面时，则应在保温层上面做找平层(正置式保温)[28]。屋面的节能热工性能好坏将直接影响到房屋热环境的好坏，及顶层的生活质量好坏。平屋顶的节能构造分别有普通平屋顶的隔热构造，通风屋面、排汽屋面、种植屋顶构造以及蓄水屋顶构造。

1. 普通平屋顶的隔热构造

目前，非常多的公共建筑采用倒置式保温的屋面，因为这样可以在保温层上做细石混凝土整浇层，从而就可做上人屋面了。为了降低屋面热损，实现屋面节能，必须采取一些有针对性的措施[29]：①选用热导率小、重量轻、强度高的新型保温材料，如现喷硬质聚氨酯泡沫塑料；②增加保温层厚度。在确保室内温度的前提下，增加保温层厚度，以降低热损量；③采用吸水率低的保温材料。保温层材料的热导率大小与含水率的高低有关。而含水率高容易导致保温层热导率增大；④设置排汽屋面。这可以将保温层内的水分排出，从而降低含湿量。膨胀聚苯板、挤塑聚苯板、聚氨酯硬泡体、泡沫玻璃保温板或硬质硅酸盐保温板等材料均可用于正置式保温平屋面的，其中，以挤塑聚苯板和聚氨酯硬泡沫为佳；而倒置式保温则首选挤塑聚苯板。

用于夏热冬冷地区图书馆建筑正置或倒置式保温平屋面的不同保温材料，应该满足最小应用厚度以及相应屋面的 K、D 值的要求，见表 3－14 和表 3－15 所示[1]。表中结构层为 100 mm。

表 3 – 14　平屋面保温层厚度与屋面 *K*、*D* 值(陶粒混凝土找坡)

保温层材料	保温层厚度/mm	平屋面热工性能			
		正置保温屋面		倒置保温屋面	
		传热系数 *K*/[W/(m^2·K)]	热惰性指标 *D*	传热系数 *K*/[W/(m^2·K)]	热惰性指标 *D*
挤塑聚苯板(XPS)	35	0.70	3.10	0.70	3.26
	40	0.64	3.15	0.63	3.31
聚氨酯硬泡体	35	0.66	3.03	0.66	3.19
	40	0.60	3.11	0.60	3.27
泡沫玻璃保温板	75	0.72	3.64	0.72	3.80
	80	0.69	3.70	0.68	3.86
膨胀聚苯板(EPS 板)	60	0.69	3.24	—	—
	70	0.61	3.32	—	—
高密度膨胀聚苯板(EPS 板)	50	0.67	3.18	—	—
	55	0.62	3.23	—	—

表 3 – 15　平屋面保温层厚度与屋面 *K*、*D* 值(水泥加气混凝土碎块找坡)

保温层材料	保温层厚度/mm	平屋面热工性能			
		正置保温屋面		倒置保温屋面	
		传热系数 *K*/[W/(m^2·K)]	热惰性指标 *D*	传热系数 *K*/[W/(m^2·K)]	热惰性指标 *D*
挤塑聚苯板(XPS)	30	0.70	3.36	0.69	3.53
	35	0.63	3.42	0.63	3.58
聚氨酯硬泡体	30	0.65	3.51	0.65	3.68
	35	0.59	3.59	0.59	3.76
泡沫玻璃保温板	65	0.71	3.84	0.70	4.00
	75	0.64	3.96	0.64	4.12
膨胀聚苯板(EPS 板)	50	0.70	3.47	—	—
	60	0.62	3.56	—	—
高密度膨胀聚苯板(EPS 板)	40	0.70	3.41	—	—
	45	0.64	3.45	—	—

2. 种植屋顶构造

在平屋顶的防水层上铺设土壤或水渣、蛭石等作为种植层，上面种植绿色植物而形成的屋顶被称之为种植屋顶。种植屋顶不仅能增强屋顶隔热效果，也能很好地改善生态环境。

种植屋顶又分为无土种植式和覆土种植式两种。无土种植式屋顶是用水渣、蛭石代替土壤作为种植层，其重量仅为同厚度覆土种植屋顶的1/3[30]，不仅减轻了屋顶荷载，而且大大提高了屋顶的保温隔热效果，降低了能源的消耗。而覆土种植式屋顶是在屋顶上覆盖种植土壤，其隔热保温效果明显。

3. 蓄水屋顶构造

蓄水屋顶具有很好的隔热降温效果，它通过蒸发冷却的形式来实现隔热，分为以下几种形式[31]。

(1)自由水表面被动蒸发冷却屋顶构造：自由水表面被动蒸发冷却屋面就是在屋面上蓄一定高度和一定量的水，以降低顶层室内温度的屋面构造。

(2)吸湿被动蒸发屋顶：吸湿被动蒸发屋顶就是在屋顶防水层上表面覆盖一层吸湿性多孔材料，根据空气湿度的变化规律，白天多孔材料中的水分蒸发散热，夜间多孔材料再吸湿，以此循环，从而达到降温隔热的目的。

(3)蓄水种植式屋顶：蓄水种植式屋顶就是将一般种植屋顶与蓄水屋顶结合起来，即在蓄水屋面的水中种植绿色植物二者结合而形成的一种节能屋面。其中，防水层一般采用涂膜防水层和配筋细石混凝土防水层的复合防水构造形式。

4. 太阳能屋面

太阳能屋面[32]通常是指安装有太阳能热水器或太阳能发电系统的屋面。太阳能是一种清洁能源，取之不尽，用之不竭。太阳能热水器节约能源、安装快捷、使用方便，其性能也在不断改进和提高，可以大大节省电能。而太阳能屋面发电系统则能将太阳能转化为电能，供给用户使用。这两种系统都能使屋面节能，当然，还需要设备、暖通、给排水各专业设计人员通力合作，才能设计、制造耐用、经济的产品。

5. 通风屋面

通风屋面如图3-19所示。设计良好的通风屋面[33]能较有效地减少夏季冷负荷，节能效果良好。通风屋面的结构为两层板之间形成一个通风层，通风层中的空气流动是浮力或是风力引起的自然通风。某些情况下，为了加速空气层的空气流动，也会用一个或多个风扇来进行机械通风。这种屋面能利用风压通风来散热，主导风向可以带走架空层内的热空气，降低内部表面温度，从而大大地减少内部长波辐射传热。有些工程会在通风层下方涂上一层反辐射层，这可加强白天的隔热效果，却不利于晚上的散热。然而，对于全天的隔热而言，涂有反辐射层的还是效果更好些。

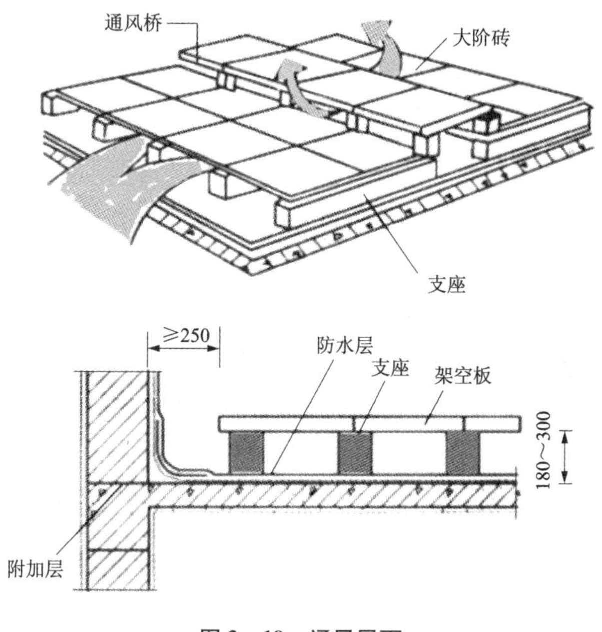

图3-19　通风屋面

3.6　建筑幕墙节能构造

相对于发达国家而言，我国建筑幕墙技术的起步较晚。幕墙又称悬吊挂墙，它是指悬挂于主体结构外侧的轻质围护墙，是室内外环境的分界面。建筑幕墙按主要支承结构形式可以分为构件式幕墙、单元式幕墙、点支承幕墙、全玻璃幕墙和双层幕墙；按密闭形式可以分为封闭式幕墙和开放式幕墙；按面板材料可以分为玻璃幕墙、金属板幕墙、石材幕墙、人造板材幕墙和组合面板幕墙。建筑幕墙的节能设计指标也是外墙和外窗的节能设计内容。建筑幕墙节能实际上是在建筑中合理使用和有效利用能源，不断提高能源利用率，使建筑物使用能耗大幅度下降，从而达到节约空调、照明费用的目的，所以，建筑幕墙的节能核心是减少室内外的能量传递量[34]。对此，《公共建筑节能设计标准》规定：非透明幕墙的传热系数应达到常规外墙的指标，透明幕墙应符合窗墙面积比的要求的同时，还要满足与外窗相同的传热系数和遮阳系数节能指标的要求。

3.6.1　节能热工计算

《建筑幕墙》GB/T 21086—2007 对建筑幕墙的热工性能做了相关规定：幕墙传热系数应按相关规范进行设计计算；幕墙在设计环境条件下应无结露现象；对热工性能有较高要求的建筑，可进行现场热工性能试验；幕墙传热系数分级指标 K 应符合本规范中的相关要求；开放式建筑幕墙的热工性能应符合设计要求；建筑幕墙的传热系数应按《民用建筑热工设计规范》的相关规定来确定；玻璃幕墙的遮阳系数应符合本规范的相关要求。可以看出，建筑幕墙的热工性能主要以计算为主，没有进行试验测试的要求。

在计算传热系数时，如果幕墙板内侧空气间层的空气是流通的，则该空气间层的热阻不予考虑，但可计入对应的内、外表面的换热阻，包括非透明幕墙以及由外层和内层组成的双层玻璃幕墙。门窗和幕墙热工性能的计算可以参照《全国民用建筑工程技术措施》中节能专篇(建筑)，并结合工程具体情况参照应用。

3.6.2 非透明幕墙节能构造

非透明幕墙是由幕墙面板、主体结构及其中的保温隔热层组成，因此在计算幕墙的热工性能时，不仅应计算幕墙面板的热阻或传热系数，还应该根据不同的构造区别对待。

非透明幕墙节能可采用下列构造方法：

(1)把保温层复合在主体结构外表面

与外墙外保温相似，可使用金属托板、销针和弯板等固定件，将保温层复合在主体结构的外表面上。保温层材料可选用挤塑聚苯板(XPS)或膨胀聚苯板(EPS)、聚氨酯保温板、泡沫玻璃保温板、憎水型半硬质矿(岩)棉板和硬质硅酸盐保温板等，或采用聚氨酯现场喷涂。对于已有无机不燃板、水泥纤维加压板等硬质面板作为保温板面层的保温材料，可直接采用机械固定的方法与主体结构联结，无需再做护面层，但宜有板缝处理。

(2)在幕墙板与主体结构中间空气层中设保温层

当空气间层为非通风间层时，且在水平和垂直方向有横向分割的情况下，为了增加墙体热阻，保温层也可设置在空气间层中间，形成两个空气间层，从而有利于水蒸气扩散。保温材料可以采用玻璃棉板。

(3)幕墙板内侧复合保温材料

《金属与石材幕墙工程技术规范》(JGJ 133—2001)明确规定“幕墙的保温材料可与金属板、面板结合在一起，但应与主体结构外表面有 50 mm 以上的空气层”。采用这种做法时，空气层也应逐层封闭。保温材料可选用密度较小的挤塑聚苯板或膨胀聚苯板(其燃烧性能宜为 B1 级)，或密度较小的无机保温板。

工厂预制好复合板，再把保温层直接复合在面板内侧，再通过粘贴和钉挂工艺或通过龙骨与主体结构固定，这种做法构造简单，而且有石材或铝板幕墙的视觉效果，是一种新型的幕墙形式。复合板的其中一种材料为干压瓷板复合保温幕墙板，它采用将一种厚度为 10 ~ 13 mm、装饰性很强的复合保温制品与挤塑聚苯板(XPS)或聚氨酯保温板复合在一起的安装法。在具体安装时，用膨胀锚栓把复合保温瓷板固定住，所有金属件为不锈钢挂件，安装保温层之前，使用水泥砂浆找平，再涂刷聚苯板胶黏剂。

(4)在幕墙板内部填充保温材料

如果在金属面板内部夹入保温芯材，则可根据芯材的厚度获得相应的热阻。保温芯材可采用聚苯板(EPS 或 XPS)、矿(岩)棉制品或玻璃棉制品。如芯材厚度较小，还可在面板内侧的不同部位补充设置保温材料。这种构造具有保温、防水、安装简便等优点。

3.6.3 透明幕墙节能构造

透明幕墙包括玻璃幕墙和其他透明材料的幕墙。现代建筑大量采用大面积的玻璃幕墙，很多图书馆也使用玻璃幕墙作为围护结构。一般来说，其保温隔热效果较差，会造成冬、夏两季很大的能耗损失，一般是其他墙体能耗的几倍。

通过严格控制窗墙面积比，采用相应节能保温隔热材料，可以实现透明幕墙的节能。根据有关节能设计标准，透明玻璃幕墙与窗的热工性能要求应该相同，传热系数 K 值与遮阳系数 SC 值应根据其在外墙上所占的面积比例来确定。透明幕墙的玻璃不仅要满足传热系数的要求，而且要满足遮阳系数的要求，两者都达到要求后，就能使空调的能耗减少了。

1. 玻璃幕墙热工性能的改善

玻璃幕墙的热工性能可以以传热系数、遮阳系数、可见光透过率等指标来衡量。

(1)对于传热系数的控制，可以从减少玻璃传热、增强框材隔热性能、避免热桥等方面来考虑。应选择合适的节能玻璃，相关内容在前文已有叙述，此处不再赘述。

(2)采取间层遮阳措施。在夏季，为了遮挡过多的太阳辐射，可在双层幕墙的夹层内设置遮阳设施。此外，在热通道中设置遮阳百叶，可以大幅降低太阳辐射量、透射得热量。

(3)保证玻璃幕墙良好的气密性。玻璃与玻璃周边、框架等处的连接处，会出现无组织的空气渗透而增大建筑能耗；玻璃幕墙有组织的通风换气也会产生能耗。

(4)可以采用双层玻璃幕墙。从技术构造层面来看，双层玻璃幕墙比单层玻璃幕墙更有设计潜力。

2. 双层玻璃幕墙

双层玻璃幕墙由内、外两层玻璃幕墙组成，外层幕墙一般采用隐框、明框或点式玻璃幕墙，内层幕墙一般采用明框幕墙或铝合金门窗。内外幕墙之间形成一个相对封闭的空间——通风间层，空气从外层幕墙下部的进风口进入，从上部的排风口排出，形成热量缓冲层，从而调节室内温度。

双层玻璃幕墙系统的分类：根据通风层结构的不同可分为“封闭式内循环体系”和“敞开式外循环体系”。这两种体系的玻璃幕墙系统示意图如图3－20所示。“封闭式内循环”双层玻璃幕墙会增大系统能耗，因为它需要设置建筑通风设备；“敞开式外循环”双层玻璃幕墙利用了冬季的“温室效应”和夏季的“烟囱效应”，更具舒适性，减少了采暖运行费用，节能效果更好，从而得到了更广泛的应用。

(1)封闭式内循环双层玻璃幕墙

如图3－20(a)所示，该幕墙一般在冬季较为寒冷的地区使用，外层玻璃幕墙原则上是完全封闭的，一般由断热型材与中空钢化玻璃组成，内层一般为单片钢化玻璃组成的玻璃幕墙或可开启窗。两层幕墙之间的通风间层厚度一般为120～200 mm。通风间层与吊顶部位的暖通系统排风管相连，形成自下而上的强制性空气循环。室内空气通过内层玻璃下部的通风口进入通风间层，在夏季的白天将室内热空气排出室外；在冬季将温室效应蓄积的热量通过管道传送到室内，达到节能效果。通风间层内设置可调控的百叶窗或垂帘，可有效地调节日照遮阳，创造更加舒适的室内环境。

(2)敞开式外循环双层玻璃幕墙

如图3－20(b)所示，该幕墙即前面所说的呼吸式双层玻璃幕墙，外层是由单层玻璃与非断热型材组成的玻璃幕墙，内层幕墙是隔热或断热型的明框幕墙或单元幕墙。内外两层幕墙形成的通风间层的两端装有进风和排风装置，可根据需要在热通道内设置可调控的铝合金百叶窗帘或者电动卷帘，有效地调节阳光的照射。内外两层幕墙之间热通道的距离一般为

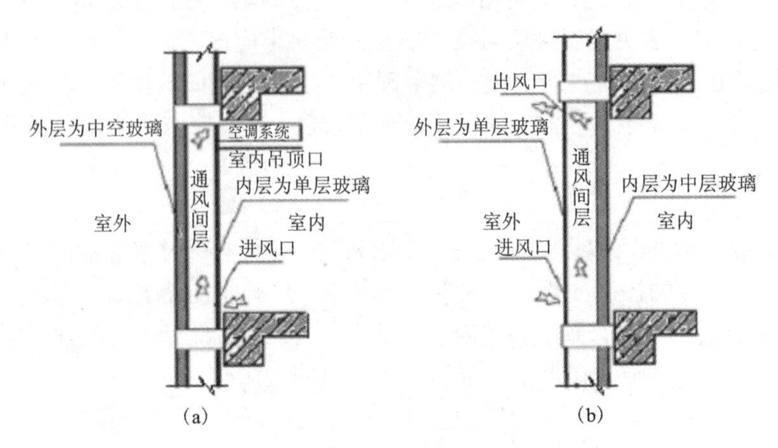

图 3-20　两种体系玻璃幕墙系统示意图

(a)封闭式内循环；(b)外循环

50~60 cm。冬季时，关闭通风层的进排风口，换气层中的空气在阳光的照射下温度升高，形成温室效应，有效地提高了内层玻璃的温度，降低建筑物的采暖能耗；夏季时，打开换气层的风口，利用烟囱效应带走通风间层内的热量，降低内层玻璃表面的温度，节省了空调能耗。另外，通过对进排风口的控制以及对内层幕墙结构的设计，达到由通风层向室内输送新鲜空气的目的，从而优化室内空气品质。可见"敞开式外循环体系"不仅具有"封闭式内循环体系"，在遮阳、隔音等方面的优点，在舒适节能方面也很突出[35]。

3.7　其他围护结构节能构造

对于底面接触室外空气的架空楼板或外挑楼板、地面以及地下室墙体，《公共建筑节能设计标准》均有传热系数或热阻要求，做好这些部位的保温，也是围护结构节能构造的关键。

3.7.1　架空楼板节能构造与要求

在夏热冬冷地区，使用架空楼板把地板与地基脱离开，可以防止地板潮湿结露。但从建筑节能角度讲，架空楼板或外挑楼板均存在直接与室外大气接触的情况，对建筑节能不利，是典型的冷热桥、散热面。底面接触室外空气的架空或外挑楼板，作为外围护结构的一部分，其传热系数指标在数值上与外墙相同，均应该小于 1.0 W/(m^2·K)。

民用建筑架空楼板保温隔热工程的材料可以采用难燃型膨胀聚苯板、难燃型挤塑聚苯板、复合硬泡聚氨酯板、复合氨酚醛泡沫板等材料。但这些材料的性能、构造和施工验收应符合《建筑节能工程施工质量验收规范》等标准规范的要求。

与内外保温类似，架空或外挑板的节能构造有板面保温或板底保温两种。国家标准规定，架空或外挑部分传热系数 $K \leqslant 1.0$W/(m^2·K)，因此，架空或外挑楼板保温层的最小厚度可根据实际情况通过计算确定，或按表 3-16 的要求[1]确定。

表3-16 架空或外挑楼板保温层最小厚度值

保温层材料	正置法或反置法(无木搁栅)		正置法(有木搁栅)	
	导热系数 λ_c/[W/(m² · K)]	最小厚度/mm	导热系数 λ_c/[W/(m · K)]	最小厚度/mm
膨胀聚苯板(EPS)	0.045	35	0.058	45
挤塑聚苯板(XPS)	0.033	25	0.047	40
泡沫玻璃保温板	0.075	60	0.084	65
半硬质憎水型矿棉板	0.055	45	0.066	50
钢丝网架膨胀聚苯板	0.053	40	—	—

3.7.2 地面节能构造与要求

底层地面的基本构造包括面层、垫层和地基。由于地基是支撑基础的土体或岩体，所以不应包括在热阻的计算范围内。《公共建筑节能设计标准》规定：地面节能构造之热阻必须满足 $R \geq 1.2(m^2 \cdot K)/W$。

以往，我们对冬季室内的环境仅以室内气温为指标来进行判定。但是，地面的热工性能与人体健康及室内热环境也有很大关联。良好的地面热工性能，可以有利于建筑的保温节能，也有利于提高室内热舒适度。

《民用建筑热工设计规范》GB 50176—93 规定：高级居住建筑、幼儿园、托儿所、疗养院等，宜采用Ⅰ类地面；对地面热工性能有一般要求的居住建筑和公共建筑(包括中、小学校教室)，可采用不低于Ⅱ类的地面。

实施地面保温与节能需要采取一些有效措施：在地面下铺设碎砖、灰土保温层；对于水泥砂浆地面、混凝土地面，可在地面装修时根据使用要求做浮石混凝土面层、珍珠岩砂浆面层或各种木地板，而厚度为3~4 mm的面层材料对人体热舒适感影响最大[36]。

3.7.3 地下室墙体节能构造与要求

夏热冬冷地区的空气湿度较大，特别是地下室尤为严重，如果不采取有效措施，将会使得地下室内墙产生严重的结露和返潮现象。而对地下室的墙体进行保温节能是一种有效措施。对于图书馆地下室而言，其一般是作为供暖、空调机房来使用的，因此，地下室的湿度应满足机组运行的条件，也就需要对地下室外墙实施保温设计，以提高其热阻。从节能和防潮双重目的出发，与土壤接触的地下室外墙的热阻值不应小于 $1.2(m^2 \cdot K)/W$。一般来说，由于厚度200~300 mm的钢筋混凝土墙体的热阻很小，因此，应该先对地下室外墙外侧做防水层后，再使用挤塑聚苯板(XPS板)、泡沫玻璃或现场喷涂聚氨酯硬泡体等保温材料，来进行外墙保温。

除了上述保温措施之外，也可以采取对地下室外墙进行防水之后，砌筑60~100 mm的空气间层的措施，这也可以在一定程度上达到隔湿防潮和保温隔热的作用。用于地下室钢筋混凝土外墙，挤塑聚苯板(XPS板)等三种材料保温层的最小应用厚度如表3-17所示[1]。

表 3－17　地下室钢筋混凝土外墙保温层最小厚度

钢筋混凝土外墙结构层厚度/mm	地下室外墙保温层材料		
	XPS 板/mm	泡沫玻璃保温板/mm	聚氨酯硬泡体(用于外保温)/mm
200	40	85	35
250	35	80	35
300	35	85	35

对于地下室内墙的防结露设计来说，可以采取以下措施来防止结露：对内墙壁喷涂或刮涂防结露材料，或海泡石调湿型涂料。需要指出的是，防结露涂料的施工极为重要，应严格按照相关标准规范的要求来进行。

对于地下室的顶板而言，其作为建筑底层楼地板，是建筑整体保温中的薄弱环节，可以采用在地下室顶板粘贴聚苯板(或挤塑聚苯板)的方法，以阻隔冷空气对楼板的侵袭，达到提高底层居室地面节能保温效果的目的，实现有效保温。实践表明，直接在地下室顶板粘贴聚苯板，保温效果明显，且减少了楼地面的热损失，有利于建筑节能和底层住户的舒适居住，可避免由于温差引起的楼地面裂缝[37]。

参考文献

[1] 徐吉浣，寿炜炜. 公共建筑节能设计指南[M]. 上海：同济大学出版社，2007.

[2] 余力航. 外墙平均传热系数的计算与分析[J]. 新型建筑材料，2003：54－57.

[3] 陈鹏，王丹梅. 夏热冬冷地区建筑外墙的构造节能[J]. 住宅科技，2008：23－27.

[4] 外墙外保温常见技术问答[M]. 北京：中国建筑工业出版社，2009.

[5] JGJ134－2010，夏热冬冷地区建筑节能设计标准[S]. 北京：中国建筑工业出版社，2010.

[6] 丁晓红，胡海洪. 夏热冬冷地区既有居住建筑围护结构节能改造技术浅析[J]. 建设科技，2015(09)：68－69.

[7] 孟凡涛. EPS 板薄抹灰外墙外保温系统的组成及性能[J]. 山东建材，2006(06)：48－51.

[8] 郝先成. 节能型外墙保温隔热材料系统研制与应用[D]. 武汉理工大学，2006.

[9] 宋长友，刘祥枝. EPS 板和 XPS 板薄抹灰外保温系统综合对比分析[J]. 建筑节能，2014(01)：28－33.

[10] 冯大勇. 单面钢丝网架聚苯板外墙保温施工技术[J]. 经营管理者，2010(01)：326－327.

[11] 薄海涛. 建筑外墙外保温系统耐久性及评价研究[D]. 武汉：华中科技大学，2009.

[12] 陶娅龄. 泡沫玻璃保温系统在建筑保温中的应用探讨[J]. 建设科技，2008(08)：63－67，73.

[13] 李晓明. 外墙外保温系统建筑设计[J]. 施工技术，2009，38(05)：40－41.

[14] 杨俊亮. 外墙中保温综合施工技术[J]. 建筑，2006，15：66－67.

[15] 林刚. 建筑墙体节能技术与外墙内保温施工过程控制[J]. 科学大众，2006(03)：33－34.

[16] 褚五明. 增强粉刷石膏聚苯板外墙内保温技术在高层建筑中的应用[J]. 新型建筑材料，2004(12)：57.

[17] 秦永强. 加气混凝土砌块外墙聚苯复合板内保温施工[J]. 山西建筑，2011，25：190－191.

[18] 顾同曾. 应大力研发和应用单一保温墙体节能体系[J]. 中国建材，2006(2)：81－82.

[19] 邱勇. 建筑外墙自保温材料及体系研究[D]. 杭州：浙江大学，2007.

[20] 江嘉运，王立艳，陈立军，盖广清，赵广宇．蒸压加气混凝土自保温砌块的生产及应用[J]．新型建筑材料，2012(03)：24－27.
[21] 蒙慧玲，陈保胜．建筑外窗节能技术分析[J]．华中建筑，2009(08)：160－163.
[22] 张玲．夏热冬暖地区建筑外窗节能设计[J]．上海建设科技，2009(1)：56－57.
[23] 张扬．建筑遮阳设计研究[D]．上海：同济大学，2006.
[24] 符向桃，谢朝学．影响建筑外窗节能的因素与优化设计[J]．浙江建筑，2005(02)：56－58.
[25] 夏云，夏葵，施燕．生态与可持续建筑[M]．北京：中国建筑工业出版社，2001.
[26] 王忠华，赵海谦．外窗传热分析及窗的节能方法[J].上海节能，2006(03)：62－64.
[27] 吴晨晨．居住建筑坡屋顶传热性能确定方法[D].华南理工大学，2012.
[28] 颜宏亮．建筑特种构造[M]．上海：同济大学出版社，2008.
[29] 王比君，王寿华．建筑节能与屋面保温设计[J]．建筑技术，2006，37(10)：728－730.
[30] 王天.种植屋顶的构造与层次．中国建筑防水[J]，2002(1)：79.
[31] 季敏．夏热冬冷地区居住建筑屋顶节能构造与环境设计[D]．湖南大学，2008.
[32] 杨日新，罗文龙．屋面建筑节能设计措施探讨[J]．浙江建筑，2006，23(10)：75－77.
[33] 王平．通风屋面隔热性能分析研究[D]．长沙：湖南大学，2008.
[34] 赵晋，何大壮．浅谈建筑幕墙节能技术[J]．门窗，2013：24－26.
[35] 王飞．绿色节能技术在大型公共建筑玻璃幕墙设计中的应用[D]．河北工业大学，2007.
[36] 孙世钧，于奕欣，陈庆丰．建筑地面保温与节能[J]．哈尔滨工业大学学报，2003，35(5)：573－575.
[37] 于法师．地下室顶板节能保温施工工法[J]．墙材革新与建筑节能，2005(03)：54－55.

第4章　图书馆通风与空调工程节能设计

图书馆是一个地区的重要公共建筑，其能耗问题不容忽视。近年来，我国大型图书馆建筑数量不断地增加，这些图书馆基本上都采用了中央空调系统，其能耗一般占到图书馆建筑总能耗的40% ~60%，由此可见，图书馆的通风与空调工程节能设计非常重要。与一般建筑相比，图书馆的节能设计既有共性，也有其个性。其节能设计应根据图书馆建筑的特点，从空调风系统和水系统的节能、设备与管道的保温以及创新空调系统等方面来进行研究。

4.1　图书馆空调负荷计算及系统节能

图书馆的使用时间、特点非常明显，因此，其空调区冷负荷要采用逐时冷负荷，采用专业软件进行逐时冷负荷的计算。同时，应该根据图书馆各个部分的使用时间、温度、湿度等不同条件进行空调分区。

空调冷负荷是确定空调系统和设备容量的重要数据，也是选择空调冷源、空气处理设备、输送管道等设备的依据。长期以来，相当多的空调设计多采用经验性的单位面积冷负荷指标来进行估算。估算的结果往往偏大，导致了所选主机容量偏大、输送管径偏大、末端设备偏大的现象，因而造成了系统运行能耗较大，不利于节能环保。而热负荷应根据建筑的散热量与得热量来确定，与供暖热负荷的计算方法基本相同，供暖热负荷计算在本书第5章将有详述。应当注意的是，空调区热负荷计算应采用冬季空气调节室外计算温度作为室外计算温度，同时也不必计算由门窗缝隙渗透进入室内的空气的耗热量。

在图书馆方案和初步设计阶段，由于不能给出建筑的详细构造、门窗尺寸等数据，所以不能满足空调负荷计算的需要，因此一般先凭经验进行估算。为了使估算结果更加接近实际情况，一般使用“空调负荷概算指标”来进行计算。“空调负荷概算指标”是指建筑每平方米空调面积应提供的冷负荷值。在施工图设计阶段，已具备了进行详细负荷计算的充分条件，所以，此时应该按照精确算法详细计算各个时刻的负荷，然后按照时段进行叠加，并考虑使用系数的情况，得出准确的负荷值。

因此，为了遏制当前滥用冷负荷指标而导致能耗偏大的现象，相关规范规定，除方案设计或初步设计阶段可使用冷负荷指标进行必要的估算之外，应对空气调节区进行逐项逐时的冷负荷计算，并明确指出，在施工图设计阶段，必须进行热负荷和逐项逐时的冷负荷计算。这些规定都是国家规范的强制性规定，设计必须按此执行，此处特别强调，应该引起设计者的重视。

4.1.1　图书馆空调区冷负荷的组成

1. 空调区得热量组成

空调区的得热量一般是由下列各项得热量构成：

(1)通过墙体、屋顶、地面等围护结构传入室内的传热量；

(2)通过外窗进入室内的太阳辐射和传热热量；

(3)人体散热量；

(4)照明散热量；

(5)空气渗透带入室内的热量；

(6)食品或物料等的散热量；

(7)设备、器具、管道及其他内部热源的散热量；

(8)伴随各种散热过程产生的潜热量。

2. 空调区冷负荷组成

空调区的夏季冷负荷，应根据上述各项得热量的种类、性质以及空调区的蓄热特性，分别进行逐时转化计算，确定出各项冷负荷，而不应将得热量直接视为冷负荷。图书馆冷负荷主要包括围护结构、窗户、灯光、设备、人员等构成的冷负荷。

3. 空调区湿负荷的构成

在确定房间湿负荷时，必须根据各项湿源的种类，考虑各个房间不同的群集系数，并分别逐时计算，逐时叠加，找出综合最大值。在计算房间散湿量时，应考虑的因素包括：人体散湿量，渗透空气带入房间的湿量，化学反应过程产生的湿量，各种湿表面、液体或液流的散湿量，食品及其他物料的散湿量，设备和设施的散湿量等[1]。

4.1.2　图书馆空调区负荷计算方法

1. 外墙、架空楼板或屋面的传热冷负荷

外墙、架空楼板或屋面传热形式的计算时刻冷负荷 Q_τ(W)，可按式(4－1)计算：

$$Q_\tau = KF(t_{\tau-\zeta} + \Delta - t_n) \tag{4-1}$$

式中：K——传热系数，W/(m^2·℃)；

F——计算面积，m^2；

τ——计算时刻，h；

$\tau-\xi$——温度波的作用时刻，即温度波作用于围护结构外侧的时刻，h；

Δ——负荷温度的地点修正值，可通过《实用供热空调设计手册》查取；

t_n——室内计算温度，℃。

当外墙、架空楼板或屋面的衰减系数 $\beta<0.2$ 时，可近似使用日平均冷负荷 Q_{pj}(W)代替各计算时刻的冷负荷 Q_τ：

$$Q_{pj} = KF(t_{pj} + \Delta - t_n) \tag{4-2}$$

式中：t_{pj}——负荷温度的日平均值，℃，可查取《实用供热空调设计手册》中的数据。

2. 外窗的温差传热冷负荷

通过外窗温差传热形成的计算时刻冷负荷 Q_τ(W)可按下式计算：

$$Q_\tau = \alpha KF(t_\tau + \delta - t_n) \tag{4-3}$$

式中：t_τ——计算时刻下的温度，℃；

δ——地点修正系数，℃；

K——窗玻璃的传热系数，W/(m^2·℃)；

α——窗框修正系数。

公式中的相关系数的取值可查《实用供热空调设计手册》[2]。

3. 外窗的太阳辐射冷负荷

透过外窗的太阳辐射形成的计算时刻冷负荷 Q_τ(W)，应根据不同情况分别进行计算。

(1)外窗无任何遮阳设施的辐射负荷

$$Q_\tau = FX_gX_dJ_{w\tau} \tag{4-4}$$

式中：X_g——窗的构造修正系数；

X_d——地点修正系数；

$J_{w\tau}$——计算时刻下，透过无遮阳设施窗玻璃太阳辐射的冷负荷强度，W/m^2。

(2)外窗只有内遮阳设施的辐射负荷

$$Q_\tau = FX_gX_dX_zJ_{n\tau} \tag{4-5}$$

式中：X_z——内遮阳系数；

$J_{n\tau}$——计算时刻下，透过有内遮阳设施窗玻璃太阳辐射的冷负荷强度，W/m^2。其他符号意义同上。

(3)外窗只有外遮阳板的辐射负荷

$$Q_\tau = [F_1J_{w\tau} + (F - F_1)J_{w\tau}^0]X_gX_d \tag{4-6}$$

式中：F_1——窗口受到太阳照射的直射面积，m^2；

$J_{w\tau}^0$——计算时刻下，透过无遮阳设施窗玻璃太阳散射辐射的冷负荷强度，W/m^2。

(4)外窗既有内遮阳设施又有外遮阳板的辐射负荷

$$Q_\tau = [F_1J_{n\tau} + (F - F_1)J_{n\tau}^0]X_gX_dX_z \tag{4-7}$$

式中：$J_{n\tau}^0$——计算时刻下，透过有内遮阳设施窗玻璃太阳散射辐射的冷负荷强度，W/m^2。

以上公式中的相关参数的取值可查《实用供热空调设计手册》[2]。

4. 内围护结构的传热冷负荷

(1)通风良好的相邻空间内围护结构温差传热的冷负荷

①内窗温差传热的冷负荷

对于通风良好的相邻房间，内窗温差传热形成的冷负荷可按式(4-2)计算。

②其他内围护结构温差传热的冷负荷

对于通风良好的相邻空间，内墙或间层楼板由于温差传热形成的冷负荷可按式(4-8)

估算：

$$Q=KF(t_{wp}-t_n) \tag{4-8}$$

式中：t_{wp}——夏季空调室外计算日平均温度，℃。

（2）对于相邻空间有发热量的内围护结构温差传热的冷负荷

当邻室存在一定的发热量时，通过空调房间内窗、内墙、间层楼板或内门等内围护结构温差传热形成的冷负荷 Q（W），可按式（4-9）计算：

$$Q=KF(t_{wp}-\Delta t_{1s}-t_n) \tag{4-9}$$

式中：Δt_{1s}——邻室温升，可根据邻室散热强度，当邻室散热量很少（如办公室、走廊等），可取值为0；当散热量小于23 W/m³，取值为3℃；当室内散热量为23～116 W/m³，取值为5℃。

5. 人体显热冷负荷

人体显热散热形成的计算时刻冷负荷 Q_τ（W），可按式（4-10）计算：

$$Q_\tau=\varphi n q_1 X_{\tau-T} \tag{4-10}$$

式中：n——计算时刻空调区内的总人数；φ 为群集系数，一般取0.96；

q_1——一名成年男子小时显热散热量，可查《实用供热空调设计手册》[1]；

τ——计算时刻，h；

T——人员进入空调区的时刻，h；

$\tau-T$——从人员进入空调区的时刻算起到计算时刻的持续时间，h；

$X_{\tau-T}$——$\tau-T$ 时刻人体显热散热的冷负荷系数，可查《实用供热空调设计手册》[1]。

6. 灯具冷负荷

应根据灯具的种类和安装情况分别计算照明设备散热形成的计算时刻冷负荷。现代图书馆所安装的照明灯具基本上是荧光灯，可按如下方法进行计算。

（1）镇流器设在空调区之外的荧光灯

此种情况下的灯具散热形成的冷负荷 Q_τ（W），可按式（4-11）计算[2]：

$$Q_\tau=n_1 N X_{\tau-T} \tag{4-11}$$

式中：n_1——同时使用系数，当缺少实测数据时，可取0.6～0.8；

N——灯具的安装功率，W；

τ——计算时刻，h；

T——开灯时刻，h；

$\tau-T$——从开灯时刻算起到计算时刻的持续时间，h；

$X_{\tau-T}$——$\tau-T$ 时刻灯具散热的冷负荷系数，可查《实用供热空调设计手册》[2]。

（2）镇流器设在空调区之内的荧光灯

此种情况下的灯具散热形成的冷负荷 Q_τ（W），可按式（4-12）计算：

$$Q_\tau=1.2n_1 N X_{\tau-T} \tag{4-12}$$

（3）暗装在空调房间吊顶玻璃罩之内的荧光灯

此种情况下的灯具散热形成的冷负荷 Q_τ（W），可按式（4-13）计算：

$$Q_\tau=n_1 X_0 N X_{\tau-T} \tag{4-13}$$

式中：X_0——考虑玻璃反射及罩内通风情况的系数。当荧光灯罩设有小孔可利用自然通风向顶棚之内散热时，其值取为0.5～0.6；当荧光灯罩无小孔时，可视顶棚内的通风情况取为0.6～0.8。

7. 设备显热冷负荷

应分两步计算设备显热散热形成的冷负荷，即首先计算各种情况下的设备散热量，然后再将散热量转化为冷负荷部分。

(1)设备显热散热量的计算

①电热设备的散热量

电热设备的散热量 q_s(W)可按式(4－14)计算：

$$q_s = n_1 n_2 X_3 X_4 N \quad (4-14)$$

式中：n_1——同时使用系数，即同时使用的安装功率与总安装功率之比，一般为0.5～1.0；

n_2——安装系数，即最大实耗功率与安装功率之比，一般可取0.7～0.9；

X_3——负荷系数，即小时平均实耗功率与最大实耗功率之比，一般取0.4～0.5；

X_4——通风保温系数，见表4－1[2]；

N——电热设备的总安装功率，W。

表4－1 通风保温系数

保温情况	有局部排风时	无局部排风时
设备有保温	0.3～0.4	0.6～0.7
设备无保温	0.4～0.6	0.8～1.0

②电动机、工艺设备的散热量

当电动机和工艺设备均在空调区内时，设备的散热量 q_s(W)可按式(4－15)计算[3]：

$$q_s = n_1 n_2 X_3 N/\eta \quad (4-15)$$

式中：N——电动设备的总安装功率，W；

η——电动机的效率，见表4－2或从产品样本中查取；

n_1, n_2, X_3——同式(4－14)。

当只有电动机在空调区内时，设备的散热量 q_s(W) 可按下式计算：

$$q_s = n_1 n_2 X_3 N(1-\eta)/\eta \quad (4-16)$$

③办公及电器设备的散热量

空调区办公设备的散热量 q_s(W)可按式(4－17)计算：

$$q_s = \sum_{i=1}^{p} s_i q_{a,i} \quad (4-17)$$

式中：p—— 设备的种类数；

s_i—— 第 i 类设备的台数；

$q_{a,i}$—— 第 i 类设备的单台散热量，可查《实用供热空调设计手册》[2]。

表 4－2　常用电动机的效率

电动机类型	功率/W	满负荷效率 η	电动机类型	功率/W	满负荷效率 η
罩极电动机	40	0.35	三相电动机	1500	0.79
	60	0.35		2200	0.81
	90	0.35		3000	0.82
	120	0.35		4000	0.84
分相电动机	180	0.54		5500	0.85
	250	0.56		7500	0.86
	370	0.60		11000	0.87
三相电动机	550	0.72		15000	0.88
	750	0.75		18500	0.89
	1100	0.77		20000	0.89

当无法事先确定办公设备的类型和数量时，可查《实用供热空调设计手册》给出的电器设备功率密度来推算空调区的办公设备散热量。

此时空调区电器设备的散热量 q_s(W)可按下式计算：

$$q_s = Fq_f \tag{4-18}$$

式中：F——空调区面积，m^2；

q_f——电器设备的功率密度，可参考《供热空调设计手册》相应的章节。

(2)设备显热形成的冷负荷计算

设备显热散热形成的计算时刻冷负荷 Q_τ(W)，可按式(4－19)计算：

$$Q_\tau = q_s X_{\tau - T} \tag{4-19}$$

式中：q_s——热源的显热散热量，按式(4－14)至式(4－18)计算，W；

τ——计算时刻，h；

T——热源投入使用的时刻，h；

$\tau - T$——从热源投入使用的时刻算起到计算时刻的持续时间，h；

$X_{\tau - T}$——$\tau - T$ 时间设备、器具散热的冷负荷系数，可查《实用供热空调设计手册》。

8. *渗透空气显热冷负荷*

渗入空气量分为外门开启和门窗缝隙渗入两种类型。当外门开启时，通过外门开启进入室内的空气量 G_1(kg/h)，可按式(4－20)估算：

$$G_1 = n_1 V_1 \rho_0 \tag{4-20}$$

式中：n_1——小时人流量，1/h；

V_1——外门开启一次的渗入空气量，见表 4－3[2]，m^3；

ρ_0——夏季空调室外干球温度下的空气密度，kg/m^3。

表 4-3　外门开启一次的空气渗透量(m^3)

每小时进、出人数	普通门		带门斗的门		转门	
	单扇	一扇以上	单扇	一扇以上	单扇	一扇以上
<100	3.0	4.75	2.5	3.5	0.8	1.0
100~700	3.0	4.75	2.5	3.5	0.7	0.9
701~1400	3.0	4.75	2.25	3.5	0.5	0.6
1401~2100	2.75	4.0	2.25	3.25	0.3	0.3

通过房间门、窗缝隙渗入的空气量 G_2(kg/h)，可按式(4-21)估算：

$$G_2 = n_2 V_2 \rho_0 \tag{4-21}$$

式中：n_2——每小时换气次数，1/h，见表 4-4[2]；

V_2——房间容积，m^3；

表 4-4　换气次数

房间容积/m^3	换气次数/(1/h)	备注
<500	0.70	本表适用于一面或两面有门、窗暴露面的房间。当房间有三面或四面有门、窗暴露面时，表中数值应乘以系数 1.15
501~1000	0.60	
1001~1500	0.55	
1501~2000	0.50	
2001~2500	0.42	
2501~3000	0.40	
>3000	0.35	

从而，可以得知渗入空气显热形成的冷负荷 Q(W)，可按式(4-22)计算。

$$Q = 0.28G(t_w - t_n) \tag{4-22}$$

式中：G——单位时间渗入室内的空气总量，$G = G_1 + G_2$，其中 G_1 和 G_2 的计算见式(4-20)和式(4-21)，kg/h；

t_w——夏季空调室外干球温度，℃。

9. 散湿量与潜热冷负荷

(1)人体散湿量与潜热冷负荷[1]

①人体散湿量

计算时刻的人体散湿量 D_τ(kg/h)，可按式(4-23)计算。

$$D_\tau = 0.001\varphi n_\tau g \tag{4-23}$$

式中：φ——群集系数；

n_τ——计算时刻空调区内的总人数；

g——1名成年男子小时散湿量，g/h，可由设计手册查得。

②人体散湿形成的潜热冷负荷

计算时刻人体散湿形成的潜热冷负荷Q_τ(W)，可按式(4-24)计算。

$$Q_\tau = \varphi n_\tau q_2 \tag{4-24}$$

式中：n_τ——计算时刻空调区内的总人数；

q_2——1名成年男子小时潜热散热量，W。

(2)渗入空气散湿量与潜热冷负荷

①渗透空气带入的湿量

渗透空气带入室内的湿量D(kg/h)，可按式(4-25)计算。

$$D_\tau = 0.001G(d_w - d_n) \tag{4-25}$$

式中：d_w——室外空气的含湿量，g/kg；

d_n——室内空气的含湿量，g/kg；

G——渗透空气总量，见式(4-21)的说明，kg/h。

②渗透空气形成的潜热冷负荷

渗透空气形成的全热冷负荷Q_q(W)，可按式(4-26)计算。

$$Q_q = 0.28G(h_w - h_n) \tag{4-26}$$

式中：h_w——室外空气的焓，kJ/kg；

h_n——室内空气的焓，kJ/kg。

渗透空气形成的潜热冷负荷，等于Q_q与式(4-22)所得计算结果之差。

(3)食物散湿量与潜热冷负荷

①餐厅的食物散湿量

计算时刻餐厅的食物散湿量D_τ(kg/h)，可按式(4-27)计算。

$$D_\tau = 0.012\varphi n_\tau \tag{4-27}$$

式中：φ——群集系数；

η_τ——计算时刻的就餐总人数。

②食物散湿形成的潜热冷负荷

计算时刻食物散湿形成的潜热冷负荷Q_τ(W)，可按式(4-28)计算。

$$Q_\tau = 700D_\tau \tag{4-28}$$

(4)水面蒸发散湿量与潜热冷负荷

①敞开水面的蒸发散湿量

计算时刻敞开水面的蒸发散湿量D_τ(kg/h)，可按式(4-29)计算。

$$D_\tau = F_\tau g \tag{4-29}$$

式中：F_τ——计算时刻的蒸发表面积，m^2；

g——水面的单位蒸发量，可查《实用供热空调设计手册》(第二版)中表20.12—1，kg/(m^2·h)。

②敞开水面蒸发形成的潜热冷负荷

计算时刻敞开水面蒸发形成的潜热冷负荷Q_τ(W)，可按式(4-30)计算。

$$Q_\tau = 0.28rD_\tau \tag{4-30}$$

式中：r——冷凝热，可查《实用供热空调设计手册》，kJ/kg；

D_τ——同式(4-29)。

应根据各项得热量的种类和性质及空气调节区的蓄热特性，计算空气调节区的夏季冷负荷，且必须分别进行逐时计算。

透过外窗进入的太阳辐射热量和通过围护结构进入房间的非稳态传热量、室内人体散热量，以及室内使用的设备、照明灯具的散热量等形成的冷负荷，应该按非稳态传热方式进行计算，但不能将这些得热量的瞬时值直接作为各相应时刻冷负荷的即时值，而应该考虑冷负荷系数来进行计算。

根据相关规范要求，空气调节系统夏季冷负荷应该考虑空气调节区的同时使用情况、空气调节系统的类型及控制方法等因素。如果使用率不高，在计算系统负荷时应使用较低的同时使用系数；对于有自动控制的空调系统，可按逐时冷负荷的综合最大值来确定系统负荷；对于没有自动控制的空调系统，应按累积计算值来确定系统冷负荷。系统负荷除了包括房间负荷以外，还应该包括新风负荷、风管传热造成的负荷。

应当指出的是，因为室外新鲜空气是保障良好的室内空气品质的基础，主要作用在于稀释室内有害物，维持室内适当的正压(5~10 Pa 左右)，所以新风负荷的计算很重要。由于夏季室外空气焓值和温度比室内空气的焓值和温度要高很多，因此，处理新风所消耗的冷量会较大。而冬季室外空气温度比室内空气温度低，同样，冬季处理新风所消耗的热量也会比较大。

近年来，很多经过国家鉴定的空调负荷计算软件为空调逐时负荷计算提供了方便，有的计算软件已经可以进行全年逐时负荷的计算，以及分析各种能源、空调方式的使用效果，从而为节能设计的方案比较和系统优化提供了有力的技术手段。

图书馆空调系统的冷、热源宜采用集中设置的冷(热)水机组或供热、换热设备。机组或设备应根据图书馆的规模、使用特征，并结合当地能源条件及其价格政策、环保规定等技术与经济性来选择、确定。为了达到环保、节能的目的，有条件时，图书馆空调热源的选择应优先考虑使用余热。对于多个空调系统共同使用一个冷源或热源的情况，因为各个空调系统的负荷峰值一般不可能同时出现，所以，冷热源设备的装机容量应根据建筑物性质、系统分布、使用时间等因素，乘以一个小于1的系数，一般可取0.7~0.85。

4.1.3 图书馆空调系统的节能

通风和空调系统能耗在图书馆建筑能耗中占了很大比例，而空调系统的能耗取决于其系统的设计，若空调系统的设计不合理，往往会造成能源浪费。因此，空调系统的节能设计极其重要。

空调系统节能设计主要包括空气调节系统的合理分区、空调型式的合理确定以及相应的节能技术等方面。

1. 空调系统合理分区

(1)空调分区的概念

空调分区是指在负荷分析基础上，根据空调负荷的差异性，合理地将空调区分为若干温湿度控制区。《公共建筑节能设计标准》规定：应正确划分建筑物的空调内、外区，空调房间的面积很大时，应按内区和外区分设系统。一般距外围护结构3~5 m范围内的区域为外区，其余区域为内区，并分别设置空调系统，防止冬季空调系统的冷热抵消造成的损失。

(2)空调分区的方法

以下情况不应划分为同一空调区：温湿度要求不同和使用时间不同的空调区；空气洁净度标准不同的空调区；噪声标准不同的空调区；有易燃和易爆物质的空调区；需要同时供冷和供热的空调区；各空调房间的瞬时负荷差异较大的空调区。

此外，还要根据建筑的用途、规模、使用特点以及进深、分隔、朝向和楼层等情况来考虑空调分区的划分。空调分区还应考虑系统运行及调节的灵活性和经济性等因素，合理的空调分区能够改善室内热环境和降低空调系统能耗。一般来说，空调系统分区不宜过大。若空调房间的设计参数即温度、湿度和使用时间接近，可划分为同一分区。对于变制冷剂流量多联分体式空调系统，系统同时使用率或满负荷率宜控制在 40% ~80%，可以将功能不同的区域组合在不同的空调系统中，或将经常使用的房间和不经常使用的房间分成两个系统。

对于图书馆而言，各房间使用功能大不相同，往往在对温湿度的要求、使用时间段、负荷特性等方面都存在着差异，所以，必须合理地进行空调分区。例如，若房屋平面面积大且进深特别大，将水环热泵系统内区与外区的机组进行合理组合，可以充分利用水环系统转移建筑屋内的余热量，从而最大限度地减少外界的供给能量，达到节能的目的。此外，也要谨慎采用地下水作为冷(热)源，确保地下资源不被破坏和污染。

2. 空调系统的选择

(1)空调系统的类型

进行空调系统设计时，必须合理地确定空调系统的类型。空调系统主要类型如图 4 - 1 所示[4]。图书馆的人流量较大，其耗电量比传统建筑大得多，因此在选择空调系统时应该要考虑节能的因素，一般采用中央空调系统。此外，还应注意室内空气品质、藏书的湿度等要求。

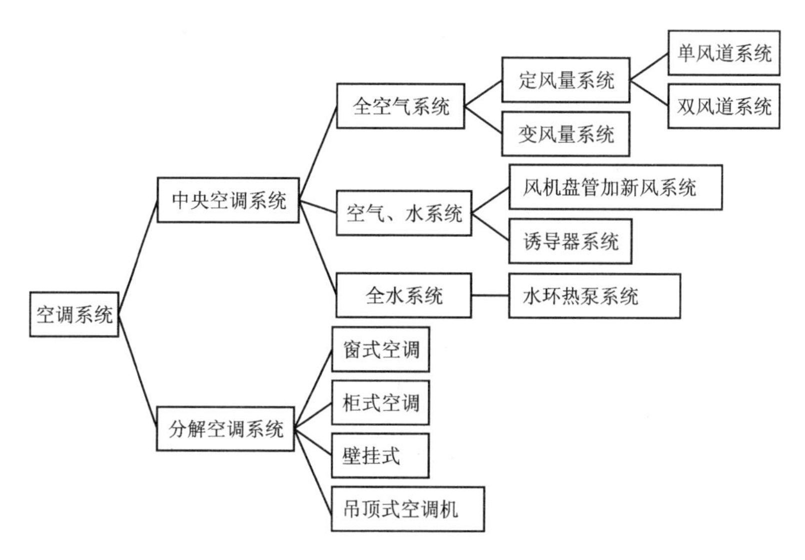

图 4 - 1　空调系统的类型

（2）系统类型的确定

选择空气调节系统时，应根据所在地区气象条件与能源状况，建筑物的用途、规模、使用特点、负荷变化情况与参数等要求，通过对若干种方案的技术经济比较，确定最佳方案。空调系统根据空气处理设备的集中程度可以分为集中式、半集中式、分散式三种系统；由承担室内热湿负荷所用介质种类分为冷剂式、全水式、全空气式、空气 - 水式等四种系统形式。图书馆空调系统一般可以使用集中或半集中式空调系统。

在房间面积或空间较大、人员较多的空气调节区，宜采用全空气式空调系统，不宜采用风机盘管系统。当无特殊要求时，采用单风管送风方式比较经济。一般来说，由于人员较多的空调区新风比例和空调负荷较大，可以独立设置空调风系统。在图书馆阅览室、报告厅等人员较多的场所可以采用集中式全空气空调系统。对于全年有大量稳定的余热的建筑内区，宜采用水环热泵空调系统。

确定空调系统时，还有以下几点规定[4]：

①热湿负荷变化情况相似的空气调节区域，应采用集中控制方式。各空气调节区温湿度波动不超过允许范围时，可集中设置全空气、定风量空气调节系统。当各空气调节区室内参数需分别控制时，宜采用变风量或风机盘管等空气调节系统，不宜采用末端再热的全空气定风量空气调节系统。

②一次回风的全空气定风量空气调节系统特别适合于允许采用较大送风温差或室内散湿量较大的空调区域。

③全空气变风量空气调节系统特别适用于多个空气调节区合用一个空气调节系统且负荷变化较大、长时间低负荷运行、且需要分别调节室内温湿度的场合，但不适用于要求温湿度波动范围小或噪声要求严格的场合。

④风机盘管加新风系统特别适合用于空气调节区较多、各空气调节区要求单独调节，且建筑层高较低的建筑物，经处理的新风宜直接送入室内，但不适用于空气质量和温、湿度波动范围要求严格或空气中含有较多油烟等的空调场合。

⑤中小型空气调节系统可采用变制冷剂流量分体式空气调节系统，且宜采用热泵式机组。当同一系统中同时有供冷和供热的空气调节区时，宜选择热回收式机组。

⑥冰蓄冷和有低温冷媒的系统宜采用低温送风，不适用于空气湿度要求较高或需要较大送风量的场合。

⑦夏季空气调节系统的回风焓值高于室外空气焓值、排风量大于按负荷计算出的送风量，易散发有害物质，需考虑防火防爆，应采用直流式（全新风）空气调节系统。

图书馆空调系统的选择应根据图书馆房间的性质、使用特点、室外气象条件、负荷变化规律、室内温湿度要求、消声隔声要求等因素，通过全面技术经济比较来确定。否则，将达不到使用效果，甚至浪费能源。例如，在环境相对湿度较大的地区，若设计采用辐射吊顶空调系统，不但满足不了室内温湿度控制的需要，而且还会造成设备表面结露、霉变的后果，从而恶化环境。若图书馆周围有合适的地表水资源、地下水资源、足够的土地面积，可以采用经济效益好、环保效果佳的水源热泵或土壤源热泵空调系统。应当指出的是，对于图书馆书库，由于有大量的藏书，而适宜的室内湿度是完好地保存书籍的重要条件，因此湿度的控制是非常重要的，在图书馆空调系统的设计时应该考虑这一因素。

(3)系统设计要点

现代图书馆一般都是统一层高、统一柱网的大开间设计，进深也较大；同时，基于图书馆对阅读环境的要求，其对采光、通风的要求比较高。这些特点使得图书馆一般采用中央空调系统，应考虑如下设计要点：

①房间面积较大、人员较多的阅览室应采用全空气、定风量、单风道空调系统，以便于控制新风和回风的比例，从而可以在过渡季节最大限度地使用室外新风对室内进行冷却，减少冷水机组的运行时间，其节能效果非常显著。同时，这种系统控制系统简单、可靠性较高，维护管理工作量少，设备运行效率高。

②对于空调区域面积小的场所，可以采用可独立调节控制室温的风机盘管加新风空调系统。此系统在各空调区可单独调节，适用于图书馆部分办公房间。

③少数因使用温度或使用要求不一致而需要单独运行空调的房间，如小型计算机房、消防控制室等，可使用柜式空调机。

④辐射采暖和供冷具有舒适、节能和不占用室内空间等优点，对于图书馆的高大空间来说，这种空调系统既保证了工作区的热舒适性，又避免了热力分层对空调的影响。

上述几点阐述了何种场合适用何种空调系统，我们在设计实践中要予以重视。实际上，对于建筑空调系统的节能设计而言，首先是要切实改善空调系统的设计，实现空调供暖、制冷的功能，并减少管材消耗量，节省初投资，因此空调系统的节能设计对系统能耗的减少具有非常重要的影响；其次是改善围护结构的性能，围护结构的能耗很大，提高围护结构的保温隔热性能是十分关键的。在以下的章节，将阐述空调风、水系统等方面的节能设计。

4.2 空调风系统节能设计

在我国，空调风系统主要可以分为变风量全空气系统、定风量全空气系统和风机盘管加新风系统等三种形式。而空调风系统一般是由送风系统、回风系统和排风系统等组成。

4.2.1 空调风系统节能设计的重要性

空调排风是耗能的重要因素，占到系统能耗的20%以上，必须采用相应的措施来减少其能耗。如通过利用新风交换机组将排风热(冷)量回收，能达到明显的节能效果。在送风系统中，设置变频控制装置，使风机转速根据负荷随时得到调整，这也是风系统节能的重要措施。因此，空调风系统设计时，应通过仔细分析和研究，在系统中采用恰当的技术措施，才能取得很好的节能效果。

4.2.2 空调风系统节能设计有关规定

1. 空调风系统节能应该遵循的原则

(1)设计定风量全空气空调系统时，宜采取实现全新风运行或可调新风比的措施，同时设计相应的排风系统。

(2)设计变风量全空气空调系统时，宜采用变频自动调节风机转速的方式。

(3)CO_2虽然不是室内污染物，但是可以作为室内空气品质的一个衡量值，所以，在人员密度相对较大且变化较大的房间，宜采用新风需求控制，即根据室内 CO_2浓度检测值增加或减少新风量，使 CO_2浓度始终维持在卫生标准规定的限值内，同时达到节能的要求。

(4)图书馆顶层、或者吊顶发热量较大、或者吊顶空间较高时，不宜直接从吊顶内回风。

(5)排风热回收装置(全热和显热)的额定热回收效率不应低于60%；送风量大于或等于3000 m^3/h 的直流式空气调节系统，或设计新风量大于或等于4000 m^3/h 的空气调节系统，且新风与排风的温度差大于或等于8℃，应该设置热回收装置。

(6)应根据要求采用粗效过滤器或中效过滤器。

(7)没有防漏风和绝热措施的土建风道不宜作为空气调节系统的送风道和已经过冷、热处理后的新风送风道。

(8)空气调节系统送风温差应符合下列规定：送风高度小于或等于5 m时，送风温差应大于5℃；送风高度大于5 m时，送风温差不宜小于10℃。此外，同一个空气处理系统中，不应同时有加热和冷却过程。

2. 在全空气变风量空调系统设计中应符合的规定

(1)空调区划分应根据建筑模数、负荷变化情况进行；

(2)系统形式，应根据使用时间、负荷变化情况经技术经济比较确定；

(3)变风量末端装置，宜选用压力无关型；

(4)应根据空调区和系统的夏季负荷确定空调区和系统的最大送风量；

(5)应根据负荷变化情况、气流组织等确定空调区的最小送风量；

(6)应采取措施保证最小新风量；

(7)风机应采用变速调节；

(8)送风口应符合规范要求。

当新风量调节幅度较大、或其他排风措施不能适应风量变化要求、或回风系统阻力较大时，全空气空气调节系统宜设回风机。

3. 低温送风空调系统设计应符合的规定

(1)空气冷却器出风温度与冷媒进口温度之间的温差不宜小于3℃，出风温度宜采用4℃~10℃；

(2)应考虑送风机、送风管道及风机末端装置的温升；

(3)空气冷却器的迎风面风速宜采用1.5~2.3 m/s，冷媒通过空气冷却器的温升宜采用9℃~13℃；

(4)空气处理机组、管道及附件、末端送风装置等应严密地保冷，保冷层厚度应经计算确定。

可用新风作冷源时，应最大限度地使用新风；新风进口的面积应适应最大新风量的需要。此外，空调风系统应进行风量平衡计算，空调区内的空气压力应符合规范要求。人员集中且密闭性较好，或过渡季节使用大量新风的空调区，应设置机械排风设施，排风量应适应新风量的变化。

4.2.3 空调风系统节能措施

空调风系统的设计包括送风系统、回风系统及排风系统的设计，主要涉及到空调区的气流组织、风管系统水力平衡。对于空调风系统，合理的节能措施往往可以在很大程度上降低系统能耗。风系统的节能设计应注意以下几点：

(1)舒适性空调系统宜采用较大的送风温差，这样可以减少送风量。在满足室内良好的气流分布、送风口不产生凝露的前提下，空调系统宜采用较大的送风温差。

(2)对于全空气空调系统，过渡季应尽可能利用室外新风来消除室内余湿余热。当室外空气的焓值低于室内空气的焓值时，应能自动加大新风比，直至全新风运行，以便最大限度地节能，从而减少冷(热)水机组的运行时间，同时改善室内空气品质。设计时，应注意使新风阀门和新风管道的面积能适应最大新风量的要求。同时，在保证必要的新风量的前提下，在夏季和冬季应加大回风量，以降低能耗。

(3)应通过计算来确定空调系统风机的送风量和风机压头，否则会使得运行能耗增加。

(4)应该尽量采用变频调速装置调节系统风量，因为其节能效果明显，且可降低系统的噪声。

(5)地下车库的排风系统，宜采用根据 CO_2 气体浓度来控制风机启闭或转速的方式。其他人员流动频繁、人数变化大的场所，也宜采用 CO_2 浓度传感器对进入房间的新风量进行实时控制。

4.2.4　空调风系统气流组织

1. 合理进行气流组织的必要性

气流组织是根据人体对空气温湿度及风速舒适性的要求，在避免污染气流对人体影响的情况下，对气流进行组织。气流组织可以影响到房间的空调效果及舒适性，其直接影响空调房间的温度场和速度场，同时对整个空调系统的节能效果也有非常重要的影响。影响气流组织的因素很多，一般有风口的形式，送风口的位置、风量，送风温度、速度等。

2. 高大空间分层空调气流组织形式

当建筑空间高度大于或等于 10 m、且体积大于 10000 m^3 时，宜采用分层空调。如图4-2所示，分层空调是一种对室内工作区进行空调，而对上部空间不进行空调或仅进行通风排热的空调方式。此空调方式一般只在人员活动的范围内保持适当的温、湿度，可以节省初投资和运行能耗，按照国内工程运用实际情况估算，与总体空调方式相比，分层空调在夏季可节省冷量30%~65%。目前许多图书馆的高大空间采取喷口送风的分层空调方式，如在图书馆入口的中庭或大厅、大型报告厅，侧送风口或喷口常常布置在2.5 m的较低高度，在人员活动范围营造舒适性环境。不仅在图书馆，还有像在铁路车站、航空港口候车厅、大型会议场所等高大空间建筑，这些建筑都只需要对其下部空间进行温湿度控制，都会运用到分层空调方式来实现节能。

喷口送风是依靠喷口吹出的高速射流来实现送风的方式。采用喷口侧送风的分层空调，喷口侧送的送风距离也较远，一般在10~30 m，同时，回风口也和喷口设在同一侧，气流以较高的速度由若干个分口喷出，行至一定路程折回，这就使得喷口侧送的诱导比大，人员处于回流区，舒适性比较好。由于风口的出风速度比较大(往往超过10 m/s)，喷口的阻力也较大，因此具有自动均流的效果，系统易于平衡。喷口侧送的气流组织受到风量、送风距离、噪声、风速、选用喷口、送风角度等因素的影响。可参照厂家提供的产品技术资料来选择确定喷口，采用较多的是可调送风角度的球形喷口。

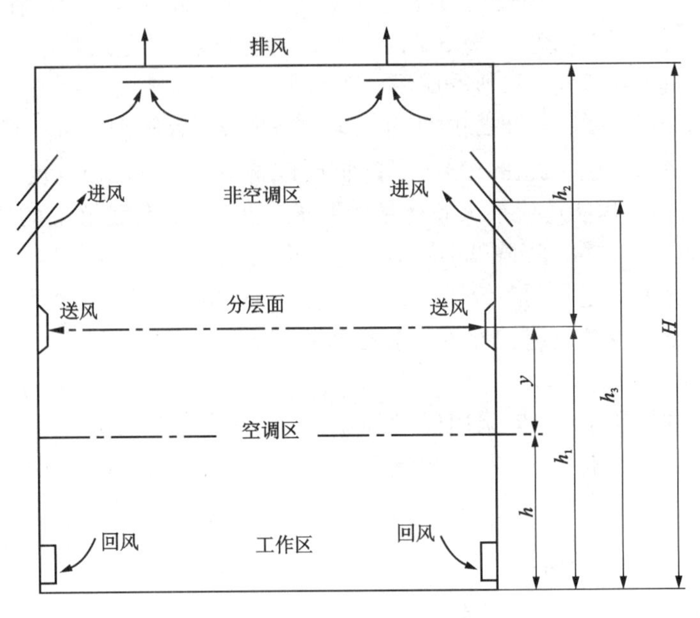

图 4-2　分层空调示意图

对于分层空调技术，其在满足室内各项参数设计条件时，分层高度 h_2越低，系统越节能，这就要求分层的高度能满足节能和温湿度控制效果了。

3. 置换通风

(1) 置换通风的特点

置换通风具有通风效率高、空气龄短、空气品质较高的特点，因此，在有条件的图书馆办公室、会议厅、报告厅等高大房间内，宜采用置换通风方式(图 4-3)。

传统的混合送风系统是利用稀释原理来进行工作的，以较大的压力将气流送入室内，通过诱导方式与室内空气混合，因此，室内空气混合得较为充分，主要应用于工业送风和洁净室送风场合。其缺点是室内气流速度无法满足室内舒适性要求，且需要随着送风量和冷量的增加而提高。

作为分层送风的一种气流组织方式，置换送风属于垂直置换流形式，依靠密度差而形成热气流上升、冷气流下降来实现通风换气。在夏季，低于室内温度且风速平均值和紊流度都很低的空气被送入房间的贴近地面处，此时，在整个地面形成空气湖，见图 4-3[1]。在房间内的热源的作用下，形成向上热烟羽。由于热烟羽引起的垂直气流运动要强于置换流，会形成部分回流，由此形成了热力分层：即靠近地板处为置换流区；上方为混合流区。一般来说，置换送风系统室内温度和污染物浓度随高度的增加而增加，因此排风口应布置在靠近屋顶处。

由于直接将空气引入工作区，置换送风的夏季和过渡季节的送风温度可以比较高，故这种送风方式在过渡季利用室外新风供冷的时间更长。在夏季制冷时，可以使用温度较高的冷水，这就有了使用低品位能源或提高制冷机组蒸发温度的可能性。一般来说，COP至少可以提高5%～10%。此外，排风口置于房间上部，冷量损失相对较少，排热效率高；人员工作区的空气污染物浓度相对较低，具有较高的换气效率。

(2)置换通风方式的适应条件

一般来说，置换通风适合于室内以排除余热为主，单位面积散热量宜≤120 W/m²，吊顶高度≥2.4 m的情形。置换通风排放的污浊气体的温度比室内周围环境空气的要高，而密度则比周围环境空气的要小。所以当污染物重于空气时，不宜使用置换送风系统，否则难以形成良好的空气循环。通常，在室内热源与污染源同时伴随产生的场合也可以使用置换通风。为了形成置换通风气流组织形式，室内空气流动，不能有强烈的扰动气流。此外，置换通风还适用于对室内湿度要求较低，对室内的参数控制精度要求不高，对室内空气品质有要求的场所。例如需要常年供冷的图书馆内区或空调单位面积冷负荷较小的场所，特别是室内空间较高的场所。

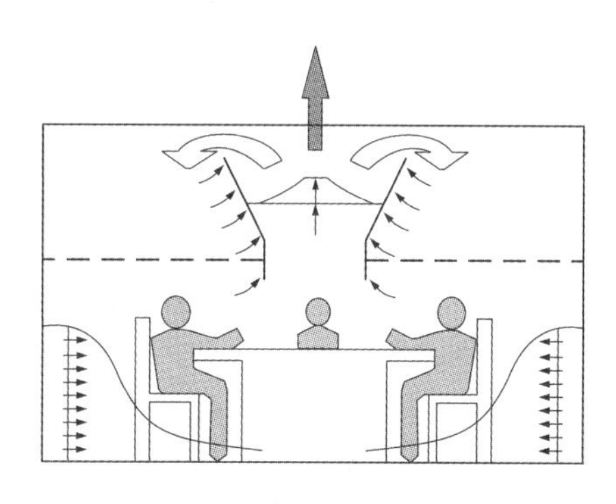

图4-3　置换送风时的室内气流运动

(3)置换送风口和排风口设置

每个置换送风口的阻力特性应能保证均匀的气流分布，且置换通风送风口风速不应超过0.2 m/s，及风口的高度不应超过0.8 m。常用的置换送风风口有墙面风口、柱形风口、地板风口和顶板风口等，其中墙面风口在实际工程中最常用。根据所需的风量，风口放置于靠墙的贴近地面处，以使气流应尽可能均匀地覆盖整个区域。地板风口是通过风管或夹层地板来安装的，因为风口送风的温度和风速均超出了舒适性要求的范围，因此不能设置在人员停留区。顶板风口安装于工作区上方，气流以低温度、低紊流度送出，可一直降至地面，风口下方不能正对人员以避免吹风感。置换通风排风口应直接布置在热源上方，以便直接排除热源产生的热气流和空气污染物。在必要时，可通过布置多个排风口来阻止房顶下横向热气流的产生，从而降低置换通风效果。置换通风应该经过设计计算，其气流组织的形式应该进行试验或仿真优化。置换通风的设计计算内容包括热舒适性设计、空气质量设计、送风参数的确定、风口的选择及布置等内容，可以参照相关设计手册。

(4)末端装置选择与布置

置换通风末端送风装置已经历经三代发展：第一代末端送风装置是将新鲜空气以平稳而均匀的状态送入室内；第二代末端送风装置是在不影响热舒适性和保证室内高空气品质的基础上，提高了冷却能力；第三代末端送风装置则是利用诱导原理，通过末端装置中的空气喷射器将大量室内空气与一次气流混合，从而提高送风冷却能力。

置换通风方式由于出口风速较低，送风温差小，因此系统送风量会相对较大，也就使得末端装置的体积会较大。目前，主要有圆柱型、半圆柱型、1/4圆柱型、扁平型和壁型等五种置换通风末端送风装置[5]。

(5)合理利用室外空气节能

①定风量系统的控制

全空气定风量空调系统在过渡季或冬季可根据室内外空气焓值，通过电动调节风阀自动控制新风比，并改变风机的转速，将室外空气送入室内供冷或供热，从而达到节能的目的，所以它是一种效果明显的节能方法。

a. 双风机空调系统的节能控制

夏季工况时，当回风焓值 H_{m1} 低于室外空气焓值 H_{w1} 时，为了降低新风处理能耗，采用最小新风比模式通过调节三个多叶调节风阀进行控制。

过渡季工况时，当回风焓值 H_{m1} 高于室外空气焓值 H_{w1} 时，室外新风比越大越有利于降低系统能耗，因此应该采用全新风进行通风。

冬季设计时，当室内负荷呈内区特征时[图 4 -4(b)]，可以调节新风比使 $t_{c2}=t_{l2}$，并对混合进风 C_2 适当加湿到出风状态 L_2。当室外空气温度非常低、调节新风比维持最小新风量仍不能维持送风温度时，为了避免浪费加热室外空气的热量，这时应保持最小新风量运行[图 4 -4(c)][4]。

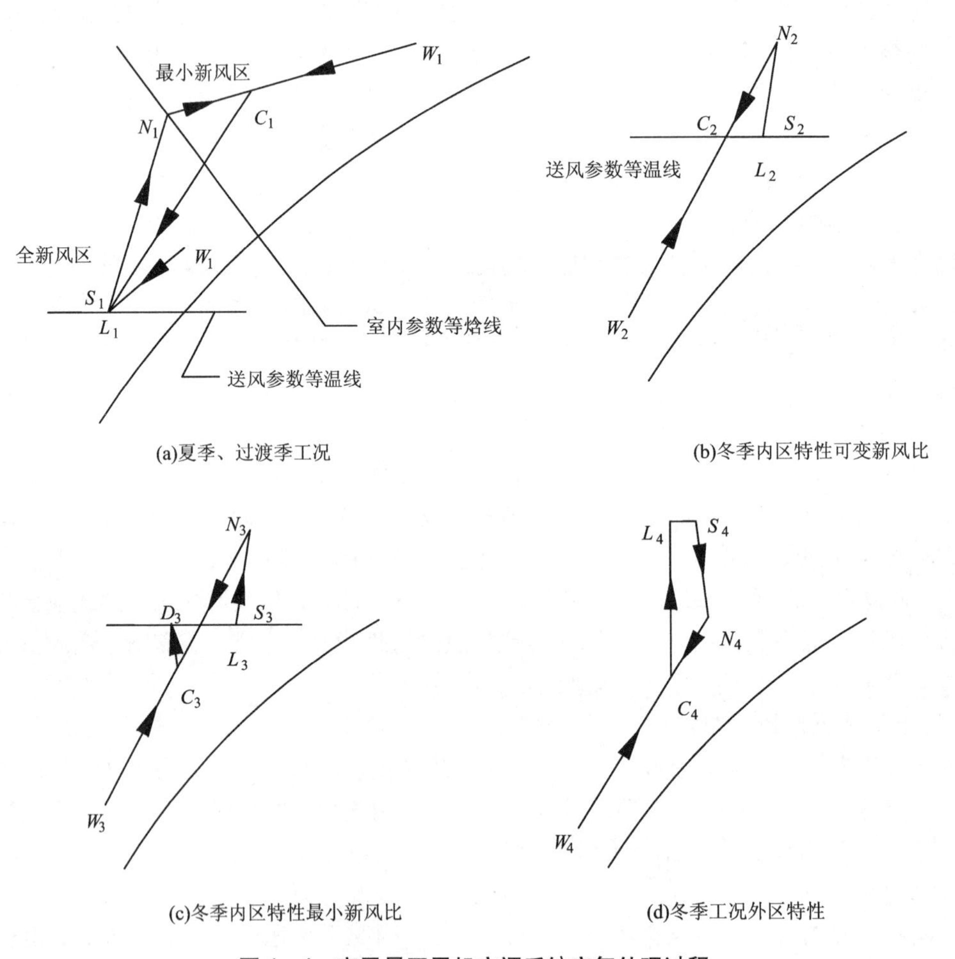

(a)夏季、过渡季工况

(b)冬季内区特性可变新风比

(c)冬季内区特性最小新风比

(d)冬季工况外区特性

图 4 -4　定风量双风机空调系统空气处理过程

当室内温度比送风温度 t_{S_4} 低时，只有尽量减少新风量，提高新风与室内回风的混合点 C_4 的温度，等湿加热到送风点的温度后再等温加湿到送风状态点 S_4，才能减少加热能耗，如图 4 -4(d)所示。

b. 单风机空调 + 排风机系统的节能控制

单风机空调 + 排风机系统的控制方法与双风机空调系统基本上相同，该系统通过新风管道与回风管道上的电动风阀调节新风比，根据新风量信号通过变频控制调节排风机的排风量，维持排风量与补充的新风量近似相等，以保证室内正常的微正压。

②变风量空调系统的控制

变风量空调系统（VAV 系统）控制主要是以送风静压为控制参考量的控制调节方法。变风量是空调风系统各种节能方法中首要的方法，各种设置送风静压的控制方法自上世纪 90 年代以来，不断在实践中完善和优化，并取得了较好的节能效果[6]。

a. 变风量空调系统的变新风比控制方法

一般来说，变风量空调系统与定风量双风机空调系统的控制方法基本相同，为了充分利用自然冷源来进行供冷，在过渡季节或冬季，变风量空调系统同样可以采用调节新风比的方法实现节能，其系统原理如图 4－5 所示[4]。

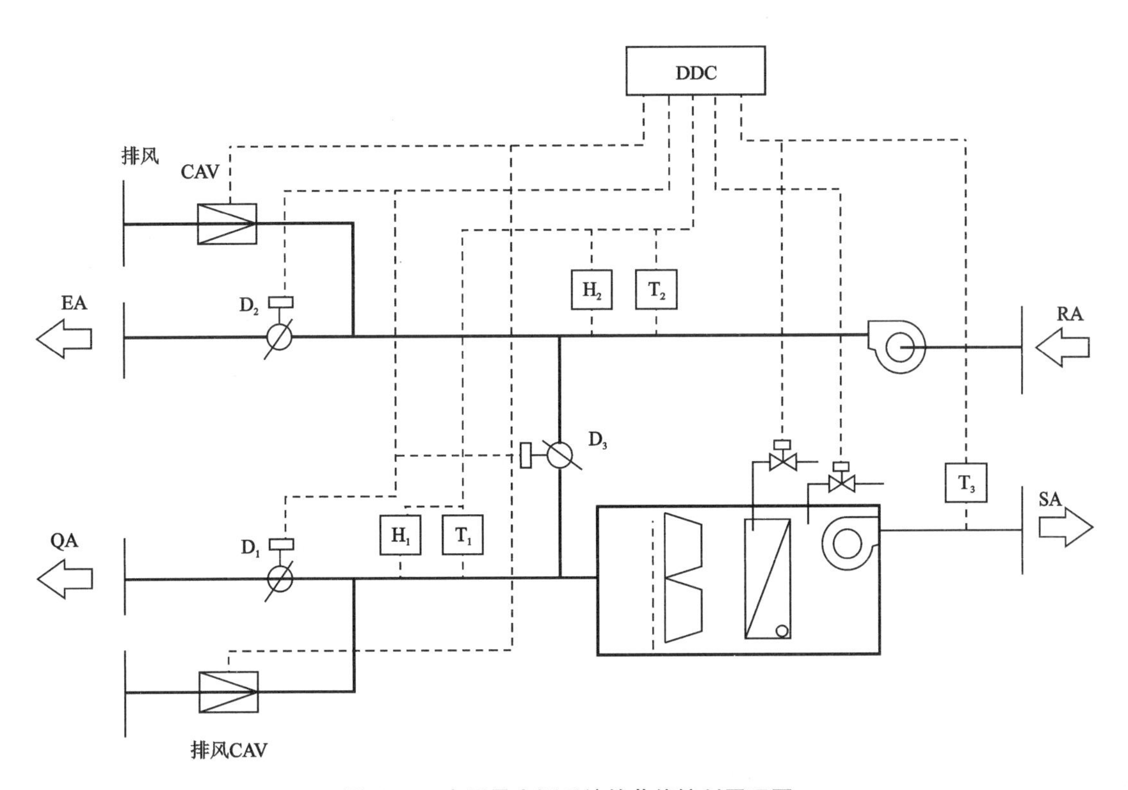

图 4－5　变风量空调系统的节能控制原理图

图 4－5 中，在新风与排风管道上并联设置了定风量末端 CAV，保证通过该阀的风量基本是一个定值。系统通过比较室外新风焓 H_w 与回风焓 H_r，来选择运行模式，当 $H_w \leq H_r$ 时，启动过渡季节节能运行模式，反之则按夏季最小新风量运行。温度传感器 T_1，T_2 分别测得新风、回风温度 T_w，T_r；温度传感器 H_1，H_2 分别测得新风、回风相对湿度 φ_w，φ_r；如 $H_w > H_r$，关闭新、排风阀，全开回风阀，最小新排风量由新、排风定风量末端 CAV 进行控制。如果 $H_w \leq H_r$，全开新、排风阀，关闭回风阀和新、排风 CAV。

当温度传感器 T_1 测得室外新风温度低于盘管出风温度 T_1，温度传感器 T_3 测得送风温度，系统进入变新风比控制模式，DOC 控制器根据该送风温度与设定送风温度的差值，通过调节新、回、排风阀 D_1，D_2，D_3，改变各自的风量。相对湿度传感器 H_2 测得回风相对湿度 φ_r 与设定值的差值比例，以此来控制加湿量，新、排风 CAV 继续关闭；当室外温度继续下降，通过调节新、回、排风阀 D_1，D_2，D_3，将系统调节到最小新风比。

b. 变风量系统的变送风温湿度节能控制方法

在变风量系统中，优化设置送风温湿度并控制好加湿器、表冷器和加热器，可以有效降低空调系统能耗，变送风温度也是定风量系统常用的方法。变送风温度控制方法主要是通过调节空调机组换热器冷冻水或热水阀门开度，来维持送风温度设定值；通过调节空调机组加湿器的加湿量，维持送风湿度设定值。因此，设置合适变送风温湿度是这种控制方法的关键，此处不展开叙述。

（6）排风能量回收

空调负荷中，新风负荷占了相当大的比例，同时空调系统排风中也含有大量的冷（热）量，可以将其回收用来冷却（加热）新风。排风能量回收可以起到非常明显的节能效果，目前这种方式已被设计人员充分重视并利用到实践中。排风能量回收装置有多种，常用的有转轮式全热换热器、板式显热换热器、板翅式换热器、中间热媒式换热器和热管式换热器等。它们的特点见表 4－5[4]。

表 4－5　常用的热回收装置的性能和特点

<table>
<tr><th colspan="2">种类</th><th>结构特点</th><th>范围风量 /（$m^3 \cdot h^{-1}$）</th><th>阻力 /Pa</th><th>效率 /%</th></tr>
<tr><td colspan="2">板式显热换热器</td><td>采用铝箔作为基材，只能实现显热量交换</td><td>200～100000</td><td>200～300</td><td>40～60</td></tr>
<tr><td colspan="2">板翅式全热换热器</td><td>采用特殊处理过的波形分隔纸板、平隔纸板，水分子渗透性高，对其他气体分子具有阻隔性。结构简单，运行安全、可靠，无传动设备，不消耗动力</td><td>110～100000</td><td>300～400</td><td>60～79</td></tr>
<tr><td rowspan="2">转轮式全热换热器</td><td>显热回收</td><td>热交换转轮采用铝箔类作为芯材，实现显热交换，设备装置较大，消耗一定的转动能耗</td><td rowspan="2">500～100000</td><td rowspan="2">140～160</td><td rowspan="2">65～85</td></tr>
<tr><td>全热回收</td><td>热交换转轮采用特殊处理过的纸质作为芯材，实现热湿交换，设备装置较大，消耗一定的转动能耗</td></tr>
<tr><td colspan="2">中间热媒式换热器</td><td>由热媒循环泵、新排风表面换热器和小型闭式膨胀罐，实现显热回收，可用于绝对防止新风污染的场合</td><td>150～100000</td><td>约 200</td><td>40～50</td></tr>
<tr><td colspan="2">热管式换热器</td><td>封闭管内的工质（氨、氟利昂等）在受热情况下发生相变，实现两端显热量的传递</td><td>1500～40000</td><td>约 200</td><td>50～60</td></tr>
</table>

板翅式和转轮式全热换热器的换热效率最高，可达 70% 以上；板翅式交换器比较薄，风量最小只有 110 m^3/h，因而可以安装在吊顶内，在小面积的空调场所的应用日渐变得广泛。

全热交换器的效率有温度效率、湿度效率和焓效率（全热效率），计算公式分别如下：

温度效率

$$\eta_t = \frac{t_1 - t_2}{t_1 - t_3} \times 100\% \tag{4-31}$$

湿度效率

$$\eta_d = \frac{d_1 - d_2}{d_1 - d_3} \times 100\% \tag{4-32}$$

焓效率（全热效率）

$$\eta_h = \frac{h_1 - h_2}{h_1 - h_3} \times 100\% \tag{4-33}$$

式中：t_1，d_1，h_1——新风进换热器时温度（℃）、含湿量（g/kg）、比焓（kJ/kg）；

t_2，d_2，h_2——新风出换热器时温度（℃）、含湿量（g/kg）、比焓（kJ/kg）；

t_3，d_3，h_3——排风进换热器时温度（℃）、含湿量（g/kg）、比焓（kJ/kg）。

①板翅式全热换热器选用

首先，根据所需新风量选定全热交换器型号，并根据排风与新风比确定实际温度效率和湿度效率。将实际温度效率和湿度效率代入式（4－31）和式（4－32），求得新风的终状态参数，计算所需的新风冷负荷。

应该指出，在上述计算中，选择换热器的额定热回收效率不应低于60%。换热器应根据新风的显热与潜热的比例来进行选择，夏热冬冷地区宜选用全热类型。在实际运行中，当冬季室外气温较低时，必须要校核换热器上是否会产生结霜、结冰现象，必要时在新风进风管上设空气预热器；或当温度达到霜冻点时，自动关闭新风阀门或开启预热器。转轮式热回收器要求新风量最大不超出其排风量的1/3，多出的新风可以采用旁通的方法予以去除。新风进入换热器前，宜进行过滤净化。

过渡季或冬季采用新风自然冷却时，应在新风与排风道上分别设旁通风道，并安装密闭性能好的风阀。

②中间热媒热回收器选用

在实践中选用中间热媒回收器时，新、排风表面的换热器宜选用6～8排；表面换热器的迎风面风速不宜超过2 m/s；中间热媒的循环水量一般可根据水汽比确定：6排管时，水汽比采用0.30；8排管时，水汽比采用0.25。当供热侧与得热侧的风量不一致时，循环水量按大的风量确定。

③热管式热回收器选用

实际选用热管式热回收器时，热管应倾斜布置，得热侧应在上端，冬季倾斜度为5°～7°，夏季可以手动转换，倾斜度为10°～14°；排风中应保持较小的含尘量，且无腐蚀性；迎风面风速宜控制在1.5～3.5m/s；当热气流的含湿量较大时，应设计排凝结水装置；受热管和翅片上结灰等因素的影响，计算出的效率应乘上一定的折扣系数；当冷却端为湿工况时，加热端的效率应适当提高。

此外，也可以应用一些新型热回收新风处理设备，如热泵式热回收型溶液调湿新风机组，它利用氯化锂等盐溶液喷淋，具有良好的湿、热传递特性，可以将排风的能量利用于新风预处理中，从而取得很好的节能效果。图4－6是利用盐溶液喷淋的热泵式热回收溶液调湿新风机组原理图。

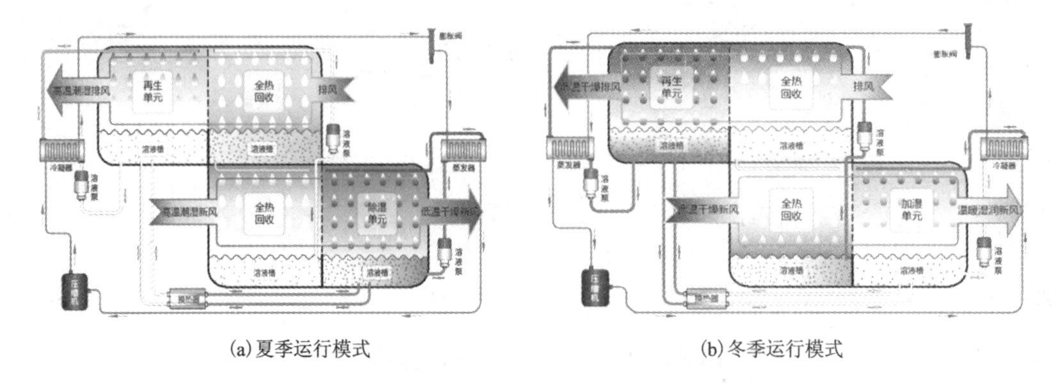

(a)夏季运行模式　　　　(b)冬季运行模式

图 4-6　热泵式热回收溶液调湿新风机组原理图

热泵式热回收型溶液调湿新风机组采用溶液除湿，即通过溶液向空气吸收或释放水分，实现对空气湿度的调节。夏季，高温潮湿的新风在全热回收单元中与低温盐溶液进行热湿交换，由于盐溶液吸湿能力强，新风被初步降温除湿，然后进入除湿单元中进一步降温、除湿，达到送风状态点后送入室内。调湿溶液吸收水蒸气后，浓度变稀，稀溶液被加热后进入再生单元进行浓缩，依此反复循环。热泵的蒸发器侧制冷量用于降低溶液温度以提高除湿能力和对新风降温效率，冷凝器侧排热则被用于加热溶液，再使其进入再生器实现再生，因此其能源利用效率很高。冬季也可通过四通阀改变制冷剂循环方向，实现加热加湿。

热泵式溶液调湿新风机组能够充分利用热泵机组产生的冷量和热量，利用溶液吸湿性能，可承担全部潜热负荷，提高了机组蒸发温度，从而提高了 COP 值，所以能源利用效率高；同时也可以利用溶液全热回收装置回收排风能量。此外，它无需再热，避免了常规空调既需冷却又需再热所造成的能源浪费。

李舒宏等[7]研制的全铝制板翅式换热器，这种换热器结构紧凑，传热效果较好，在回收能量的同时还可以改善室内空气品质。此外，研究人员做了大量的工作，研制了很多有效的新型能量回收装置，此处不再一一赘述。

4.3　空调水系统的节能设计

水冷式空调水系统包括冷冻水系统、冷凝水系统和冷却水(或热水)系统，风冷式中央空调系统则只有冷冻水系统(或热水系统)、冷凝水系统。空调水系统的能耗一般都集中在冷水机组、冷冻水泵、冷却水泵等部件中，因此，可以想办法在这些耗能方面进行节能设计。

4.3.1　空调水系统节能设计的重要性

整个中央空调系统的冷、热能输送都是依靠空调水系统来进行的。只要有用户，无论空调负荷多大或多小，都必须开启输送系统，因此，为水系统提供动能的水泵是空调系统中运行时间最长的设备。与整个空调系统的配电功率相比，虽然水泵配电功率所占比例不大，但由于运行时间长，导致它的耗电量在系统总的耗电量中的占比并不小，同时，水系统还需要较大的管路和设备，且需要消耗较大的水泵能量，所以，空调水系统的正确设计及其所采取的节能措施极其重要。

空调水系统按照与大气连通情况，可分为开式水系统、闭式水系统；按照系统水管布置形式，也可以分为两管制系统、四管制系统；按照循环动力的提供情况，可以分为一级泵水系统、二级泵水系统、多级泵水系统；按照回路布置情况，可以分为同程与异程管路系统；按照流量情况可以分为定流量和变流量系统。可见，水系统的形式很多，每一种都有自己的特点、使用条件和适用场合，在实际设计中应该合理确定水系统形式。例如，如果空调负荷只受季节性影响，可以采用两管制供水就能满足一般舒适性空调系统的使用要求，而没有必要采用四管制水系统，这样就可以节省初投资和运行费。

4.3.2 空调水系统节能设计的原则

为了节能，空调冷、热水系统的设计应遵循下列原则[8]：

(1)除采用直接蒸发冷却器的系统外，一般应采用闭式循环水系统，当必须采用开式系统时，应当在合适位置设置蓄水箱，防止能量损失；

(2)只要求按季节进行供冷和供热转换的空气调节系统，应采用两管制水系统；

(3)当建筑物内需全年供冷水的空调分区和需定期交替供冷、热水的分区同时存在时，宜采用分区两管制水系统；

(4)全年运行过程中，供冷和供热工况频繁交替转换或需同时供冷或热水的空气调节系统，宜采用四管制水系统；

(5)一次泵系统适用于系统较小或各环路负荷特性或压力损失相差不大的场合，一次泵可采用变速调节方式来实现节能；

(6)二次泵系统适用于系统较大、阻力较高、各环路负荷特性或压力损失相差悬殊的场合，二次泵也宜根据流量需求的变化采用变速变流量调节方式来实现节能；

(7)在技术可靠、经济合理的前提下宜尽量加大冷水供、回水温差。一般来说，冷水机组的冷水供、回水设计温差不应小于5℃。

(8)冷水循环水泵和热水循环水泵宜分别设置。

(9)空调水循环泵台数应符合下列要求：

定流量运行的一次泵，其台数和流量应与冷水机组的台数及流量相对应，并宜与冷水机组一对一连接；变流量运行的每个分区的各级水泵不宜少于2台。当所有的同级水泵均采用变速调节方式时，台数不宜过多；空调热水泵台数不宜少于2台。

(10)水系统的输送能效比

空气调节冷热水系统的输送能效比(ER)应按式(4－34)计算，且不应大于表4－6中的规定值[8]。

$$ER = 0.002342H/(\Delta T\eta) \tag{4-34}$$

式中：H——水泵设计扬程，m；

ΔT——供回水温差，℃；

η——水泵在设计工作点的效率，%。

表4-6 空气调节冷热水系统的最大输送能效比(*ER*)

管道类型	两管制热水管道			四管制热水管道	空调冷水管道
	严寒地区	寒冷地区/夏热冬冷地区	夏热冬暖地区		
ER	0.00577	0.00433	0.00865	0.00673	0.0241

从以上要求来看，空调水系统应该尽量不采用开式系统，因为开式系统会要求过大的水泵扬程，耗费较多的能量。此外，对水系统循环泵台数的选择也很重要，尤其是二次泵系统要配以相应的自动控制系统才能最大限度地发挥其节能优势。

4.3.3 图书馆空调水系统节能设计要点

空调水系统的节能设计方法包括合理确定空调水系统形式、合理划分空调水系统以及采取相应的节能措施。

首先，应该正确地选择空调水系统。例如，在空调负荷明显地只受季节性影响的、有舒适性要求的空调区域中，采用两管制供水就能满足使用要求，没有必要采用四管制水系统，这样可以减少初投资。又如，各环路的负荷特性或压力损失相差悬殊，某些服务对象比较分散，水系统较大，若采用定流量一次泵，水泵的扬程就要按最不利环路进行配置，对于压力损失小的环路，就要采用阀门把多余的压头消耗掉，这样既造成了水泵扬程的浪费，同时又使得这部分浪费的电能转变成为热量，抵消了空调冷水中的一部分冷量。因此，空调水系统的合理选择非常重要。

其次，应对中央空调水系统进行合理的分区。通常有两种分区方式，即根据系统所承担的负荷特性来分区和根据系统所承担的压力来分区。对于超高层建筑，空调水系统应划分高低区，采用板式换热器来避免水系统承压过高，可以减少后期维修次数。实践证明，空调水系统的合理分区会影响到使用的方便性、安全性以及经济性。需要注意的是，若空调设备、管道及附件等的承压能力在允许范围内，则不用进行分区，以免造成能源浪费。

为了确保空调水系统节能，应该从以下几方面来进行：

(1)建筑内外区空调系统节能

单层面积大的图书馆建筑，根据得热的特点，一般存在外区和内区，有可能同时需要分别供冷和供暖的情况，常规的两管制无法同时满足以上要求，此时可以采用分区两管制系统，见图4-7[1]。该系统用户采用两管制，通过阀门切换可以方便地提供冷水或热水，这样就可以在同一时刻分别对不同区域用户进行供冷和供热。这种系统管道占用空间少，初投资比四管制系统低。

(2)一次泵系统节能

一次泵系统管路比较简单，初投资也低。对于中小型图书馆空调工程而言，各环路负荷特性或压力损失相差不大，非常适合采用一级泵系统。在一次泵系统中，为了保证制冷机蒸发器的流量，一般都采用定转速循环泵。随着制冷机运行技术的改进和控制技术的发展，通过冷水机组的水量已经允许在较大范围内进行调节，因此可以采用一次泵变流量调节方式来实现节能。图4-8是一级泵变流量系统的原理图[4]。

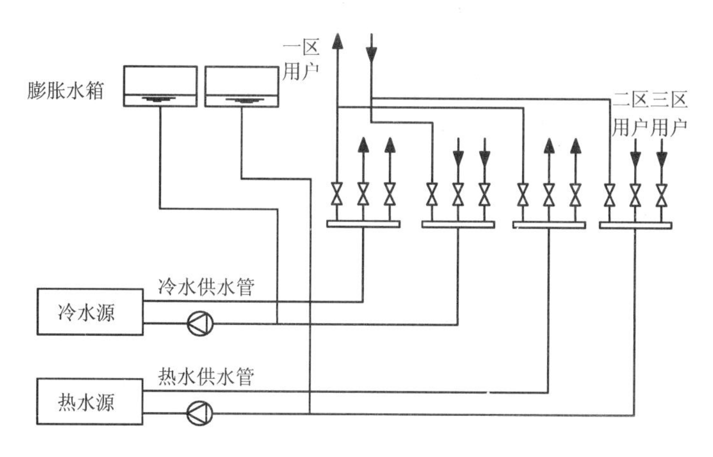

图4-7 分区两管制水系统图

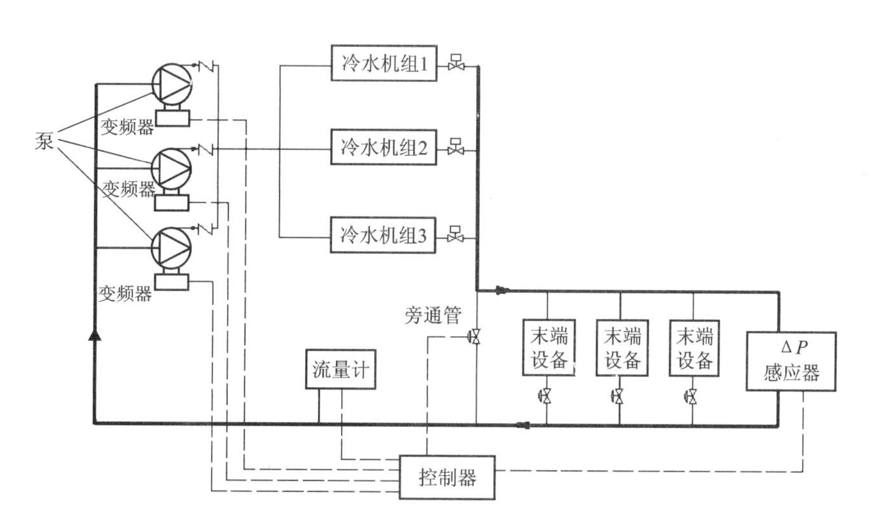

图4-8 一级泵变流量系统的原理图

一次泵定流量系统中，可使泵与机组一一对应。一次泵在定流量的工况下运行，功率保持不变，与末端的负荷无关。而一级泵变流量系统采用可变流量冷水机组，使蒸发器侧流量随流量变化而变化。当末端的负荷变化时，一次泵采取变频运行，使水泵的功率减小，具有较好的节能效果，有压差旁通控制法和两通阀前后压差旁通控制法两种控制方法来实现变频。此外，一次泵变流量系统采用多机对多泵取代传统系统的一机一泵系统，同时在旁通管上加电动阀，可防止高低温水的混合，并实现冷冻水全程变流量。但这种系统对冷水机机组允许的最小流量的要求比一般冷水机机组的要求高，且不能调节水泵的流量，设计者应当重视它。

(3)二次泵系统节能

当系统较大且各环路负荷特性相差较大，阻力较高，且各回路压力损失相差悬殊时，应采用二次泵供水方式(图4-9)[4]。二级泵是指在冷源侧和负荷侧分别配置循环泵的系统，二次泵系统通过改变循环水量来实现对系统负荷的调节，是一种变流量系统，一般通过台数调节方式和用变频调速水泵调节转速方式来实现变流量。这种系统中的一次水泵直接与制冷机组串联，一般采用定流量设计，这样可以满足制冷主机规定流量的要求；而二次水泵的流量与扬程则可根据不同环路负荷特性进行配置，以避免水泵扬程浪费。一次泵回路设有旁通管路，因此能够保持制冷主机流量恒定而不受二次泵流量变化的影响。二次泵环路可以方便地实现变流量控制和自由启停，非常适应各个环路的负荷变化，也可以使负荷侧的流量调节范围更大。

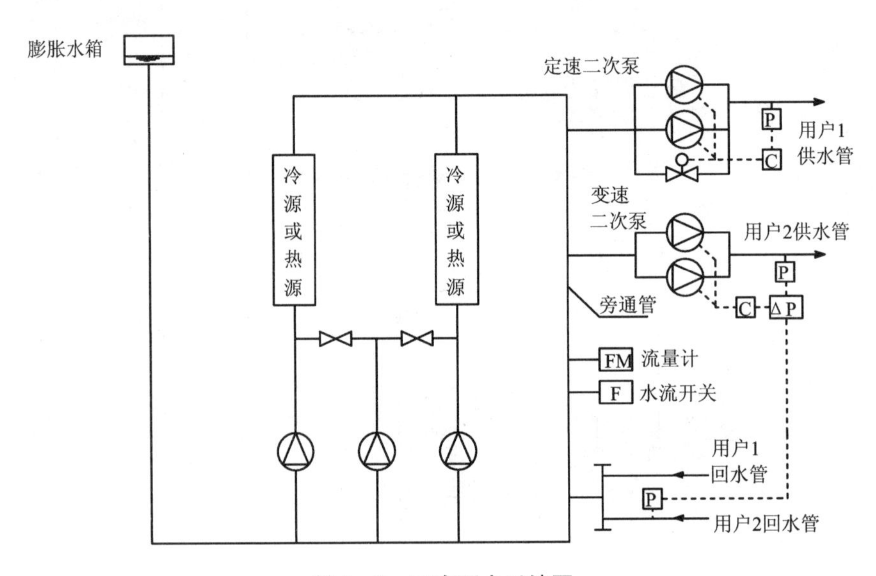

图 4-9　二次泵水系统图

(4)图书馆水系统的合理划分

图书馆空调水系统应该根据房间的分布、使用特点、使用性质进行合理划分，一般常采用以下几种划分方法：

①按图书馆各空调房间的使用功能划分；

②按图书馆各空调房间的分布特点划分；

③按图书馆空调房间的负荷特性划分。如前述的内、外区在冬季的负荷特性完全不同，按内、外区或南、北朝向来划分空调水区域，有利于获得满意的舒适度，避免冬季有些区域过热，而导致能源浪费的现象；

④按建筑的高低进行分区。

4.3.4　图书馆空调水系统的节能措施

空调水系统节能措施一般与机组冷热源及其附属设备的配置、性能有着密切的关系，在实际设计中应该具体问题具体分析。

1. 空调水系统管网的节能

空调水系统管网的设计、施工是空调节能措施的重要环节，最重要的是要保证水系统管道的循环通畅，做好水系统水力平衡的设计工作，减少管道压力损失。因此，应当在管网施工前先做好管线综合排布工作，并在系统最高点设置排气阀，减少管网中空气的存在。

2. 水泵的变频控制

随着水泵技术的发展，水泵变频技术已普遍被采用。水泵变频主要是通过改变电源频率来调节水泵转速，从而改变水泵流量，降低轴功率，达到节能效果的。两级泵系统的二次泵变频控制大多采用压差控制方法，常用的有两种，如图4－9所示。第一种方法是在二次泵的出口管道和回水总管上设置压力传感器，以控制恒定压差，调节循环水量。第二种方法是在最不利环路的支干管上的供回水管道上设置压力传感器，控制最不利环路的压差，这可以保证整个系统的正常使用。一般来说，推荐采用在最不利环路的支干管的供回水管道上设置压差感应器的方法，以实现二次泵的变速控制，这样可以获得更好的节能效果。

从实际应用效果来看，一次泵变流量系统的节能效果非常明显，一次泵变流量系统的运行费用比二次泵变流量系统节约6%～12%，比一次泵定流量系统节约20%～30%[2]。

3. 冷热水泵的选择

在夏热冬冷地区，由于空调热负荷和冬夏供水温差相差较大，热负荷通常只有冷负荷的55%～70%，夏季冷水供回水温差通常为5℃，而冬季空调采暖热水供回水温差通常为10℃以上。因此，在两管制系统中，冬夏水泵运行的流量就会相差很大。从节能的角度考虑，当冷热水流量相差50%以上时，冷水泵和热水泵应分设，否则将造成水泵流量和扬程严重过剩，使系统在小温差、大流量的工况下运行，而且水泵在低效率区工作，会造成能源的浪费。

对于图书馆小型工程的两管制系统，如果水泵冬季运行时处于高效运行区域，可以用冷水泵兼作热水泵使用。对于大中型图书馆工程中，由于冷水循环泵和热水循环泵在水流量和扬程上的要求相差很大，冷水泵和热水泵一般应分别设置。

4. 冷却水系统的节能

空调系统的冷水机组通常采用水冷式冷凝器，这就需要使用到冷却塔。由于冷却塔一般都是设置在屋顶以有利于节能，而要实现冷却水系统的节能，关键是要防止开式系统造成系统的扬程损失，包括静压和动压水头损失。因此，宜将冷却水泵置于屋面靠近冷却塔的地方，并正确计算水泵扬程，才能达到降低水泵扬程和节能的效果，达到“大流量低扬程”的目的。否则，可能造成“大流量高扬程”的后果，而导致不必要的能量损失。此外，冷却塔应布置在空气流通、环境清洁、远离高温的地方，以确保其冷却效率。

多台冷却塔并联安装时，各冷却塔进水与出水管路布置应力求并联管路阻力平衡，才能确保多台冷却塔流量分配与水位的平衡。同时，各塔的底盘之间应安装平衡管，并加大出水管共用管段的管径，使连通管管径比总回水管管径大上一号，并使各冷却塔的水位控制在同一高度。

应设置自动控制系统对出水温度进行调节，通过冷却塔风机的运行来控制冷却塔出水温度。当出水温度在控制温度以上时，应增加冷却塔风机的运行台数，或将低速运行的风机调整为高速运行，以加强系统换热效果。冷却塔出水温度过低时，应关闭冷却塔运行的风机，或将高速运行的风机调整为低速运行以达到节能效果。

5. 空调冷冻水系统的节能

采用大温差、小流量系统虽然会增加空调末端设备的投资，但可以减小冷水管道管径、冷水泵的负荷，从而降低管道系统费用及设备投资，相对于标准工况系统，两者的初投资大致持平，而在运行过程中可以节省不少的运行费用。如某一实际工程，冷水温差由5.56℃增至10℃时，由于水量的减少，初投资成本减少了25%左右[9]。

应该指出的是，冷冻水系统“大温差”运行虽然能够带来显著的节能效果，却也会使得冷水机组的单位制冷量能耗增加，这就需要设计人员综合考虑大温差设计的利弊了。一般来说，要使系统在大温差运行时具有显著的节能效果，必须对表冷器和风机盘管采取一定的措施，以应对大温差运行带来的不利影响[10]。

6. 一次泵变流量系统的节能

对于冷冻水系统而言，其变流量控制方法主要有定压差控制法、温差控制法、流量控制法三种。目前冷水机组已经具有在一定范围内变流量运行并保持稳定的出水温度的功能，这是旧机组所不具备的。冷水机组的蒸发器侧流量随用户侧流量的变化而变化，以适应负荷变化的需要，此时可以保持冷水机组的供回水温度不变，而冷水泵通过变频来减少能耗。一次泵变流量系统与其他空调水系统方案相比，水泵能耗较小。但是，它控制系统复杂，增加了投资。一次泵变流量系统要求冷水机组蒸发器侧要具备较宽的流量范围，一般来说，离心机为30% ~130%，螺杆机为40% ~120%，流量的下限以小于50%额定流量为宜；当用户侧的流量超出冷水机组变流量范围时，可以采用旁通调节控制，以保证蒸发器内的水流量不低于冷水机组的最低水流量。

对于常年有冷负荷的建筑，可以利用冬季室外气温低、冷却水温度也低的条件，向室内提供冷却水，通过把冷水机组的冷却水和冷水管道接到板式换热器上，实现简单的转换，即可达到“免费供冷”的目标。

7. 环保型综合水处理剂的采用

传统水处理剂含铬、磷、氯、锌等元素，对环境会造成比较严重的污染。而环保型水处理剂在水中会缓慢溶解，有除垢、防腐作用。随着空调冷冻水系统和冷却水系统使用时间的延长，水会不断挥发，这就使得水中杂质增多，pH升高，使传热管被腐蚀和产生污垢，从而增加系统的耗电量。而使用环保型水处理剂可以除垢和防腐，从而保证空调系统高效运行，延长机组使用寿命，实现系统节能[11]。

4.4 空调系统其他节能方法

除了上述空调系统的节能方法外，通过节能设计，还可以实现对以下几种常用的空调系统的节能。

4.4.1　风机盘管加新风系统节能设计

风机盘管加新风系统广泛应用于旅馆、公寓、医院、办公楼等建筑中，是一种常见的空调系统。

1. 风机盘管加新风系统的特点

风机盘管加新风系统噪声小，适用于旅馆、医院病房、办公室等要求噪声低的场合。该系统单台控制非常方便，除有三挡风速控制外，还可以通过在每个末端安装自动控制温度调节器，灵活地调节房间的温度，实现节能目标。

风机盘管机组的安装占用的空间小、安装方便灵活，既可暗装，也可明装；经新风机组处理的新风，既可直接送入房间，也可接入风机盘管的回风箱。

2. 风机盘管加新风系统的节能措施

(1)降低风机盘管系统的水系统电耗

风机盘管系统的水系统的输配用电在夏季约占总动力用电的 12% ~24%。因此，降低空调系统的输配用电是风机盘管系统节能的一个重要途径[12]。一是减小流量。通过采用大温差系统，可以减小输送过程的能耗和管路尺寸，从而降低管道系统的初投资。但过大的温差也会使冷水机组的性能系数降低和能耗增加，因此，要综合考虑系统能耗、经济性等因素来确定合理的温差。二是采用经济流速来控制系统阻力。控制合适的输送半径和规模，并在干管中采用低流速，这有利于维持系统水力工况的稳定。

(2)降低风机和水泵能耗

选用效率高、部分负荷调节特性好的动力设备来提高风机、水泵效率。风机和水泵的运行工况会受到管路系统的阻力特性的影响，因此，应注意研究管路的阻力特性及阻力变化情况，发挥好设备性能。

做好风机盘管系统的运行管理工作，使风机盘管空调系统高效、安全、可靠地运行，也可节省相当一部分运行费用。

(3)其他措施

此外，机组供回水管、冷凝水管等均应保温，防止产生凝结水。凝结水盘排水应畅通。通向机组的供水支管上宜安装过滤网，防止堵塞。风机盘管的空气侧宜设空气过滤器，并定期清洗，以保证空气品质。

4.4.2　温湿度独立控制系统节能设计

1. 系统特点

传统的空调方式均通过空气冷却器同时对空气进行冷却降温和冷凝除湿，使其达到低温干燥的送风状态，实现排热除湿的目的。这种热湿耦合处理的空调方式存在如下问题：

(1)低蒸发温度的能耗

排除余湿要求冷源温度低于室内空气的露点温度，而排除余热仅要求冷源温度低于室温。占总负荷一半以上的显热负荷本可以采用高温冷源带走，却要与除湿共用 7℃的低温冷源来进行处理，这就造成了能量利用品位上的浪费。

(2)再热能耗

经过冷凝除湿后的空气虽然满足湿度要求，但温度过低，有时甚至还需要再热，造成了能源的进一步浪费。

(3)不能准确控制温湿度

空气处理的显热、潜热量难以与室内热湿比的变化相匹配。通过冷却方式对空气进行冷却和除湿，其吸收的显热与潜热比只能在一定的范围内变化，而建筑物实际需要的热湿比却在较大的范围内变化。当不能同时满足温度和湿度的要求时，一般是优先满足温度控制要求，这就造成了室内相对湿度过高或过低的现象，而实际上湿度的控制也是很重要的。

温湿度独立控制克服了上述不足，它利用新风来承担室内的余湿，而利用末端来承担室内余热，利用双冷源系统来克服蒸发温度低的问题，有效地提高了机组的能效比。

2. 温湿度独立调节空调系统的组成

温湿度独立控制空调系统由两大部分组成，第一部分即显热处理部分，由高温冷源、余热消除末端装置组成；第二部分即潜热(湿度)处理部分，由处理潜热(湿度)的新风处理机组、送风末端装置及低温冷源组成。空调系统承担着排除室内余热、余湿、CO_2与异味的任务。由于排除室内余湿与去除 CO_2、异味所需要的新风量一致，所以可以通过新风来承担排除余湿、CO_2与异味的任务，而排除室内余热的任务则通过独立的温度控制方式来实现，因而只需有高温冷源即可排除余热。温湿度独立控制空调系统中，采用温度、湿度二套独立的控制系统，分别控制室内的温度与湿度，从而避免了常规空调系统中热湿耦合处理所带来的能量损失，同时可以满足不同房间热湿比不同的要求，克服了常规空调系统中难以同时满足温、湿度参数的不足，避免出现室内湿度过高(或过低)的现象。

温湿度独立控制空调系统是近年来兴起的一种空调系统，它与常规空调系统相比较，有许多差别，如表4-7所示[13]。

从表4-7可以看出，温湿度独立控制系统的冷源温度比常规系统的要高，因此可以利用天然冷源来冷却空气，如深井水或土壤源冷源。同时，蒸发温度的提高也改善了系统的性能，研究表明，当蒸发温度每提高1℃，机组COP值将提高4%左右，这就使得温湿度独立控制系统有了很大的节能潜力。

3. 温湿度独立控制系统节能设计

(1)高温冷源节能设计

将处理显热的系统设计成高温系统，冷冻水温度可由常规的7℃提高到18℃。此温度的冷水为天然冷源的使用提供了更多可能性，如地下水、土壤源换热器制取的冷水等。即使没有地下水等自然冷源可供利用，也可通过机械制冷方式制备出18℃冷水，由于供水温度的提高，系统冷水机组也能节约不少能源。因此，设计高温冷水机组是其一项关键的节能措施。

表4-7　温湿度独立控制空调系统与常规空调系统设计方法比较

	常规空调系统	温湿度独立控制系统
设计参数	根据设计标准确定室内、室外空气计算参数和新风量	根据设计标准确定室内外空气计算参数和新风量
负荷计算	计算室内的逐时全热负荷，一般显热负荷与潜热负荷不作区分	分别计算室内显热负荷、湿负荷
新风送风状态点	送风点一般是室内空气等焓点（或等含湿量点），高于（或等于）室内含湿量，根据送风点确定新风处理的显热负荷和湿负荷	新风承担室内湿负荷，由湿负荷和新风量确定送风点，比室内设定含湿量低，根据送风点确定新风处理的显热负荷和湿负荷
冷热源容量	根据室内全热负荷和新风总负荷确定	根据室内显热负荷确定
冷热源形式	冷源：冷水机组（7℃）	冷源：冷水机组（18℃）
	热源：锅炉或集中供热	热源：锅炉或集中供热
	一体化：热泵	一体化：热泵
新风处理形式	普通的新风机组通过表冷器利用冷冻方式对新风除湿，根据情况选择另外的加湿及回收等设备，根据新风量选择合适的机组容量	溶液调湿新风机组，利用溶液的吸湿特性处理空气，具备对空气进行除湿、加湿、全热回收等多种功能，根据新风量选择合适的机组容量
空调末端	湿式风机盘管	干式风盘或辐射板

（2）新风的除湿处理设计

新风的除湿处理可采用溶液除湿、转轮除湿、太阳能除湿等多种方式。转轮的除湿过程近似于等焓过程，除湿后的空气温度显著升高，需要进一步通过高温冷源（18℃）将其进行冷却降温。如果没有余热利用，转轮除湿考虑再生能耗，则其能耗比冷凝除湿方式要高得多，是一种不经济的技术方案。

溶液除湿新风机组以吸湿溶液为介质，可采用热泵（电）或者热能作为其驱动能源。热泵驱动的溶液除湿新风机组，热泵的蒸发器对除湿浓溶液进行冷却，增强溶液除湿能力并吸收除湿过程中释放的潜热，因此在夏季可实现对新风的降温除湿处理，热泵冷凝器的排热量用于溶液的浓缩再生。冬季通过运行模式转换，可以实现对新风的加热加湿处理。

对于各种新风除湿方式的能耗，有研究[14]表明：高温冷水机组+预冷型双温冷源新风机组、高温冷水机组+热回收型双温冷源新风机组、高温冷水机组+预冷型溶液除湿新风机组、高温冷水机组+热回收型溶液除湿新风机组这四种机组与传统除湿新风机组相比，高温冷水机组+预冷型溶液除湿新风机组的节能潜力最大。

（3）室内末端装置设计

采用较高温度的冷源通过辐射、对流等多种方式来去除室内余热，如末端装置可以采用辐射板、干式风机盘管等形式。由于冷水的供水温度高于室内空气的露点温度，因而不存在结露的危险。当室内设定温度为25℃时，采用屋顶或垂直表面辐射方式，即使平均冷水温度为20℃，单位面积冷辐射仍可排除显热40 W/m^2，已基本可满足排除围护结构和室内设备发热量的要求。此外，还可以采用干式风机盘管排除显热的设计形式，由于不存在凝结水问题，可降低风机盘管成本和安装费用。在温湿度独立控制空调系统中，由于干式风机盘管仅用于排除室内余热，新风机组只需承担新风潜热负荷和室内湿负荷，因而送风量一般小于常规变风量系统的风量，节能效果较好。应当注意的是，虽然干式风机盘管与室内的换热温差仅为湿式风机盘管的一半，但小的换热温差会影响到干式风机盘管的换热能力，因此，要准确选择风机盘管型号。

4.4.3 辐射空调系统节能设计

1. 辐射供冷（暖）

辐射供冷（暖）是指降低（升高）围护结构内表面中一个或多个表面的温度，形成冷（热）辐射面，依靠辐射面与人体、家具及围护结构其余表面的辐射热交换进行供冷（暖）的空调方式。在辐射供冷（暖）系统中，一般来说，辐射换热量占总热交换量的50%以上，室内作用温度比常规空调系统的要低。辐射供冷有节能、舒适性强等优点，对环境的密封性要求不高。

2. 辐射空调系统的组成

一般来说，辐射空调系统由辐射供冷供热末端系统、冷热源和独立除湿新风系统等部分组成。空调冷热源可以是普通的冷热水机组，还可以是高效率、低污染的可再生能源冷热源系统，如利用地热、地（下）表水等可再生能源的冷热源系统。辐射供冷空调一般仅承担室内显热负荷，因此需要设置独立除湿新风系统来进行除湿，一般可采用直接膨胀蒸发式制冷机组为独立新风系统提供冷源。

3. 辐射空调末端的形式

辐射空调系统的辐射末端主要有毛细管辐射吊顶、辐射地板、毛细管辐射板和微孔辐射板等四种形式。

（1）毛细管辐射吊顶

这种形式一般是在室内敷设多个U形回路，以增强换热能力。在吊顶铺设时，应使用热阻较小的合金扣板，毛细管铺设于吊顶上表面时，应将毛细管与铝扣板均匀地紧密粘牢，以减小毛细管和铝扣板之间的空气热阻，来增强其辐射性能。

（2）辐射地板

地板辐射是以温度不高于60℃的热水为热源，在埋设于地板下的盘管内循环流动，加热地板，通过地面均匀地向室内辐射散热的一种供暖方式。由于热量是从下往上散发，能给人以头凉脚暖的舒适感。地板辐射采暖也可以利用余热、太阳能、地热的等廉价热源，与其他方式相比，更节能。

（3）毛细管辐射板

较为典型的毛细管辐射板产品是采用内径为2 mm的胶连聚乙烯或聚丙烯塑料管，以10 ~30 mm的中心距排列组成网栅，将液体输送出去和收集回来，不断循环进行传热。网栅中的液体流速在0.05 ~0.2 m/s之间。应当注意的是，要使毛细管的铺设面积最大化，以加大传热面积，从而降低传热温差，提高供回水温度，以便有利于系统节能，降低结露的可能性。

（4）微孔板辐射空调

微孔板辐射空调利用了孔板送风的特点，由于微孔比较细小，所以辐射传热的比例进一步扩大，达到了辐射空调的效果。当微孔孔径在3 mm左右时，辐射传热可达60%以上。室内的余湿靠新风系统来承担。这种系统相对于前面三者来说，初投资最小，舒适性很好。

4. 辐射空调系统的优点

(1)舒适性好

在辐射传热和对流传热的共同作用下，提高了人体的舒适性。

(2)清洁卫生

运行时没有噪声和设备表面的积灰等问题，符合人体健康和卫生要求。

(3)高效节能

在同样舒适条件下，能使室内空气温度提高2～3℃，从而减少房间冷损失；当可以使用较高的冷水温度(一般来说可以高达17～18℃)，相对于7℃冷水而言，制冷机组的COP值会大大提高，因而，比传统空调系统节能28%～40%，还降低了冷水输送过程的冷损失。

(4)维护费用低

一般金属暖气片或散热器每年需要维修保养，大约15～20年要更换一次，而辐射板维护费大大降低。

5. 辐射供冷的节能设计

辐射供冷系统室内设计温度一般为28℃，比传统空调室内设计温度高2℃以上。辐射供冷不能去除室内的潜热量，因此要利用独立新风系统，如辐射供冷系统与天花板微孔顶送风相结合，能够有效节能。采取辐射供冷系统时，应特别注意除湿问题，否则使用效果将受到很大的限制。

4.5 设备与管道保温设计

空调系统的管道是系统向末端输送制冷和供热介质的通道，冷热源是空调系统中最重要的设备之一。对于冷热源来说，一方面是对其采取节能措施，如利用自然能源和废热等，另一方面就是对设备的保温。对于管道，由于保温可以减少冷量或热量在输送途中的损失，因此保温设计更是重中之重。本节重点阐述设备和管道的保温设计。

4.5.1 设备与管道的保温要求

1. 要求保温的场合

为了减少设备、管道及其附件热(冷)损失，在下列情况下设备或管道应采取保温措施。

(1)不保温则冷(热)损耗率大，且不经济时，应进行保温；

(2)温度高于60℃且敷设在容易使人烫伤的部位，应进行保温；

(3)供热介质温度高于50℃的室外管道及附件应进行保温；

(4)输送低温介质的管道或设备表面有可能结露时，应进行保温；

(5)具有被冻结危险的管道或设备的外表面应进行保温；

(6)管道通过的房间或空间要求保温。

2. 材料的保温性能指标

空调系统设备与管道的保冷、保温效果好坏与所选材料的性能有很大关系，保温、保冷材料的基本性能主要有以下几个方面：

(1)热导率。这是绝热材料最关键的性能指标之一，反映了在一定条件下材料传热量大小的特性。

(2)密度。一般来说，绝热材料的热导率随着材料的密度减小而减小。

(3)吸湿率、含水率。这两个指标反映了材料对水分的吸收、释放能力，而材料的含水率对热导率的影响很大。

(4)气孔率。气孔率反映了材料的密实程度。

3. 保温材料的选择

在空调系统管道和设备保温节能工程中，保温材料的作用非常重要。这就要求必须大力发展高效的保温材料，并选择合适的保温材料，从而提高管道和设备的保温效能。具体的，选择保温材料有以下要点：

(1)保温材料的允许使用温度应高于在正常操作情况下管道介质的最高温度；

(2)材料的导热系数要低，在平均温度≤350℃时的导热系数应不大于0.12 W/(m·K)；

(3)材料的密度要低，不应大于300 kg/m^3，但应具有一定的机械强度；

(4)保温材料应是不燃或难燃材料；

(5)保湿材料应不腐蚀金属，易于施工，造价低廉；

(6)一定温度范围内有多种绝热材料可供选择时，优先考虑热导率小、密度小、吸水率低的材料，同时进行综合经济分析来选择。

4.5.2 绝热层厚度计算

绝热层(又叫保温层)厚度的计算，按照国家相关规范要求，一般是采取以控制绝热层表面温度比露点温度高1~2℃的方法来进行计算。由于我国各地气象条件差异很大，仅仅根据上述“露点温度”的方法来计算绝热层厚度不太合理，一般根据不会结露的“允许冷损失量”下的厚度，结合经济厚度进行校核和调整来确定[1]。

对于保温层厚度的计算，则应根据工艺要求和技术经济分析来选择计算公式。《采暖通风与空气调节设计规范》(GB 50019—2003)中规定：对于设备和管道的保冷及保温层厚度，在供冷或冷热共用时，按《设备及管道保冷设计导则》(GB/T 15586—1995)中经济厚度或防止表面凝露保冷厚度的方法计算来确定。

1. 按“经济厚度”的方法计算

按“经济厚度”的方法计算分以下几种类型进行不同的计算[2]。

(1)平面型绝热层经济厚度计算

$$\delta = 1.8975 \times 10^{-3}\sqrt{\frac{P_{\mathrm{E}}\lambda t\left|T_0 - T_{\mathrm{a}}\right|}{P_{\mathrm{T}}S}} - \frac{\lambda}{a_{\mathrm{s}}} \tag{4-35}$$

式中：δ——绝热层厚度，m；

P_E——能量价格，元/10^6kJ；

λ——绝热材料在平均设计温度下的导热系数，可按导热系数式(4－35)计算，W/(m·K)；

t——年运行时间，h；

T_0——管道或设备的外表面温度，当管道为金属材料时可取管内的介质温度，℃；

T_a——环境温度，取管道或设备运行期间的平均气温，℃；

P_T——绝热结构层单位造价，元/m^3；

a_s——绝热层外表面向周围环境的放热系数，W/(m^2·K)；

S——绝热工程投资贷款年分摊率，%；一般在设计使用年限内按复利计算。

$$\lambda = \lambda_0 + A\frac{T_0 + T_s}{2} \tag{4-36}$$

式中：λ_0——绝热材料在 0℃时的导热系数，W/(m·K)；

A——系数，通常由实验得出；

T_s——绝热层外表面温度，℃。

部分绝热材料导热系数方程见表 4－8[2]，表中 T_P 为绝热材料内外表面温度的平均值。

表 4－8　部分绝热材料导热系数方程

序号	绝热材料	导热系数方程	备注
1	岩棉保温毡	$0.35 + 0.00016T_P$	
2	岩棉保温管壳	$0.35 + 0.00014T_P$	
3	玻璃棉板，管壳	$0.31 + 0.00017T_P$	
4	水泥膨胀珍珠岩管壳	$0.058 + 0.00026T_P$	
5	微孔硅酸钙管壳	$0.049 + 0.00015T_P$	
6	硅酸铝纤维毡	$0.042 + 0.0002T_P$	
7	泡沫玻璃	$0.55 + 0.00022T_P$	$T_P > 24$℃
		$0.062 + 0.00011T_P$	$T_P \leqslant 24$℃
8	聚苯乙烯泡塑制品	$0.032 + 0.000093T_P$	
9	硬质聚氨酯泡塑	$0.024 + 0.00014T_P$	保温时
		$0.0253 + 0.00009T_P$	保冷时
10	发泡橡皮塑制品	$0.0338 + 0.000138T_P$	
11	酚醛泡沫（密度 70～100 kg/m^3）	$0.027 + 0.0003T_P$	$T_P = 0 \sim 80$℃

(2)圆筒型绝热层经济厚度计算

绝热层外径 D_1 应满足下列恒等式要求[4]：

$$D_1 \ln\frac{D_1}{D_0} = 3.795 \times 10^{-3}\sqrt{\frac{P_E \lambda t \left| T_0 - T_a \right|}{P_T S}} - \frac{2\lambda}{a_s} \tag{4-37}$$

$$\delta = \frac{D_1 - D_0}{2} \tag{4-38}$$

式中：t——年运行时间，h；

D_0——管道或设备外径，m；

D_1——管道或设备绝热层外径，m。

2. 满足散热损失要求的计算[2]

平面型单层绝热结构热、冷损失计算按公式(4－39)进行：

$$Q = \frac{T_0 - T_a}{\frac{\delta}{\lambda} + \frac{1}{a_s}} \tag{4-39}$$

式中：Q——单位面积绝热层外表面的热、冷量损失，W/m^2。

圆筒型单层绝热结构热、冷损失量按照公式(4－40)计算：

$$Q = \frac{T_0 - T_a}{\frac{D_1}{2\lambda}\ln\frac{D_1}{D_0} + \frac{1}{a_s}} \tag{4-40}$$

$$q = \pi D_1 Q = \frac{T_0 - T_a}{\frac{1}{2\pi\lambda}\ln\frac{D_1}{D_0} + \frac{1}{a_s \pi D_1}}$$

式中：q——每米管道的热、冷损失量，W/m。

平面型单层最大允许热、冷损失下的绝热层厚度按照下式计算：

$$\delta = \lambda\left[\frac{(T_0 - T_a)}{[Q]} - \frac{1}{a_s}\right] \tag{4-41}$$

式中：$[Q]$——每平方米绝热层外表面积为计量单位的最大允许热、冷损失量，W/m^2。

圆筒型单层最大允许热、冷损失下的绝热层厚度计算时，应使其外径满足下列要求：

$$D_1 \ln\frac{D_1}{D_0} = 2\lambda\left[\frac{(T_0 - T_a)}{[Q]} - \frac{1}{a_s}\right] \tag{4-42}$$

当工艺要求用每米管道的热、冷损失量进行计算时，应使其外径满足下列要求：

$$\ln\frac{D_1}{D_0} = 2\lambda\left[\frac{(T_0 - T_a)}{[q]} - \frac{1}{D_1 a_s}\right] \tag{4-43}$$

式中：$[q]$——每米管道长度为计量单位的最大允许热、冷损失量，W/m。

3. 满足介质输送时允许温度降(升)的条件计算

对于矩形管道的温度降(升)可按下式计算，当温度降(升)不满足要求时，需调整绝热材料的厚度。[4]

$$\Delta t = \frac{3.6KEl}{L\rho c}(T_n - T_a) \tag{4-44}$$

式中：Δt——介质通过管道的温度降(升)，正值为温降，负值为温升，℃；

K——绝热管道的管壁和绝热层的传热系数，$W/(m^2 \cdot ℃)$，按照下式计算；

$$K=\frac{1}{\frac{\delta}{\lambda}+\frac{1}{a_s}} \tag{4-45}$$

E——绝热材料外表面周长，m；

l——管道的长度，m；

T_n——通过绝热管道的介质的入口温度，当管道为钢质材料时，可视为管道表面温度 T_0，℃；

L——介质的流量，m^3/h；

ρ——介质的密度，kg/m^3；空气密度一般取 1.2 kg/m^3，水取 1000 kg/m^3；

c——介质的比热，kJ/(kg · ℃)；空气比热一般取 1.013 kJ/(kg · ℃)，水取 4.182 kg/(kg · ℃)。

对于圆形管道的温度降(升)可按下式计算，当温度降(升)不满足要求时，需调整绝热材料的厚度[4]。

$$\Delta t=\frac{3.6ql}{L\rho c} \tag{4-46}$$

式中：q——以每米管道长度为计量单位的热(冷)损失量，W/m。

4. 防保冷层表面结露的保冷层厚度计算

平面型单层防结露绝热层厚度计算按照下式进行：

$$\delta=\frac{B\lambda}{a_s}\cdot\frac{T_s-T_0}{T_a-T_s} \tag{4-47}$$

式中：T_s——绝热层外表面温度，应高于环境露点温度 0.3℃以上，$T_s=T_d+0.3$。T_d为当地气象条件下最热月的露点温度，℃；

B——由于吸湿、老化等原因引起的保冷层厚度增加的修正系数，视材料而定，通常可取 1.05 ~1.30；性能稳定的材料取低值，反之取高值。

圆筒型单层防绝热层外表面结露的绝热层厚度 δ 计算中，应使 D_1满足恒等式。

$$D_1\ln\frac{D_1}{D_0}=\frac{2\lambda}{a_s}\cdot\frac{T_s-T_0}{T_a-T_s} \tag{4-48}$$

$$\delta=B\cdot\frac{D_1-D_0}{2} \tag{4-49}$$

式中：D_1——防结露要求的最小绝热层外径，m。

5. 保冷管道最大允许冷损失量计算

当 $T_a-T_d\leqslant 4.5$ 时：$[Q]=-(T_a-T_d)a_s$

当 $T_a-T_d>4.5$ 时：

$$[Q]=-4.5a_s \tag{4-50}$$

式中：T_a——取当地气象条件下夏季空气调节室外计算干球温度，℃；

T_d——取当地气象条件下最热月的露点温度，℃；

a_s——取 8.141 $W/(m^2\cdot K)$。

6. 绝热层外表面放热系数的计算

绝热层外表面放热系数可按式(4-51)计算：

$$a_s = 1.163 \times (10 + 6\sqrt{W}) \qquad (4-51)$$

式中：W——年平均风速，m/s。

7. 计算的一般规定

计算方法可分为：按“经济厚度”的方法来进行计算、满足散热损失要求进行计算和满足介质输送时允许温降的条件按热平衡方法计算等，以确定保温厚度。

在保冷计算中，为减少冷量损失和防止外表面凝露的保冷工程，应按“经济厚度”的方法来计算保冷厚度，且其表面温度应高于环境空气的露点温度；在计算最外层的表面温度时，为防止外表面凝露，应采用表面温度法来计算保冷层厚度，且其表面温度应高于环境空气的露点温度；如果要求控制冷损失量，应按满足冷损失要求来进行计算，并以热平衡法校核其外表面温度是否高于环境露点温度；以满足介质输送时允许温升的条件，应按热平衡方法来进行计算。

8. 绝热层最小厚度

(1)空气调节风管绝热层的最小热阻

空气调节风管绝热层的最小热阻应符合表4-9的规定[4]。

表4-9　空气调节风管绝热层最小热阻

风管类型	位置	最小热阻/($m^2 \cdot K/W$)
一般空调风管（管内介质温度15~32℃）	室内	0.74
	室外	1.07
低温风管（管内介质温度5℃~常温）	室内	1.08
	室外	1.16

(2)其他绝热材料厚度的确定

空气调节冷、热水管采用的其他材料，如柔性泡沫橡塑、离心玻璃棉等，其绝热层最小厚度都可以通过相关规范查知，在设计过程中要严格遵循。当选用与本标准所列数值相差较大的其他绝热材料，绝热层厚度应按式(4-52)修正。

$$\delta' = \delta \frac{\lambda'}{\lambda} \qquad (4-52)$$

式中：δ'——修正后的经济绝热层厚度，mm；

δ——查表得到的经济绝热层厚度，mm；

λ'——实际选用的绝热材料的导热系数，W/(m·K)；

λ——表中所用绝热材料的导热系数，W/(m·K)。

参考文献

[1] 黄翔. 空调工程[M]. 北京：机械工业出版社，2006.

[2] 陆耀庆. 实用供热空调设计手册[M]. 北京：中国建筑工业出版社，2007.

[3] 赵荣义等. 空气调节[M]. 北京：中国建筑工业出版社，2009.

[4] 徐吉浣，寿炜炜. 公共建筑节能设计指南[M]. 上海：同济大学出版社，2007.

[5] 李强民. 置换通风原理、设计及应用[J]. 暖通空调，2000，30(5)：41－46.

[6] 张吉礼，赵天怡，陈永攀. 大型公建空调系统节能控制研究进展[J]. 建筑热能通风工程，2011，30(3)：1－14.

[7] 李舒宏，张小松，杜凯，蔡亮. 新型排风能量回收装置的分析与研究[J]. 建筑热能通风工程，2005，24(4)：49－51.

[8] GB 50189—2005，公共建筑节能设计标准[S].

[9] 盛强. 中央空调水系统节能分析[J]. 工业，2015(11)：247.

[10] 吴晓艳. 公共建筑空调系统的节能设计与优化管理[D]. 长沙：湖南大学，2006.

[11] 刘涛. 中央空调水系统节能措施探讨[J]. 制冷与空调，2008，22(02)，43－45.

[12] 徐勇. 风机盘管空调系统节能技术的研究[D]. 西安：西安建筑科技大学，2005.

[13] 刘晓华，江亿，张涛. 温湿度独立控制空调系统[M]. 北京：中国建筑工业出版社，2013.

[14] 石刚. 不同形式温湿度独立控制空调系统在华南地区办公建筑节能潜力研究[D]. 广州：华南理工大学，2014.

第5章　图书馆采暖系统节能设计

由于具有四季分明、季间温度变化大的气候特点，多年以来夏热冬冷地区并没有像寒冷地区那样建立城市性的大规模集中供暖系统。在新中国成立初期，由于经济发展水平有限，夏热冬冷地区绝大多数的建筑都未考虑冬季供暖的需求。改革开放以来，我国经济得到快速发展，长江中下游地区成为我国人口最密集、经济发展最快的区域之一。随着人民生活水平明显提高，人们希望热湿环境改善的呼声越来越高，冬季室内采暖问题成为行业和社会的热点。目前，夏热冬冷地区冬季供暖方式多采用一家一户的独立供暖系统，具有开启灵活、运行时间短、升温要求快等特点。常用的形式有空调热泵、暖气片、地板辐射供暖等。相比于集中式的采暖系统，独立供暖系统运行费用较高，使用的场合也受到限制。对于图书馆这种公共场所而言，必须使用中央空调或者集中采暖，因此，在夏热冬冷地区冬季进行供暖时必须考虑系统的节能设计。

5.1　图书馆采暖热负荷

在夏热冬冷地区的图书馆中，由于普遍湿冷难耐，为了确保舒适的阅读环境以及书籍的保存，必须考虑冬季采暖的需要。为了降低初投资，一般来说图书馆不另外设计采暖系统，而是利用中央空调系统进行冬季供暖。在冬季，只要在空调系统中用热水送入末端装置(如风机盘管等)加以运行，便可对图书馆内部供暖。热风采暖具有热惰性小、升温快、设备简单、投资省等优点。在采暖和供冷系统中若用同一套系统采暖和供冷，不但减少了管道与设备的投资，还减少了管道和设备占用的建筑面积和空间，比较适合图书馆等公共建筑的特点。综上所述，准确确定采暖负荷，合理设计图书馆空调系统，可以有效地节省冬季采暖带来的能源消耗。

5.1.1　图书馆采暖热负荷确定的基本原则

采暖热负荷是采暖工程设计中最重要的设计参数，它是决定采暖与供热设备和系统大小的依据。如果采暖负荷估算偏大，往往造成主机容量、水泵配置、末端配置、输送管道都偏大，这不仅大大增加设备初投资，还随之增加了能源消耗和运行费用。因此，在施工图设计阶段，必须进行热负荷逐项逐时计算，准确确定图书馆采暖热负荷，而不得使用估算指标来确定负荷。

5.1.2　图书馆采暖热负荷的计算

1. 图书馆采暖热负荷的计算

图书馆采暖热负荷应按房间得热(含向房间的供热量)与失热的平衡进行计算。主要应考虑以下几项[1]：通过外围护结构的温差传热量、通过外围护结构进入室内的太阳辐射热量、通过外围护结构上的门窗缝隙渗入室内的冷空气耗热量、新风耗热量、图书馆内部人员的发热量、照明与电器设备的发热量、其他散失热量。

一般来说，除高校图书馆之外，其他公共图书馆多在白天或傍晚运行，在该时段内室外温度较高，气象条件比较有利，供热量可以适当小于计算热负荷。若围护结构保温性能较高，按上述各项计算热负荷后，在计算建筑总采暖热负荷时可以适当减少安全余量。

2. 图书馆设计日采暖负荷确定原则

为了提高系统的运行效率，在确定图书馆建筑的设计日采暖负荷时，不能简单地将各项热负荷的最大值叠加起来取其中的最大值，而是需要计算热负荷随时间的变化，并统计设计日 24 h 和季节性用热变化，根据负荷变化曲线选择系统供热量和蓄热设备容量。

3. 热负荷指标

在初步设计阶段，可以按照采暖热负荷指标计算热负荷。采暖设计热负荷概算指标中常见的有体积热负荷指标、面积热负荷指标。体积热指标指的是单位供暖体积的指标；面积热指标是指单位面积的热指标。体积热指标与房间高度相关，更加科学合适些，和围护结构的关系更密切。

(1)体积热指标

建筑物热负荷可按照外轮廓体积热指标 Q_N 估算：

$$Q_N = aq_{Nv}V(t_{np} - t_w) \tag{5-1}$$

式中：a——修正系数，见表 5-1；

q_{Nv}——建筑物供暖体积热指标，W/(m^3·℃)，见表 5-2；

V——体积，m^3；

t_{np}——室内平均计算空气温度，℃；

t_w——室外计算空气温度，℃。

表 5-1　修正系数 *a* 的取值

供暖室外计算温度/℃	a
0	2.05
-5	1.67
-10	1.45
-20	1.29

表 5-2　建筑物供暖体积热指标的取值

建筑名称	体积 V($\times10^3$m^3)	q_{Nv}(W/m^3·℃)	室内平均空气温度/℃
办公楼、图书馆	<5	0.5	18
	5~10	0.44	
	10~15	0.41	
	>15	0.37	

(2)单位面积热指标

建筑的热指标也可根据建筑面积热指标 Q_S进行估算:

$$Q_S = Fq_s \tag{5-2}$$

式中:F——建筑室内供暖面积,m^2;

q_s——建筑物单位面积热指标,W/m^2,见表5-3。

表5-3 各类建筑物的单位面积热指标

建筑名称	单位面积热指标/(W/m^2)
办公楼	58~81
图书馆	46~75
礼堂	116~163

5.2 图书馆采暖的热媒和热源的选择

建筑节能设计标准明确规定,集中采暖系统一般应采用热水作为热媒。以热水为热媒的最大优点,是可以根据室外气象条件的变化调节水温和水流量,做到质与量都能进行控制,从而实现节能的目的[2]。

在热水的制备上,不能采用北方寒冷地区常用的热电联供的方式,这种方式虽然节约了资源,但是其系统复杂,初投资非常大,是一种大型集中式的热媒制备系统。近年来由于雾霾天气的日益严重,以燃煤为主的热电联产系统对环境的影响也越来越受到人们的重视。热源的形式多种多样,一般来说可以采用如下几种方式。

1. 热水炉

小型热水锅炉可以使用燃气作为能源生产热水,对环境的影响较小,是一种可以选择的图书馆制备热水的方法。但是使用热水锅炉需额外添置锅炉设备和相关管道,也会增加机房的用地面积,增加了系统的初投资。

2. 热泵制备热水

南方地区水资源丰富,特别是冬季地表水、地下水温度较高,因此采用热泵制备热水是一种很好的选择,如水源热泵、地源热泵。运用水源、地源热泵最关键的步骤是在设计前要做好水文和地质的勘察工作[3]。

3. 空气源热泵加小型热水炉作为辅热

空气源热泵系统设计简单,运行可靠,但受到室外空气温度的限制。为了发挥空气源热泵系统的优势,同时又能够保证在极端天气里空调的使用效果,可以采用热水炉作为辅热的形式。

4. 空气源热泵加水环热泵系统

该系统从空气中依靠空气源热泵取热，制备热水供水环热泵进行采暖，系统的控制非常灵活，同时在极端天气里，可以适当使用热水锅炉经板式换热作为辅热。

夏热冬冷地区冬季温度在0℃左右，虽然人体感觉较冷，但并没有像寒冷地区出现的极端低温。所以不管采用上述哪种方式作为热源都可以。因此，总的来说，图书馆热负荷比较小，约为冷负荷的55% ~70%。冬季用夏季供冷系统中末端装置的换热面积来采暖，其容量是足够的，因此设计者可以选用较低的热水温度(约为40 ~60℃)进行供暖是比较经济的。除了采用以上系统供热以外，还可以采用太阳能集热系统与热泵系统组合的综合供热形式。

5.3 图书馆采暖末端形式的选择

采暖的末端装置形式多种多样，有送风对流形式、暖气片散热形式以及辐射采暖形式等。其中空调送风是一种最为简便并且无需对管路进行改造的末端形式，也可以与夏天供冷结合起来，不另外增加成本，且其设计方便、初投资小，其计算方法与中央空调系统设计冬季工况计算方法相同，这里不再介绍。

应该指出，利用夏季中央空调系统进行冬季采暖虽然方便简单，但是由于图书馆普遍层高较高，空调出风口一般设在房间顶部，部分空气受热上升形成自然对流，因此，空调送风往往和室内气流流动方向相反，有可能造成热力分层现象，这导致了整个温度场温度上高下低的情况。人所处的高度上温度可能无法达到设计温度，造成室内偏凉的现象。如果增加送风速度，人体在这样的环境中会因风速过大产生吹风感，引起干燥不适。总的来说，采用空调器送风方式的供暖方式舒适性一般。暖气片虽然导热性能较好，节约能源，但多用于小范围、小空间内的供热，难以满足图书馆阅览室等大区域采暖需求。相对而言，辐射采暖可以克服上述不足，是可以优先选择的方法。下面详细介绍辐射采暖形式[3]。

5.3.1 辐射采暖的优点

辐射采暖是控制室内表面达到一定温度进行采暖。这些表面可以是地面、墙面或顶面。如果在这些表面的总传热量中，辐射传热量占50%以上，那么该表面可称为辐射板。目前，欧洲一些国家，不仅在住宅中使用，而且在一些大型公共建筑中也使用辐射采暖。层高2 m以上空间为建筑内的无效供暖区域，在对流供暖方式下，该区域温度有可能比人体停留区域还高，这必然就会增加无效热损失。相比于对流传热，辐射供热能把热量集中在人体身上，避免了因为流场送风的不均匀性而导致的温度场不均匀。由于辐射采暖的特性非常明显，所以，一般而言，辐射供暖可比对流供暖设计温度低2 ~3℃，却能获得同样的舒适环境[3]。

对于一般舒适性采暖而言，辐射板的温度不高，如采用地面辐射供暖系统仅需35 ~50℃的热水，而使用热泵系统冬季冷凝器出水温度也可达30 ~50℃之间，正好满足辐射板特别是地面辐射板系统的热水要求。归纳起来，与一般的对流采暖相比，辐射板采暖具有以下主要优点：

(1)空调区域舒适性好。在辐射传热和对流传热的共同作用下，流场中温度分布较为均匀，人体所在区域不会出现温度不够的现象。

(2)清洁卫生、无噪音。室内无需设置供热管道和散热器，不占用建筑面积，不影响室内装修，运行时没有噪声和设备表面的积灰等问题，符合人体健康和卫生要求。

(3)高效节能。在同样舒适条件下，可以使室内空气设计温度降低2~3℃，从而减少了房间与室外环境的换热量；热媒水的温度较低，也降低了热媒传送过程的热损失。

(4)热源选择范围广。辐射板采暖系统可以利用废热作热源，也可利用太阳能或地热等可再生能源作热源。

(5)维护费用低、使用寿命长。一般金属暖气片或散热器每年需要维修保养，大约15~20年要更换一次，而辐射板由于采用低温热媒，可以采用塑料管输送热媒和散热，预埋在板内的塑料管不腐蚀、不渗透，也不易结垢，因此使用寿命大大延长，30~40年都不一定要更换，因此，维护费用大大降低。

5.3.2 低温辐射供暖形式

常见的低温辐射供暖主要有以下三种形式。

1. 金属吊顶辐射板和金属微孔辐射板

金属吊顶辐射板是将金属铜管焊接在铝制的辐射板上，辐射板与房间的换热主要通过辐射的形式来完成，辐射板与临近空气间有少部分的对流换热存在，是一种应用较为广泛的形式。金属微孔辐射板是在金属板上开有许多微小细孔。用此辐射板与建筑上安装的构件形成静压箱，供热情况下空调将热空气送入静压箱中，少量空气通过微孔进入室内，并在贴近辐射板的地区形成热空气层，其对流换热能力大于空气与辐射板之间的对流换热能力。除少部分热空气外，大部分热空气在静压箱中以辐射形式向房间供热。金属微孔辐射板系统的静压箱除金属微孔辐射板外的其他所有表面，均应采取绝热保温措施，它是一种特殊形式的辐射板，具有供热反应灵敏、便于安装检修、外形美观等优点，缺点是造价较高，可以结合吊顶进行装修，降低成本。其结构见图5-1[4]。

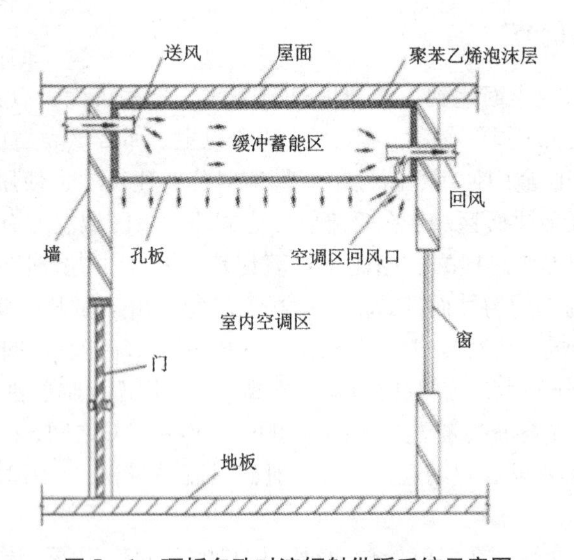

图5-1 顶板多孔对流辐射供暖系统示意图

2. 预埋管辐射板

预埋管辐射板可以分为顶棚埋管、墙体埋管和地面预埋管。其中顶棚埋管和墙体埋管是将蛇形铜管或塑料管埋在混凝土板内，组成一个辐射整体；地面预埋管由混凝土板、绝热层、加热层、填充层、找平层和面层所组成。当楼板与外界环境直接接触时，还必须在绝热层下铺设隔水层。多层、高层建筑中，允许地面按上、下双向散热进行设计时，各楼层间的楼板上可不设置绝热层。采用预埋管辐射系统不占用建筑室内的使用空间，隐蔽性和整体性好，自身承重大且造价相对较低。缺点是由于辐射板厚度较大，预热时间较长，并且需在建筑结构施工浇筑楼板时就要将管埋入，一旦安装就不便修改和移动，如果漏水，维修难度也比较大。

3. 毛细管辐射板

毛细管辐射板是采用内径为 2 mm 的交连聚乙烯或聚丙烯塑料管，以 10 ~ 30 mm 的中心距排列组成网栅，将液体不断循环进行传热的辐射整体。网栅中的液体流速在 0.05 ~ 0.2 m/s之间。毛细管辐射板的主要特点是毛细管网栅辐射表面积比传统盘管大很多倍，只需选用比传统盘管系统中水温低 8 ~ 10℃ 的水，就可达到同样的制热效果，因此，可以有效地节约能源，并且温度响应快；由于毛细管间距小，使房间顶棚或地板等辐射表面的温度更加均匀；网栅的安装厚度也大大降低，仅 6 mm 左右，故占用的空间小；材质柔软可以适用于平板、圆形或任何曲线型的结构体表面敷设。网栅中流动的是较低温度和较低压力的水，故网栅系统阻力非常小，因此，管路不易损坏，易于维护和修理，使用寿命长[4]。其换热效果见表 5 -4 所示。

表 5 -4　毛细管辐射板散热参数

毛细辐射板种类	室内空气温度/℃	换热强度/($W \cdot m^{-2}$)	水温/℃	结构参数
毛细吊顶	26	65 ~ 70	16/18	间距 20 mm，厚度 10 ~ 15 mm
毛细地板	20	85	32/28	间距 30 mm，厚度 8 mm

5.3.3　辐射供暖的热工计算

被加热的辐射板与周围的换热，主要是以辐射和对流两种传热形式与室内的其他表面和空气进行热量交换的，其热交换的综合传热量可以近似等于通过辐射和对流两部分传热量之和。

1. 辐射传热量计算

根据辐射传热理论中的多表面的围护体模型，如果这些表面是灰体，且属于漫反射表面，则其辐射传热量可以按照公式(5 -3)来计算[5]：

$$q_r = J_p - \sum_{j=1}^{n} F_{pj} J_j \tag{5-3}$$

式中：q_r——辐射板表面的净辐射热流量，W/m²；

J_p——离开或达到辐射板表面的总辐射热，W/m²；

J_j——离开或到达室内其他表面的辐射热，W/m²；

F_{pj}——辐射板表面和室内其他表面之间的辐射角系数；

n——辐射板以外的室内其他表面的数量。

式(5-3)中 F_{pj}和 J_j的计算比较复杂，需要用数值计算方法。一般采用 MRT 法来简化计算：即假想一个有限表面，其辐射系数和表面温度能给出与室内空间实际各表面的总辐射相等的辐射传热量。根据此假设，可以得到式(5-4)：

$$q_r = \sigma F_r (T_p^4 - T_r^4) \tag{5-4}$$

式中：σ——斯蒂芬-玻尔兹曼常数，5.67×10^{-8} W/(m²·K⁴)；

F_r——辐射角系数；

T_p——辐射板的有效表面温度，℃；

T_r——其他表面的温度，℃。

其他表面的综合辐射温度可以用辐射系数加权平均法来确定，见式(5-5)。

$$T_r = \frac{\sum_{j=p}^{n} A_j \varepsilon_j T_j}{\sum_{j=p}^{n} A_j \varepsilon_j} \tag{5-5}$$

式中：A_j—— 辐射板以外其他各表面的面积，m²；

ε_j—— 辐射板以外其他各表面的辐射系数。

当各表面的辐射系数相差较小，而且暴露在辐射板以外的各表面都未被加热或冷却，则式(5-5)就变成按面积加权平均温度 T_{area}。需要注意的是，如果地板只有一部分被加热，则地板的未加热部分面积不计入 T_{area}。

两个表面之间的辐射交换系数可按 Hottel 公式计算，即式(5-6)。

$$F_r = \frac{1}{\frac{1}{F_{p-r}} + \left(\frac{1}{\varepsilon_p} - 1\right) + \frac{A_p}{A_r}\left(\frac{1}{\varepsilon_r} - 1\right)} \tag{5-6}$$

式中：F_{p-r}——从辐射板到假想表面的辐射角系数(平辐射板的辐射角系数为 1.0)；

A_p与 A_r分别表示辐射板表面和假想表面的面积；

ε_p和 ε_r分别为相应的辐射板和假想表面的辐射率。

在实际工程中，非金属表面或者带涂料的不反射金属表面的辐射率 ε_p和 ε_r约为 0.9。将其代入式(5-6)，辐射角系数 F_r的值为 0.87，该值可以应用于大多数室内表面。由此值可以得到：

$$\sigma F_r = 4.93 \times 10^{-8}$$

上述值为理论分析值。1956 年 Min 等人通过实验测试与计算得到该常数为 5.03×10^{-8}，因此，ASHRAE 建议辐射板的热辐射量可以按式(5-7)计算[6]。

$$q_r = 5.0 \times 10^{-8} (T_p^4 - T_{area}^4) \tag{5-7}$$

式中：T_p——辐射板的有效表面温度，℃；

T_{area}——所有辐射板以外的室内表面(包括墙体、天花板、地板、窗子、门等非加热表面)按面积加权的平均温度。式(5 -7)是一个通式，在辐射采暖工况下 q_r 的值为正，而辐射供冷工况时为负值。

按式(5 -7)计算得到的辐射换热量 q_r 表示从供暖天花板、地板或墙板放出来的辐射热，为采暖提供的热量，如果是使用冷水，则为空调系统提供的冷量。

2. 自然对流传热量计算

辐射板的自然对流传热量是辐射板表面温度、与辐射板面接触的空气层温度及表面自然对流换热系数的函数。通常认为在离板面 50 ~ 60mm 处为已充分形成边界层。辐射板自然对流传热量可以根据 Min[7] 等人的推导结果来计算(式(5 -8)至式(5 -10))。

热辐射吊顶对室内空气的自然对流传热量：

$$q_c = 0.20 \frac{(t_p - t_a)1.25}{D_e^{0.25}} \tag{5-8}$$

热辐射地板或冷吊顶对室内空气的自然对流传热量：

$$q_c = 2.42 \frac{|t_p - t_a|0.31(t_p - t_a)}{D_e^{0.08}} \tag{5-9}$$

热或冷的墙面辐射板对室内空气的自然对流传热量：

$$q_c = 1.87 \frac{|t_p - t_a|0.32(t_p - t_a)}{H^{0.05}} \tag{5-10}$$

式中：q_c——自然对流传热量，W/m²；

t_p——辐射板表面的平均温度，℃；

t_a——室内空气的干球温度，℃；

D_e——辐射板的当量直径，m；

H——墙体辐射板的高度，m。

研究表明，房间大小对自然对流换热没有明显的影响，因此可以将 $D_e = 4.91$ m 和 $H = 2.7$ m 代入式(5 -8)至式(5 -10)，使其简化为多种类型的热辐射表面与室内空气的自然对流传热量[8]。具体描述如下：

代入式(5 -8)，简化为热辐射吊顶与室内空气的自然对流传热量：

$$q_c = 0.134(t_p - t_a)^{0.25}(t_p - t_a) \tag{5-11}$$

对大型空间中有连接在一起的辐射板，q_c 应乘以 $(16.1/D_e)^{0.25}$。

代入式(5 -9)，简化为热辐射地板与室内空气的自然对流传热量：

$$q_c = 2.13|t_p - t_a|^{0.31}(t_p - t_a) \tag{5-12}$$

代入式(5 -10)，简化为热墙面辐射板与室内空气的自然对流传热量：

$$q_c = 1.78|t_p - t_a|^{0.32}(t_p - t_a) \tag{5-13}$$

3. 综合传热量计算

辐射板表面的综合传热量为辐射传热量 q_r 和自然对流传热量 q_c 之和，可用式(5 -7)和式(5 -11)至式(5 -13)得到。式(5 -7)需要室内空间的非加热表面加权平均温度 T_{area}，一般来说假定内墙的表面温度等于室内空气干球温度。与室外大气相接触的外墙、地板和屋顶的内表面温度可用式(5 -14)计算

$$h(t_a - t_{ns}) = K(t_a - t_w) \tag{5-14}$$

式中：h——外墙或屋顶内表面的自然对流系数，对于水平表面，向上热流 $h=9.26$ W/(m²·K)，对于垂直表面 $h=9.09$ W/(m²·K)，对于水平表面，向下热流 $h=8.29$ W/(m²·K)；

K——外墙、屋顶或地板的总传热系数，W/(m²·K)；

t_a——室内设计干球温度，℃；

t_{ns}——外墙的内表面温度，℃；

t_w——室外设计干球温度，℃。

5.3.4 低温辐射板采暖系统的设计

辐射板空调系统的设计和一般的空气-水系统是相似的。对于辐射板空调系统，室内的热环境主要靠热辐射来维持。对于复合系统，潜热负荷由新风机组来承担，而很大一部分显热负荷由辐射板系统承担。因此，这种系统可以设计为温湿度独立控制系统对室内显热负荷和潜热负荷分别控制，也可以设计成普通的空气-水系统。

在选择末端供热形式时，金属辐射板和金属微孔辐射板供热都可以实现快速响应。它们可以布置在建筑物周边，也可以安装在吊顶上。用水加热辐射板可以连续运行，是设计中优先考虑的方案，而电加热辐射板使用较长时间后，某些部件因过热而容易损坏。更重要的是，采用电能作采暖热源在设计规范中是受限制的，因此，一般不采用电进行辐射采暖。

辐射板采暖系统设计分为以下步骤：首先确定室内设计干球温度，对全面辐射供暖房间温度可比常规对流采暖方式的温度低2~3℃；其次计算各供暖区域的热负荷，并确定辐射板的面积；在此基础上计算出要求的辐射板单位面积的散热量，并确定辐射板的表面温度、求出辐射板需要的输入热量。

5.4 辐射板采暖的节能性分析

采用辐射板供暖不仅在室内热舒适性上具有优势，更有着显著的节能效果。主要可以归结为以下几点：

1. 可以采用较低的冬季室内温度实现节能

据研究，在设计参数上，若冬季室内采暖设计温度每降低1℃，可以节能10%左右。冬季空调室内设计温度一般是18~20℃，而辐射供暖相较于空调送风供热，在舒适性相同的情况下，其室内设计温度可以降至16~18℃，由此可以看出在系统设计上，辐射板供热就可以节能20%~30%。

2. 微孔板辐射空调的送风量大大减少使风系统能耗较低

在实际运行中，如果采用空气静压箱辐射板空调，则风机的出风量可以减小，因为风机将处理的热空气送入静压箱中，静压箱除辐射板外其他表面均为保温结构，热空气的绝大多数传热都传给了辐射板，只要静压箱中热空气温度与辐射板之间的温差保持基本恒定，就可以使辐射量满足室内要求。因此只要控制好静压箱中送风量和已有热空气的比例，就可以尽量减小送风量，从而降低空气处理机组以及风机的消耗。

3. 使用辐射顶板系统采暖围护费用大大降低

采用辐射顶板采暖或空调，由于没有运动的部件，系统围护工作量大大降低。相比于其他采暖形式，不存在结垢和生锈造成的热效率降低的问题，其材料的耐久性也大大提高。

综上述所，夏热冬冷地区图书馆的采暖设计，在地质和水文许可的条件下，采用水源或者地源热泵系统配合辐射板的供热系统可以取得较好的采暖和节能效果。

5.5　微孔辐射顶板采暖的数值模拟和性能分析

微孔辐射顶板是辐射板供暖的一种，对于图书馆来说，辐射顶板相比于地面和墙壁辐射板更具有可行性。辐射顶板配合缓冲静压箱可以满足夏季制冷、冬季供暖的要求。有别于一般的中央空调系统，只要控制送风状态点和热湿比便可基本保证室内温湿度，在设计微孔辐射供暖顶板时，辐射板上的开孔率、孔径等因素对整个供暖效果有着重要的影响。由于顶板辐射系统安装后便难以进行大的硬件调整，故在设计时一般需要对计算的方案进行论证性实验。综合各方面因素，计算机数值模拟实验具有费用低、实验周期短、参数易于改变的优点，因此本节利用 CFD 计算流体力学的方法对图书馆微孔辐射顶板采暖进行模拟分析。

5.5.1　仿真计算的数学模型

任何流体的流动和传热过程都应当遵循最基本的三个物理定律，即能量守恒定律、质量守恒定律以及动量守恒定律。在数值传热学中，这些守恒定律表达式的数学描述我们称为控制方程，它也是 CFD 计算的理论基础。多孔对流辐射空调换热过程也要满足这三个基本控制方程[9]。

1. 质量守恒方程

质量守恒方程又称连续性方程，任何流动问题都必须满足质量守恒定律。据此得出质量守恒方程，对于不可压缩流体在直角坐标下质量守恒方程可以简化为：

$$\frac{\partial u}{\partial x}+\frac{\partial v}{\partial y}+\frac{\partial w}{\partial z}=0 \tag{5-15}$$

式中：u、v、w 分别为 x、y、z 轴方向上的速度，m/s。

2. 动量守恒方程

动量守恒方程又称为运动方程，是任何流动系统都必须满足的基本方程。其含义是指微元体中流动动量的增加率等于外界作用在该微元体上的各种外力之和。因此，该定律实际上是基于牛顿第二定律得到的。据此定律，不可压缩流体的动量守恒方程为：

$$\frac{\partial u}{\partial t}+\mathrm{div}(u\boldsymbol{U})=\mathrm{div}(\nu\,\mathrm{grad}u)-\frac{1}{\rho}\frac{\partial p}{\partial x} \tag{5-16a}$$

$$\frac{\partial v}{\partial t}+\mathrm{div}(v\boldsymbol{U})=\mathrm{div}(\nu\,\mathrm{grad}v)-\frac{1}{\rho}\frac{\partial p}{\partial y} \tag{5-16b}$$

$$\frac{\partial w}{\partial t}+\mathrm{div}(w\boldsymbol{U})=\mathrm{div}(\nu\,\mathrm{grad}w)-\frac{1}{\rho}\frac{\partial p}{\partial z} \tag{5-16c}$$

式中：p——压强，Pa；

$\boldsymbol{U}$——速度矢量，m/s；

t——时间，s；

ν——运动黏度，m^2/s。

上述式(5－16)又称为N－S方程。

3. 能量守恒方程

能量守恒定律是包含有热交换的流动系统必须满足的基本定律。其含义是指微元体中热力学能的增加率等于进入微元体的净热流量体积力与表面力对微元体所做的功。不可压缩流体的能量守恒方程为：

$$\frac{\partial(\rho T)}{\partial t}+\operatorname{div}(\rho \boldsymbol{U} T)=\operatorname{div}\left[\frac{f}{c_{\mathrm{p}}}\operatorname{grad}T\right]+S_{\mathrm{T}} \tag{5-17}$$

式中：c_p——定压比热容；

T——温度；

f——流体的传热系数；

S_T——黏性耗散项。

除了以上的三大基本方程以外，流场还要遵循湍流方程以及相关的组分输运方程，这里不再列举。

5.5.2 几何建模

本节中模型是以夏热冬冷地区某高校图书馆阅览室为原型来进行三维建模的。房间尺寸为3.4 m×2.0 m×3.0 m，孔板以上区域为静压蓄能区域，高度为300 mm；缓冲蓄能区内一侧的墙壁上均匀布置了3个送风口(230 mm×120 mm)，另一侧墙壁上均匀设置了5个回风口(230 mm×120 mm)(包括孔板下部的空调区内设置的两个回风口)。辐射顶板由14块开孔率、孔径相同的辐射孔板及一盏内嵌式日光灯组成。每块孔板的大小为600 mm×600 mm。由于受ICEM网格划分以及电脑运算能力的限制，孔板模型在孔径和孔数量上无法按照实际情况进行模拟，因此对孔板模型进行了简化，如图5－2[4]。

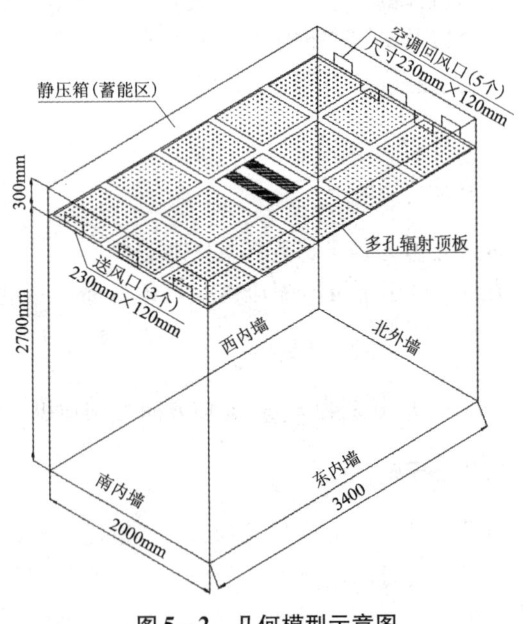

图5－2 几何模型示意图

5.5.3 边界条件

模型边界条件根据多孔对流辐射空调系统的原理及特点来进行相应的设定。送风口采用速度入口，回风口采用自由出流，湍流模型采用标准模型，壁面附近采用标准壁面函数求解，对围护结构壁面均采用无滑移边界条件，壁面用于限定流体和固体区域，选用第一类边界条件作为热边界条件。冬季围护结构具体温度设定如表 5 -5 所示[4]。

表 5 -5　冬季围护结构温度设定

围护结构	北外墙	南内墙	西内墙	东内墙	地板
冬季温度	11℃	13.5℃	12.5℃	14℃	15℃

工况选择在开孔孔径为 1 cm、2 cm、3 cm 以及冬季送风温度在 33℃、35℃、37℃情况下的顶板辐射空调的换热情况。

5.5.4　模拟结果分析

1. 开孔率对多孔对流辐射板的换热影响

如图 5 -3 所示，在其他条件不变的情况下，随着孔板开孔率的增大，孔板阻力系数随之越小，缓冲区内的载能空气通过孔板进入空调区的质量流量就越大，即说明通过孔板进入空调区空气的传热量越大，且当孔径 D 为 1 cm、2 cm、3 cm 时均符合此规律。其中在开孔率 U 为 4.14%、孔径为 3 cm 时从蓄能区进入空调区的空气质量流量最大，达到了 0.74 kg/s；而在开孔率 U 为 2.14%、孔径为 2 cm 时最小，仅为 0.031 kg/s。由图 5 -4 和图 5 -5 可以看出，随着开孔率的增大，辐射换热量和总换热量呈下降趋势。而由图 5 -6 可更进一步看出，单位面积辐射换热量随着孔板开孔率 U 的增大而减小，减幅较小，但其占总换热量的百分比曲线却随着开孔率的增加而增加，呈现相反趋势，但递增速率逐渐减小。这是由于总换热量递减的速率大于单位面积辐射换热量的递减速率。因此，百分比曲线随着孔径即开孔率的增加呈现增长的趋势。

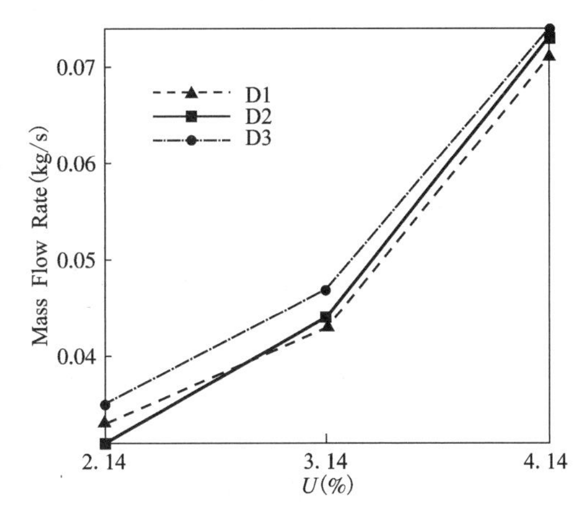

图 5 -3　不同开孔率下进入空调区空气的传热量

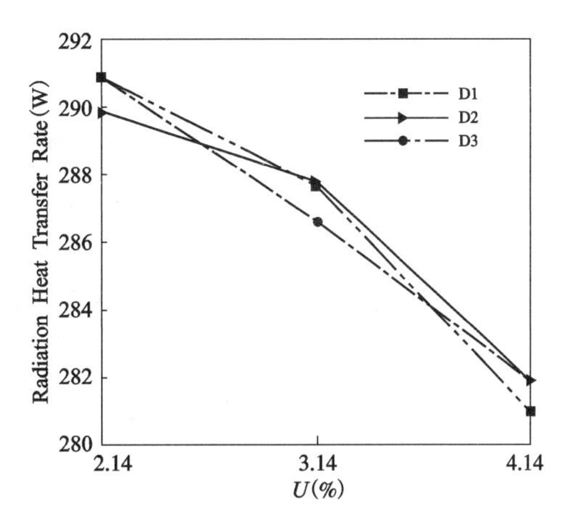

图 5 -4　不同开孔率下的总传热量

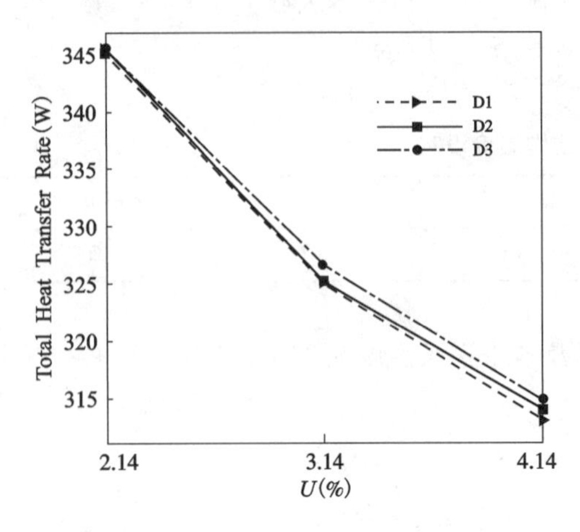

图 5－5　不同开孔率下的单位面积辐射换热量及辐射换热量百分比

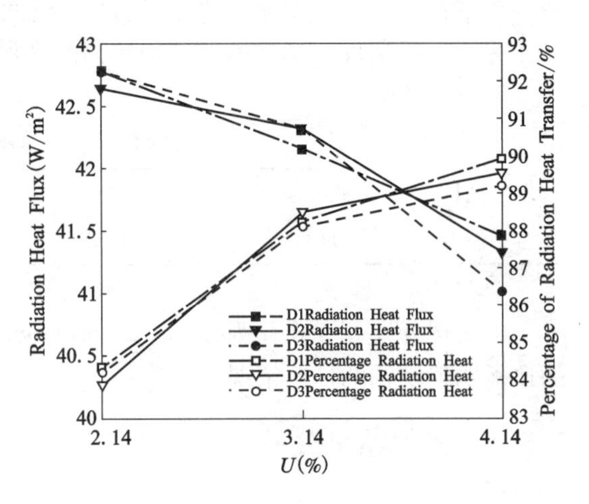

图 5－6　不同开孔率下的辐射传热量

2. 开孔大小对室内风速的影响

在其他条件不改变的情况下，相同开孔率开孔大小的改变对通过孔板进入室内的空气的换热量、辐射换热量以及总的换热量的影响均不太显著。但当开孔率相同时，随着开孔大小的减小，送风的均匀度却因此受到了一定程度的影响。以开孔率 U 为 2.14% 为例，取顶板送风速度为 1.3 m/s，在图 5－7 中取房间中部的垂直截面即 $X=1$ m 处的云图观察可以看出，随着孔径的减小，送风整体呈现越来越均匀的趋势。就整体而言送风速度普遍较小，尤其在 2 m 以下的工作区风速均小于 0.5 m/s，人体不会感到吹风感，较为舒适。

由此可以得知，随着孔径的减小，送风的均匀程度也逐渐增加。故为了保证送风的均匀性，孔径不宜选取得过大。

3. 送风速度对多孔对流辐射板的换热影响

下面取送风速度分别为 0.8 m/s、1.3 m/s、1.8 m/s 的时候，研究送风速度对多孔对流辐射板换热的影响。通过图 5－8、图 5－9 来分析辐射板传热量发现，随着送风速度的提高，多孔对流辐射板的辐射传热量变化很小，变化在 0.1～0.2 W。而对流传热量、进入空调区空气的传热量则在送风速度不断提高的过程中逐渐增加，由此使得总的传热量也呈现升高的趋势。但对流传热量增长的速率比进入空调区空气的传热量的增长速率要大，其单位面积的传热量分别增加了 11.9 W/m^2 和 2.4 W/m^2。可见，送风速度对辐射传热量的影响并不显著，进入空调区空气的传热量次之，而对流传热量所受到的影响是最大的。这也就解释了送风速度的提高对室内温度场影响较小的原因，即影响室内温度场的主要因素是辐射传热量的多少，当辐射传热量改变较小的时候自然使得室内温度场的变化也较小。

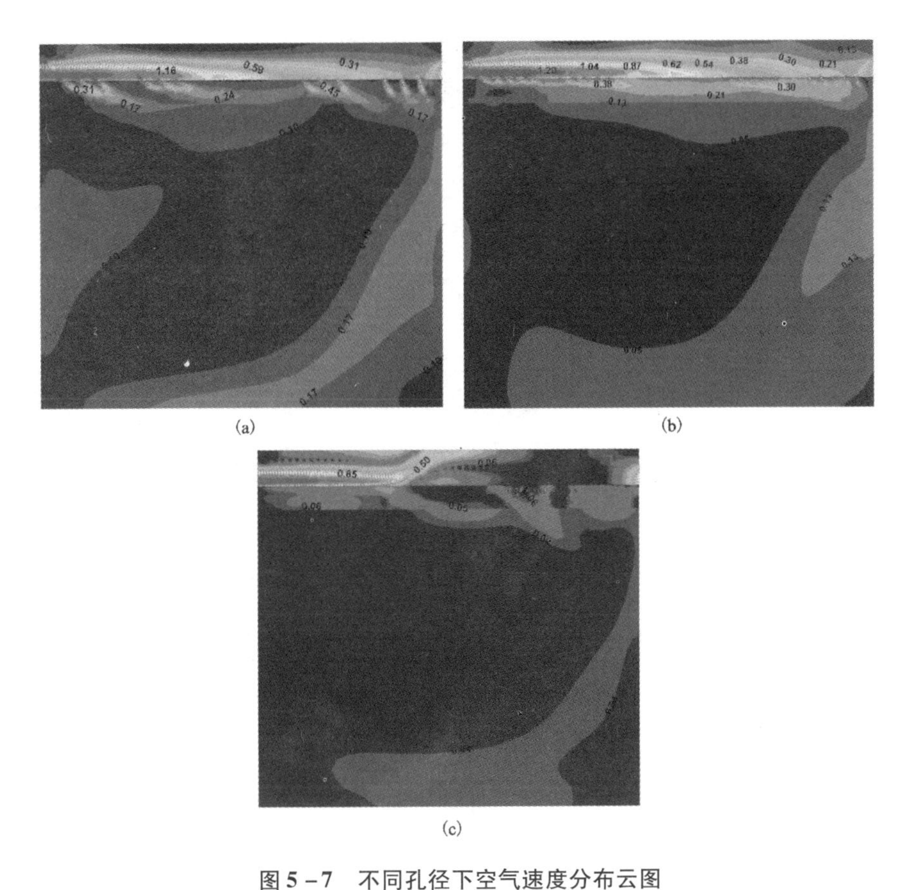

图5-7 不同孔径下空气速度分布云图

(a) $U=2.14\%$, $D=3$ cm, $X=1$ m 垂直截面；(b) $U=2.14\%$, $D=2$ cm, $X=1$ m 垂直截面；(c) $U=2.14\%$, $D=1$ cm, $X=1$ m 垂直截面

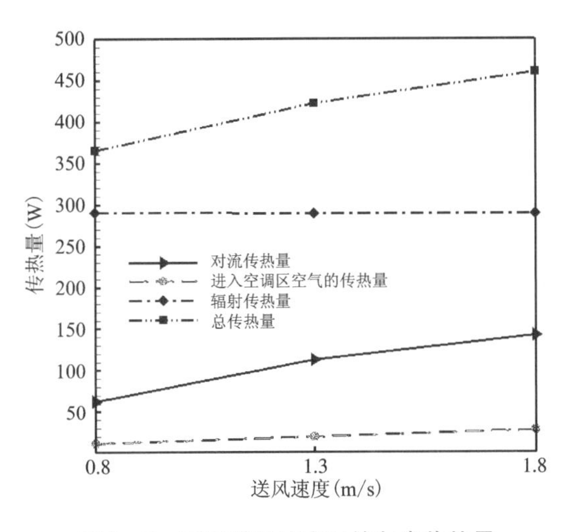

图5-8 不同送风速度下的各类传热量

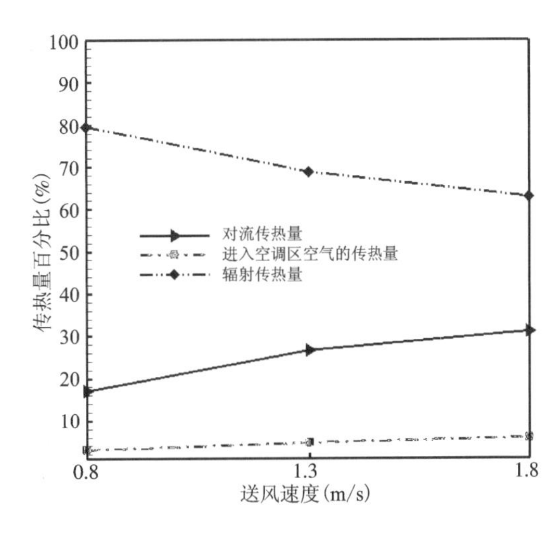

图5-9 不同送风速度下的各类传热量百分比

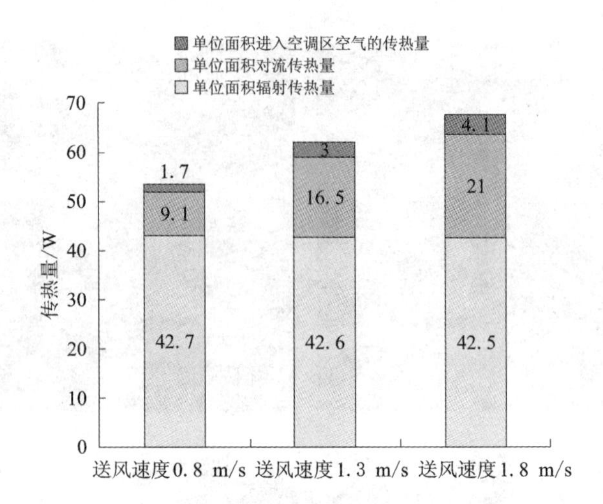

图5－10　不同送风速度下的各类单位面积传热量

从图5－10可以清晰地得到，三部分传热占总传热量的百分比随着送风速度提高也发生了一定变化，辐射传热量占总传热量的百分比逐渐降低，但减低幅度逐渐减缓。而对流部分传热量及进入空调区空气的传热量的百分比则均有所升高，其中对流传热量百分比升高较多，但其提高的速率也在逐渐减缓。

因此空调系统在实际运行中应当选择适当的风速，增加系统末端辐射传热的比例，从而提高系统的节能性。

4. 顶板温度对多孔对流辐射板的换热影响

图5－11为不同顶板温度时，房间中部的垂直截面 $X=1$ m平面处的温度分布云图。可以看到，随着顶板温度的升高，室内温度场总体也呈现升高的趋势。近辐射板处的温度值在23.9℃、24.6℃、26.1℃左右，其温度平均值升高了2.2℃，在工作区范围内，室内温度场同样有所升高，室内温度平均值为20.6℃、21.7℃、23.1℃，升高了2.5℃。近辐射板处温度较高是由于近辐射板处靠近天花板，受到辐射传热的影响要大于下部工作区受到的辐射传热的影响。整体来说在室内外的负荷基本保持不变的情况下，辐射顶板温度的增加，意味着供热能力的增加，室内温度相应随之上升。

图5－12是不同顶板温度下的各类传热量，随着顶板温度的提高，多孔对流辐射板的供暖能力有所提高，其中辐射传热量提高了137.3 W，且对流传热量、进入空调区空气的传热量也有所提高，相应的总的传热量也得到了提升。可见，顶板温度对辐射传热量的影响要大于对流传热量及进入空调区空气的传热量。且从图5－13冬季不同顶板温度下的各类传热量百分比可以得到，随着顶板温度升高，辐射传热百分比略有降低，但其中辐射传热量的比例还是占大部分。多孔对流辐射顶板在冬季系统末端辐射传热的比例较大，因此有着良好的供暖能力。

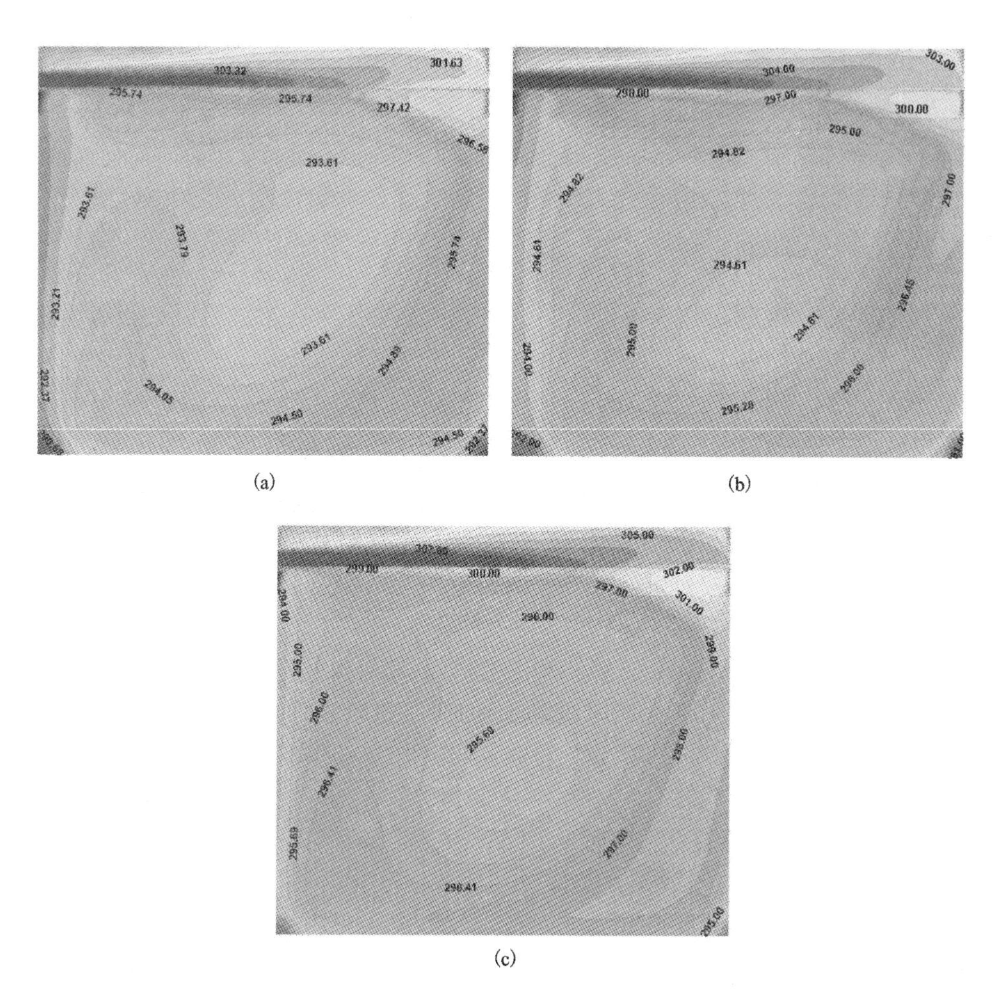

图 5－11　冬季不同顶板温度下空气温度分布云图

(a)顶板温度 24℃，$X=1$ m 垂直截面；(b)顶板温度 26℃，$X=1$ m 垂直截面；(c)顶板温度 28℃，$X=1$ m 垂直截面

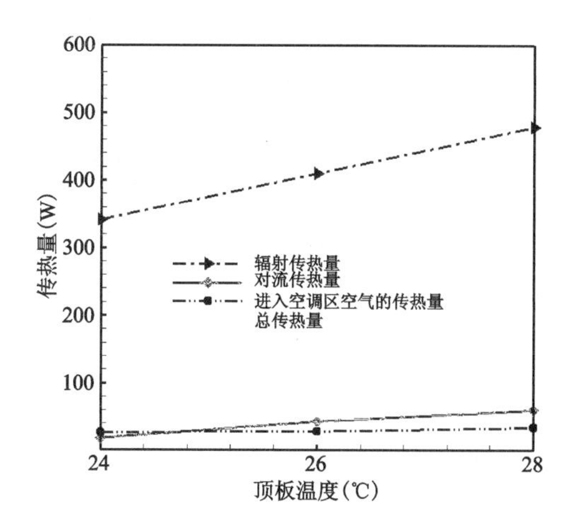

图 5－12　冬季不同顶板温度下的各类传热量

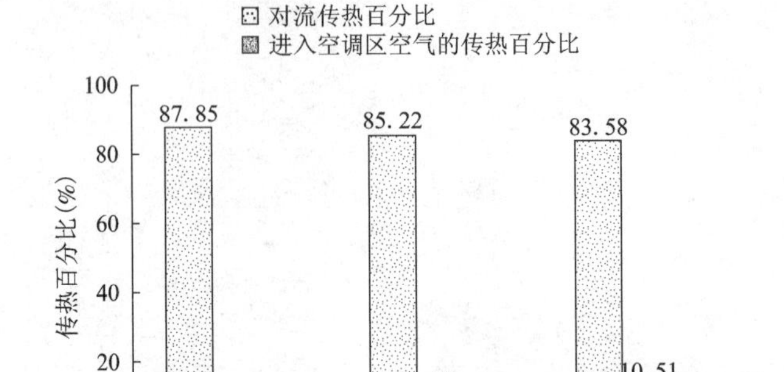

图5－13　冬季不同顶板温度下的传热量百分比

5. 不同围护结构温度对室内热环境的影响

冬季围护结构的温度也会对室内热环境造成影响，下面取多孔对流辐射空调系统辐射板开孔率为2.14%，孔径为1 cm，送风速度为1.3 m/s，送风温度为35℃，顶板温度为26℃，围护结构温度分别为8℃、11℃、14℃时，研究不同围护结构温度对室内热环境及多孔对流辐射板换热的影响。

图5－14是取房间中部的垂直截面 $X=1$ m处冬季不同围护结构温度下空气温度分布云图。从图可以看出，随着围护结构温度的升高，室内温度场总体也呈现升高的趋势，且靠近辐射板区域温度变化较大，温度梯度明显；在人员活动区，温度梯度较小。这是由于室内负荷主要由辐射传热方式承担，而对流传热所占比例相对较少，使得在辐射顶板附近温度梯度较大，而人员活动区域温度分布趋于均匀一致。

三种围护结构温度下近辐射板处的温度平均值分别为26℃、25.2℃、24.4℃左右，其温度平均值降低了1.6℃，在人员活动区内，室内温度平均值为20.6℃、22℃、22.2℃，升高了1.6℃。近辐射板处温度降低，而人员活动区域温度则在升高，主要是由于冬季围护结构温度的增加使得室内负荷降低，结合图5－15可以看到，辐射板供暖能力在降低，尤其是辐射供暖量下降的趋势十分显著，加之对流传热量及通过孔板进入室内的空气的传热量也有所下降，因此靠近辐射板附近的温度在下降。但在辐射板下部人员活动范围内受冬季围护结构温度增长的影响较大，尽管供热量在下降，但由于室内负荷的降低，室内温度仍呈现上升的趋势。由此可见，围护结构温度对辐射传热量的影响最为显著，当围护结构温度由8℃增加到14℃时，辐射传热量下降了326.6 W，这主要是由于辐射传热主要与温差有关的原因，具体通过图5－16分析辐射传热量随围护结构温度变化的情况可知，孔板对地面的辐射传热量要小于孔板对四周墙面的总辐射传热量，且下降速率小于孔板对四周墙面的总辐射传热量的递减速率。

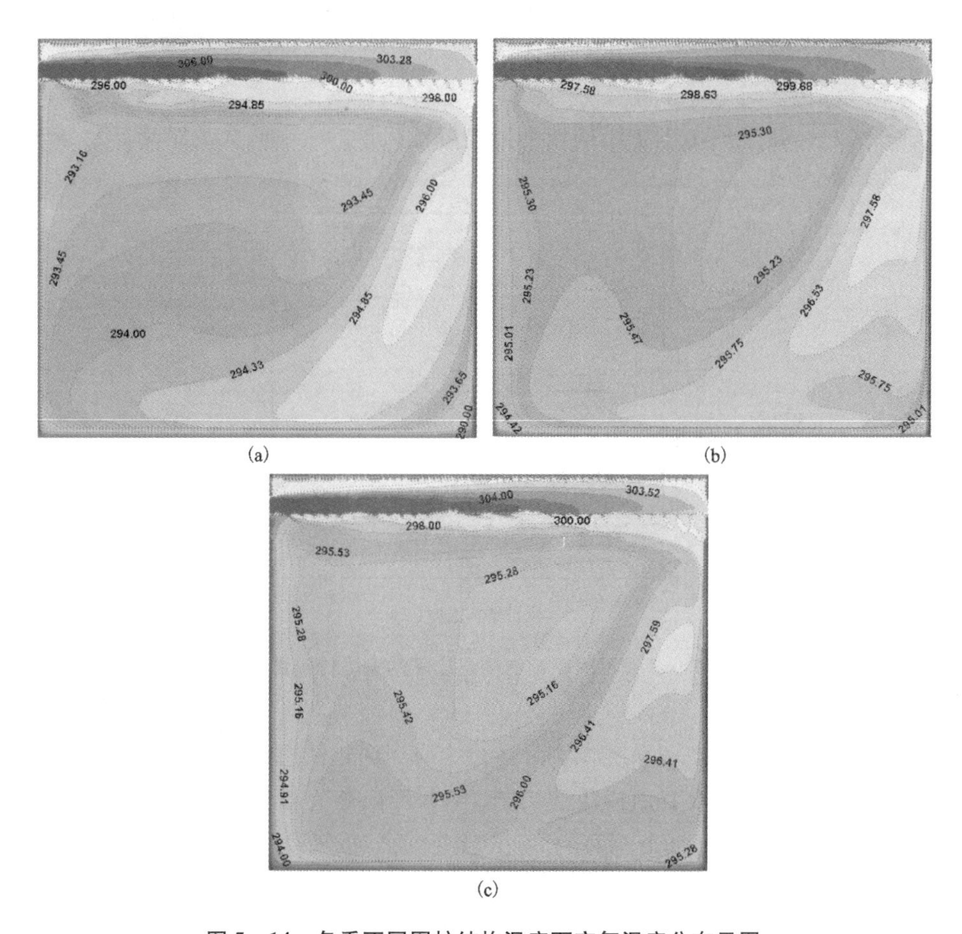

图 5－14　冬季不同围护结构温度下空气温度分布云图

(a)围护结构温度 8℃，$X=1$ m 处垂直截面；(b)围护结构温度 11℃，$X=1$ m 处垂直截面；(c)围护结构温度 14℃，$X=1$ m 处垂直截面

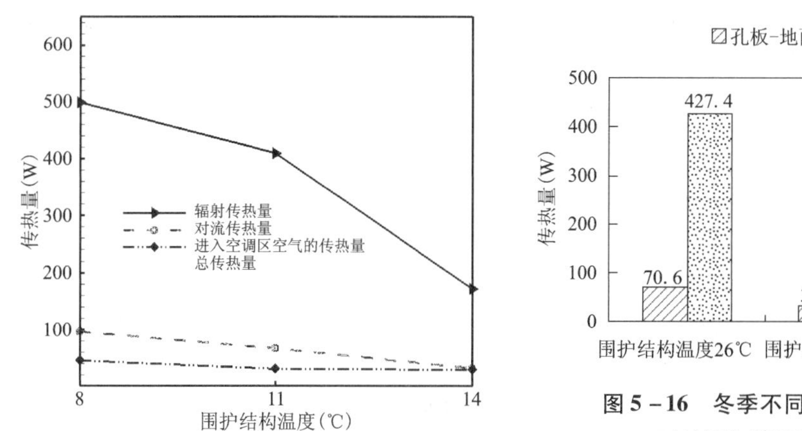

图 5－15　冬季不同围护结构温度下的各类传热量

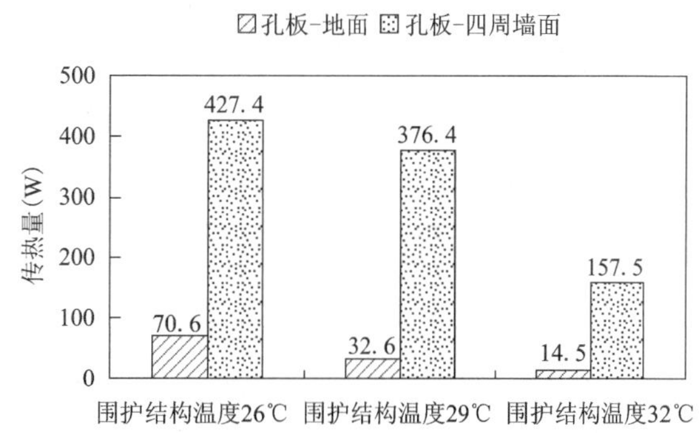

图 5－16　冬季不同围护结构温度下孔板对地面与墙面辐射传热量对比

从图 5－17 也可以进一步看出，三部分传热占总传热量的百分比随着围护结构温度升高总体变化较不显著，辐射传热量百分比略有降低，而对流传热量的百分比变化不大，因此进入空调区的空气的传热百分比就略有上升。由于总传热量主要为辐射传热量，因此对辐射传热量的影响较大也间接造成了围护结构温度对整体传热量的影响较大的结果。

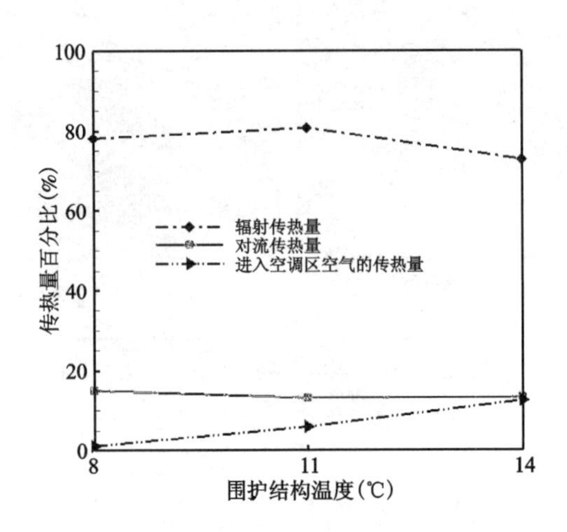

图 5－17　冬季不同围护结构温度下的各类传热量百分比

由以上分析可得，冬季空调系统在实际运行中应当通过注意控制围护结构温度与系统供暖量的关系，来保证系统末端辐射传热的比例，从而提高系统的节能性。

6. 热舒适分析

为了研究微孔辐射顶板空调的热舒适性，利用 PMV－PPD(热感觉预测投票，不满意百分比)热舒适指标对室内的热环境进行模拟。图 5－18 给出了冬季工况顶板温度为 24℃、26℃、28℃时，室内 PMV－PPD 值的分布云图。在冬季，随着顶板温度的提高，PMV 平均值分别为－0.47、－0.11、0.09，PPD 平均值为 8.5%、5.2%、5%，可见冬季随着顶板温度的升高，不仅使得室内整体的温度场升高也使得人体舒适性提高，PMV 值均在－0.5～+0.5 范围内，满足人体舒适性的要求，而 PPD 值也小于 10%，即不满意度也在合理范围内。可见，冬季随着辐射顶板温度的增加，供热能力的提高，室内温度随之上升，人体舒适性亦随之提高，不满意率下降。

5.5.5　数值模拟结果分析

通过对微孔辐射顶板供暖系统的数值模拟，分析了不同开孔率、孔径以及顶板温度对室内换热和人体热舒适的影响，论证了吊顶辐射板采暖系统在夏热冬冷地区图书馆应用的可行性，得出了以下结论：

(1)虽然增大辐射板开孔率有助于室内流场和温度场趋向均匀，但却让辐射换热量和总传热量降低，这会导致机组负荷增加，从而加大了能耗，开孔率的增大也提高了设备的价格。因此，在设计辐射顶板开孔率时应充分进行比较，而不是越大越好。

(2)辐射顶板孔径的改变对通过孔板进入室内的空气的换热量、辐射换热量以及总的换

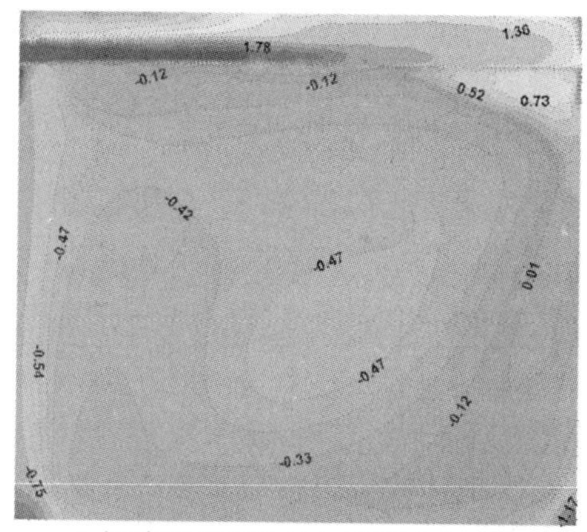

(a)顶板温度24℃, X=1m处PMV分布云图

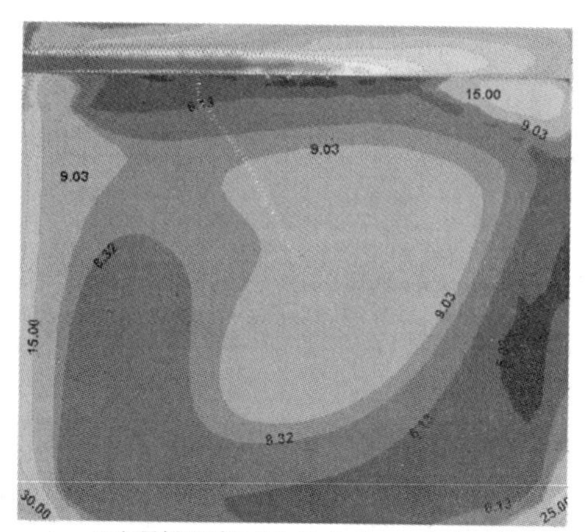

(b)顶板温度24℃, X=1m处PPD分布云图

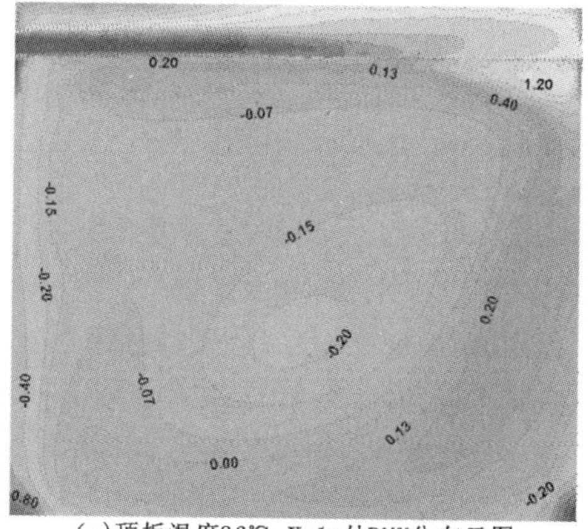

(c)顶板温度26℃, X=1m处PMV分布云图

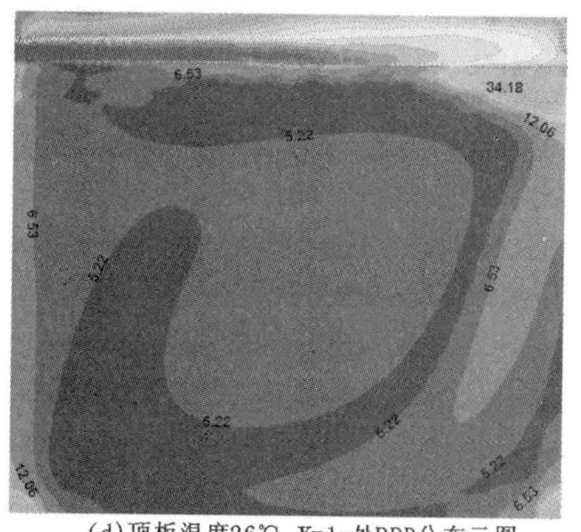

(d)顶板温度26℃, X=1m处PPD分布云图

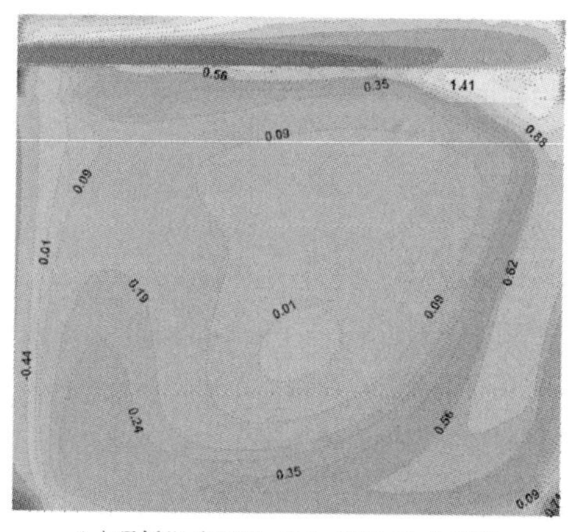

(e)顶板温度28℃, X=1m处PMV分布云图

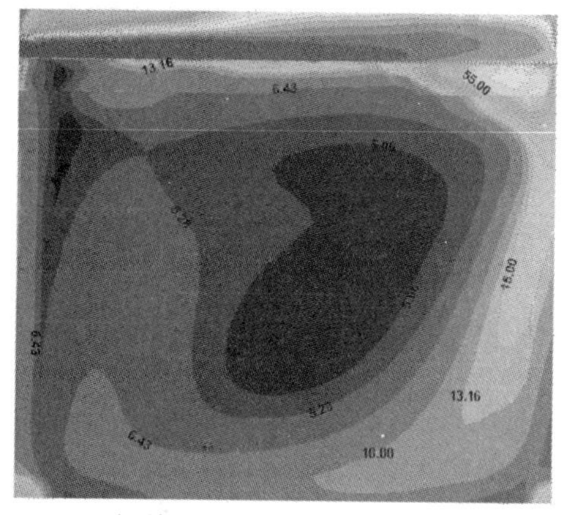

(f)顶板温度28℃, X=1m处PPD分布云图

图 5－18　冬季不同顶板温度下室内 PMV－PPD 指标分布云图

(a)顶板温度 24℃, X = 1 m 处 PMV 分布云图; (b)顶板温度 24℃, X = 1 m 处 PPD 分布云图; (c)顶板温度 26℃, X = 1 m 处 PMV 分布云图; (d)顶板温度 26℃, X = 1 m 处 PPD 分布云图; (e)顶板温度 28℃, X = 1 m 处 PMV 分布云图; (f)顶板温度 28℃, X = 1 m 处 PPD 分布云图

热量的影响均不太显著，但当开孔率相同时，随着孔径的减小，送风的均匀程度也逐渐增加。故为了保证送风的均匀性，孔径不宜选取得过大。

(3)孔辐射顶板系统在冬季主要依靠末端辐射进行供暖，系统的节能性较好，增大辐射顶板温度可以提高室内人员的舒适性，但顶板温度不宜过高，一般不要超过28℃。

参考文献

[1] GB 50736—2012：民用建筑供暖通风与空气调节设计规范[S]. 北京：中国建筑工业出版社，2012.

[2] GB 50189—2005：公共建筑节能设计标准[S]. 北京：中国建筑工业出版社，2005.

[3] 夏燚，陈松. 夏热冬冷地区住宅供暖方式的选择和比较. 能源研究与利用[J]，2010(5)：11－15.

[4] 张璨. 顶板多孔对流辐射空调换热特性研究[D]. 湖南工业大学，2015.

[5] 章熙民. 传热学[M]. 北京：中国建筑工业出版社，2007.

[6] 2000 ASHRAE Handbook. HVAC Systems and Equipment.

[7] 2005 ASHRAE Handbook. Fundamentals.

[8] B. W. Olesen etc. Heat Exchange Coeficient Between Floor Surface and Space by Floor Cooling－Theory or Question of Definition. ASHRAE Transactions Symposia，2000，DA－00－8－2.

[9] 王汉青. 暖通空调流体数值计算方法与应用[M]. 北京：科学出版社，2013.

第 6 章　图书馆供暖与空调的冷热源节能设计

冷热源设备是空调系统中最重要的设备之一，在方案设计阶段就应该被纳入综合考虑的范围内。在大力提倡节能减排的时代背景下，冷热源的选择、设计和节能要求应当被毋庸置疑地作为冷热源设计的重要因素。供暖、空调冷热源应考虑建筑物规模、用途、建设地点的能源条件、结构、价格以及节能减排和环保政策的相关规定等因素，经过综合论证而确定。除大型图书馆设有分布式热电冷联供系统或太阳能光伏发电系统外，图书馆不得采用电直接加热设备作为空调系统的供热热源和空气加湿热源。进行热源设计选择时，首先应当考虑使用工厂余热或区域供热。在条件具备的情况下，应该积极发展和应用冷热电三联供技术。该技术的一次能源利用率高，节能性相对较好。此外，冷热源的选择还必须遵循安全、经济、可靠、适用、先进等原则，通过综合比较来最终确定。

6.1　冷热源节能设计的原则

空调能耗是建筑能耗的大户，据有关资料显示，供暖和空调能耗占到建筑能耗的 60% 以上。对于采用中央空调系统的图书馆来说，空调与供热系统的能耗占图书馆总能耗的 40% ~ 60%[1]。当前，我国公共建筑数量巨大，各种图书馆的建设也在不断地推进。据相关资料显示，公共建筑冷热源机组的能耗占了空调与供暖系统能耗的大部分[2]，因此空调与供暖系统的冷热源设计的节能潜力与意义都很大，应该高度重视冷热源设备的合理配置，做好冷热源的节能设计工作。

6.1.1　冷热源节能设计基本原则

冷热源设备是以建筑冷、热负荷为依据来进行选择的，因此正确地计算建筑负荷非常重要。在满足舒适性要求的前提下，夏季工况下要尽可能提高室内温度设计参数，而冬季工况下则尽量降低室内设计温度，使冷、热负荷数值降低，从而降低冷、热源设备容量和能耗，这是冷热源节能设计最重要的原则之一。此外，图书馆建筑的供暖与空调系统冷热源节能设计还应考虑以下原则。

1. 因地制宜地选择冷热源

选择冷热源应考虑建筑所在地区的能源使用结构。若当地供电紧张，如有废热、余热可利用，应优先考虑选择溴化锂吸收式冷水机组作为冷源；如有燃气供应且价格较合理时，可以选择燃气锅炉、直燃型溴化锂吸收式冷（热）水机组作为冷热源。直燃型溴化锂吸收式冷（热）水机组与溴化锂吸收式冷水机组相比，效率更高，可直接供冷和供热，比较经济合理。

2. 注重高品位能源的梯级利用

冷热源设备的节能设计中，应特别重视高品位能源的梯级利用，如燃气等高品位能源应当首先被燃烧用来作功，然后利用一次能源转换过程中的烟气或低压蒸汽或水进行换热，供采暖、制冷、生活热水之需要，实现梯级用能的效果。以天然气为能源的热、电、冷三联供，就是利用热电系统发展供冷、供热和供电为一体的能源综合利用系统，是一种高效的梯级用能形式，可使热电厂高效经济地运行。燃气驱动的热泵和余热回收装置，也是一种高效的梯级用能形式。

3. 注重技术集成

为了做到分质供能、梯级利用和合理用能，应该选择合适的能源技术加以集成和应用。例如，高效率燃烧技术与尾气余热利用相结合；热泵技术与可再生能源利用相结合；自然通风与机械通风、自动控制相结合；辐射供冷与置换通风相结合等。这些技术集成的系统都比原系统有着更高的运行效率，更加节能。

需要注意的是，我们必须根据我国实际情况提出新技术，借鉴国内外已有技术，并进行技术集成，拓宽思路，真正做到科学用能。

4. 注重可再生资源的利用

当有天然水源等自然资源可供利用时，可采用水源热泵冷(热)水机组来进行供冷、供热。水源热泵可以利用地下水、河水或江水等为热源，所以其蒸发温度得以提高，能效比也可大大提高。此外，由于水源热泵利用的是水这种可再生资源，所以也是一种环保的技术。

总之，由于图书馆的功能、规模和所在地的气候条件、能源价格、用户要求等有很多不同，因此在确定图书馆供暖与空调系统的冷热源方案时，必须进行技术经济比较，再做出科学合理的决策。

6.1.2 国家相关节能规定和政策

根据相关规定，空调与采暖系统的冷热源宜采用集中设置的冷(热)水机组或供热、换热设备[3]。应根据建筑规模、使用特征，结合当地能源条件及其价格政策、环保规定等因素选择机组或设备。总的来说，应最大限度地利用当地现有的能源，如当地热电厂或工厂的余热、废热等，此外还可以加强电力和天然气的削峰填谷的作用，提高能源的综合利用效率。

此外，国家发改委实施的《节能中长期专项规划》包括了节约和替代石油、燃煤工业锅炉改造、区域热电联产、余热余压利用等工程关键节能技术。这些节能技术的效果好坏与建筑空调与供热系统的冷热源选择密切相关，还特别提出在东南沿海工业园区等建筑物密集、有合理热负荷需求的地方，将分散的小供热锅炉改造为热电联产机组、分布式电热(冷)联产机组。

分布式热、电、冷联供系统以天然气为燃料来进行工作的，具有为区域供电、供热和供冷的功能，可以实现天然气能源的梯级利用。这种系统的能源利用效率可达80%以上，并可以大大降低固体废弃物、SO_x、NO_x和温室气体的排放、减少占地面积和耗水量。此外，相对于大规模电网，分布式供能系统的供电安全性更高。

天然水、地热和太阳能、风能都属于可再生能源，利用可再生能源来进行空调与供热对环境的影响较小。我国政府已于 2005 年颁布了《中华人民共和国可再生能源法》，从法律层面上支持和鼓励可再生能源的开发和利用。随着相关技术的不断成熟和各项政策的逐步完善，可再生能源的利用将会逐渐推广，最终成为最优质的空调冷热源。

从上述国家政策可以看出，图书馆建筑作为典型的公共建筑，其空调与供暖系统的冷热源应该充分利用废热、余热，并加强对可再生能源的利用。此外，国家的可持续发展战略与能源发展战略也对空调与供暖系统提出了节能任务。因此，对空调与供暖系统的冷热源进行节能设计刻不容缓。

6.1.3　蓄冷(热)的必要性分析

由于电制冷空调的大量使用，炎热的夏季是全年用电的高峰期。同时由于大量使用热泵等空调设备和其他形式的采暖用电设备，冬季的用电量也非常大，远远高于过渡季节。随着建筑用电量逐年递增，我国某些地区每年夏季或冬季都会出现电力短缺的现象。

工业、商业和民用用电量迅速上升，特别是空调和供暖的用电量迅速上升，加大了电力负荷的不均匀性，增大了峰谷差，对电力生产、电网运行十分不利。为了改善这种电力供需矛盾，必须采取一些有效技术，如蓄冷(热)技术。蓄冷空调技术自 20 世纪 70 年代在欧美地区被广泛地引入建筑空调系统中，一般可分为水蓄冷、冰蓄冷和共晶盐蓄冷三种[4]。同时，人们也在不断地开发、研究新的蓄能材料和传热材料，如高温相变蓄热材料、以聚烯烃石蜡脂为主要材质的蓄冰换热器产品等。

采用蓄冷(热)空调技术可以有效解决空调用电造成的日夜用电的不均匀性问题，从而提高整个电力系统的运行效率，相对减少能源消耗。利用峰谷电价差这一价格杠杆鼓励用户采用蓄冷(热)空调，控制电力空调负荷是缓解电力供需矛盾、节约能源的重要途径。目前，发达国家的峰谷电价比较大：日本 4∶1 ~5∶1、欧洲国家一般在 7∶1 左右，我国的峰谷电价比为 3∶1 ~5∶1。随着我国峰谷电价不断发展和完善，蓄冷(热)空调技术的应用有了更好的外部条件，将促进我国蓄冷(热)空调技术的良性发展。

从另一方面来讲，蓄冷空调技术有其经济性。例如，对比水蓄冷、超导电感储能、新型蓄电池储能等几种电能储存技术，冰蓄冷空调技术的转换效率最高[5]。从电力角度看，采用蓄冷空调技术可以减少工程总投资。更重要的是，冰蓄冷空调技术能间接地减轻对大气层的破坏和温室效应，也能降低运行噪声，从而减少国家电力投资，减少燃煤、节约能源。与此同时，它能够较好地平衡电网运行负荷，且其投资和运行成本相对较低，具有较好的发展前景。

6.2　以天然气为冷热源的空调与采暖

天然气是一种清洁能源，我国天然气资源和煤层气资源比较丰富，总资源量分别达 55.2 万亿立方和 31.46 万亿立方，其中煤层气资源居世界第 3 位。随着“西气东输”工程的实施，我国六大气区(四川、新疆、青海、陕甘宁、渤海湾(松辽)、东海和南海地区)中的陕西、新疆两地的产气量已实现快速增长，因此天然气的应用具有非常广阔的前景。

空调和供暖系统也可以使用燃气为冷热源。燃气空调有很多种方式，如燃气直燃机、燃气吸收泵等。其中燃气直燃机是通过直接燃烧可燃气体来制冷、供暖和提供卫生热水。由于燃气直燃机的能源转换途径较少，技术成熟，因此应用得最为广泛。

6.2.1 以天然气为冷热源的优势

以天然气为冷热源的空调系统（燃气空调）的构件不同于电力空调，其优势如下：

1. 有利于环境质量的改善

各种燃料能源的污染物排放系数见表6-1[6]。

表6-1 使用各种燃料能源的污染物排放系数

能源种类 \ 污染物	CO_2/(kg/GJ)	CH_4/(kg/GJ)	SO_x/(kg/GJ)	NO_x/(kg/GJ)	VOC/(kg/GJ)	CO/(kg/GJ)
天然气	56.4	19.1	0.005	0.111	1.51	3.1
燃油	82.4	20.2	0.99	0.193	1.59	14.7
燃煤	98.5	35.4	1.06	0.191	2.74	162.7
燃煤电力	232.6	73.0	2.57	0.47	6.3	346.7

由表6-1可以看出，使用燃煤电力的各种污染物排放系数最高。这是因为火力发电一次能源利用率仅33%左右，其污染物排放系数为燃煤的近3倍（如CO_2、CH_4、NO_x、VOC等）。而天然气燃烧的各种污染物排放系数最低，这说明天然气是一种较为清洁、环保的能源。

2. 可缓解电力高峰负荷

电力空调的普及应用是造成夏季电力紧缺的主要原因之一。图书馆建筑面积大、人流量大，白天及晚上集中用电使得用电量也较高，也使得供电峰谷差进一步拉大。与电力峰谷特点相反，天然气的负荷在夏季一般会出现低谷。当室外气温较高时，以燃烧加热为主要用途的城市天然气用量明显下降。因此，发展燃气空调，既可以削减电力峰荷，又可以利用夏季过剩的天然气，有利于电力与天然气两个方面的负荷均衡，使电力企业与燃气企业共同取得较好的经济效益，同时也可以节约电能。

3. 有利于合理充分利用能源

使用天然气可以实现热、电、冷三联供或冷、热联供等能源梯级利用。燃气燃烧所产生的能量用于发电或带动制冷机运行，废热则通过余热回收设备用于供热或吸收式制冷，使燃料利用率大为提高，还可以提供并网电力作为能源补充，能够起到节约能源的作用。

4. 提高天然气供应的经济性

相对于传统的中央空调而言，燃气空调的投资略高于电力空调的投资，但使用电力空调需增加电力系统建设投资。而燃气空调只需在夏季增加用气量即可，不需增加主管网的投资，因此节省了供电投资。而对于燃气直燃式空调机，在夏季可以制冷，在冬季则供暖及提供热水，降低了供暖空调成本。

6.2.2 燃气空调的分类

把天然气作为冬、夏季节空调采暖的冷热源有多种技术方案，主要分为以下三种：

1. 吸收式系统

吸收式系统如图6-1所示，有直燃式、蒸汽发生式和热水吸收利用式等几种形式。

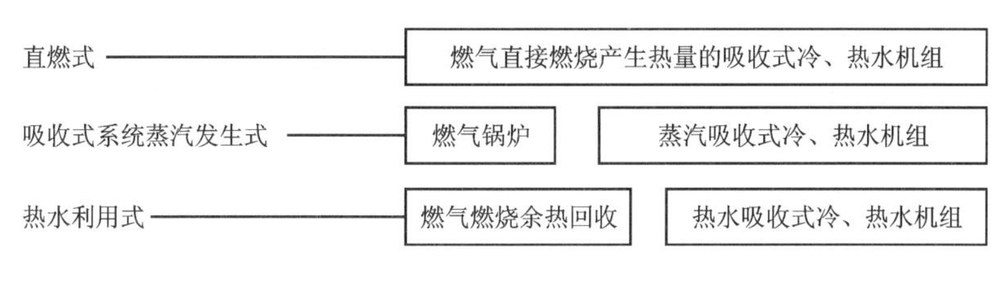

图6-1 吸收式系统组成

2. 压缩式系统

压缩式系统如图6-2所示。

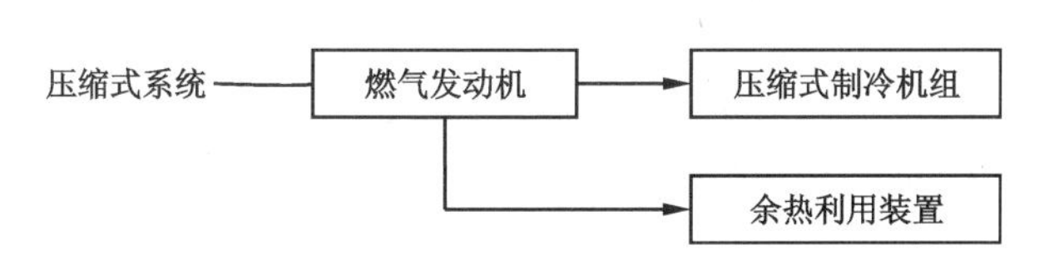

图6-2 压缩式系统组成

3. 热、电、冷三联供系统

(1)燃气发动机驱动

如图6-3所示，该系统通过发电机发电、通过热交换器供热水，并通过吸收式制冷机提供冷水，实现热、电、冷三联供。

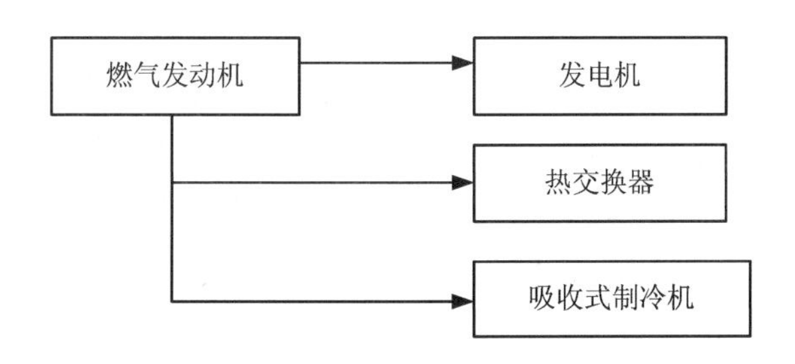

图6-3 燃气发动机驱动方式

(2)燃气轮机驱动

燃气轮机与推进用的涡轮发动机的不同之处，在于其涡轮机除了要带动压缩机外，还会另外带动传动轴，传动轴再连上发电机发电。如图6-4所示，该系统通过发电机发电，通过利用废热锅炉，使用热交换器供热水，并通过吸收式制冷机提供冷水，实现热、电、冷三联供。

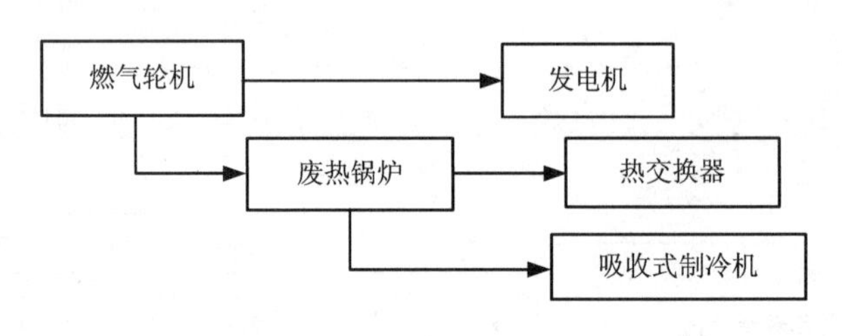

图6-4　燃气轮机驱动方式

以上三种方案具有设备投资少、运行工质对环境无害以及维护方便、无噪声等优点。其中直燃型吸收式机组的缺点是高品位能量没有充分发挥作用，效率较低，应当提倡采用利用燃烧余热的吸收式冷、热水机组。而压缩式系统能量利用率较高，初投资不太大，而其能源利用率较高，是一种值得推荐的方案。总之，热、电、冷三联供系统是一种能源梯级利用系统，能源使用较为合理，综合效率高，但是初期投资比较大，在天然气价格较高的地区投资回收期比较长。

综上所述，以天然气为冷热源的燃气空调有较多优点，能“削电力之峰，天然气之谷”，平衡城市能源结构，可在图书馆等大型公共建筑中采用。

6.3　具有显著节能效益的空调冷热源形式

6.3.1　热泵系统

热泵系统就是能够把能量从温度低(低品位能量)传递到温度高(高品位能量)的设备系统。它是以花费一部分高质能为代价，从自然环境中获取能量，并连同所花费的高质能一起向用户供热，从而有效地利用了低水平的热能。热泵系统的性能一般用能效比(COP)来评价。能效比的定义为：由低温物体传到高温物体的热量与所需的动力之比。通常热泵的能效比3~4，也可以达到5左右。

大多数热泵系统可以制热也可以制冷，主要用于建筑物的采暖和供冷、生活热水、游泳池加热以及工业过程的加热。工程中应用的热泵，其功率可以在1.75 kW到44000 kW的范围内调节。热泵系统的冷、热源非常广泛，许多可再生能源都可以作为热泵的冷、热源。例如，空气、地表水、土壤、太阳能、生产和生活中的废热。因此，通过采用热泵系统，可以获得很好的节能效果和环境效益。

1. 空气源热泵

空气源热泵是一种以室外空气为热源的热泵，设备通过和室外空气进行热交换，将室外的低温空气能量回收，供室内采暖的一种热泵形式。空气源热泵包括空气－空气热泵机组和空气－水热泵机组。前者以室外空气为热源，夏季制取室内需要的冷风，冬季制取室内需要的热风。空气－空气热泵的优点是结构简单，安装方便。其缺点是吹风感强，频繁的除霜导致室内温度波动大，温度低导致停止工作等[10]。

空气－水热泵机组以室外空气为热源，制取建筑内空调系统所需的冷水或热水，如图 6－5所示。空气－水热泵一般采用四通阀来转换制冷和供暖工况，可产生 35℃的热水提供给地板采暖。空气－水热泵的冷热源仅为室外空气，室外机通常设于屋顶或室外平台，省去了冷冻机房、锅炉房、冷却水管道和烟囱等占有建筑物的空间。并且系统设备少而集中，操作运行和维护管理简单，节约运行费用。然而空气源热泵冷(热)水机组造价较高，约为同等能力水冷式冷水机组加锅炉价格的 1.7 倍。而且冬季室外换热盘管温度低于露点温度时，盘管表面会结霜，严重时会堵塞空气通道，降低机组效率，同时除霜需要消耗额外能量。但是若采用水箱作为蓄热装置，则除霜所需热量取自水箱，不会使室内温度产生大的波动。

图 6－5　空气－水热泵机组

(1)空气温湿度变化对空气源热泵的影响

空气温度的降低会使得蒸发温度下降、热泵温差增大，导致热泵的效率降低。单级蒸气压缩式热泵虽然在空气温度低到－15℃～－20℃时仍可运行，但此时制热系数将大大降低，其供热量可能仅为正常运行时的 50% 以下。此外，随着环境空气温度的变化，热泵的供热量往往与建筑物的供热需求相矛盾，大多数时间内存在供需不平衡现象。在实际使用中，应该注意保持热泵供热能力与建筑的供热需求量的平衡。另外，空气湿度对空气源热泵也存在着影响。当湿空气流经蒸发器被冷却时会结露甚至结霜(低温时)。研究表明，当蒸发器表面存在微量凝露时，可增强传热 50%～60%，但阻力有所增加。但是当蒸发器表面结霜时，阻力增大、传热热阻显著提高，导致蒸发器的工作效率大为降低。

(2)空气源热泵的局限性

在实际使用过程中，空气源热泵空调系统有较多局限性。首先，空气源热泵的制冷性能系数比水冷式冷水机组中央空调系统低，因此产生同样的冷量需要更多的电耗。特别是冬季室外空气温度很低的时候，随着空气温度逐步降低，效率逐渐下降，当室外空气温度在－7℃

以下时，基本比电加热的费用还要高；其次，变制冷剂流量多联机的制冷性能系数随负荷率变化有很大不同。有研究表明，变制冷剂流量多联机的高效区在30%～70%负荷区间[11]，因此大型图书馆不宜采用风冷热泵机组。

(3)空调负荷和主机容量的确定

空调负荷包括空调冷负荷和热负荷。一般情况下，夏热冬冷地区图书馆的冬季热负荷小于夏季冷负荷。在选择热泵机组时，应查看热泵机组对应于当地设计计算气象条件下的实际运行负荷。一般来说，按照冷负荷选择的热泵，能够满足冬季供热的要求。

(4)空气源热泵空调系统的节能性

空气源热泵空调系统的节能对于减少建筑能耗、降低建筑的运营成本有着重要的意义。其节能措施主要有：选用高效低能耗热泵，合理确定热泵台数。热泵台数及大小的选择应充分考虑满负荷及部分负荷的因素，进行优化使全年能耗降低；合理配备水泵。所选水泵应为高效水泵，其流量、扬程应与实际一致，以减少水泵的能耗；改善环境通风，防止气流短路；排风含有一定热量，如将其有组织地排至热泵机组进行换热，将有利于提高热泵机组效率。

2. 水源热泵

水源热泵机组的工作原理是通过输入一定量高品位能(如电能)，在夏季将建筑物中的热量转移到水源中，冬季则从水源中提取能量并送到建筑物中。水源热泵的冷热源温度一般为10～25℃，制冷、制热系数可达3.5～4.4。与传统的空气源热泵相比，其性能系数要高出40%左右。

水源热泵空调系统包括水环热泵系统、地表水水源热泵系统和地下水热泵系统，如图6－6所示。水环热泵空调系统通过水环路将小型的水/热泵机组并联在一起，形成一个封闭环路，构成一套回收建筑物内部余热作为其低位热源的热泵供暖、供冷的空调系统。水环热泵系统是利用水源热泵机组进行供冷和供暖的系统形式之一。当环路中的水温由于水源热泵的吸热(制热运行)而低于一定值时，可通过加热装置对循环水进行加热。夏季环路的水温控制在30～33℃，冬季控制在13～20℃为宜。对有较大内区且常年有稳定的大量余热的办公、商业等建筑，宜采用水环热泵空气调节系统。在大型图书馆中，如装有多台分散的水源热泵机组，水环热泵系统则能很自然地从需要供冷的区域吸收热量，供给需要供热的区域，从而减少了能源消耗。

(a)地表水式

(b)地下水式

(c)地下环路式

图6－6　水源热泵空调系统

地表水水源热泵是一种以湖泊、河流水和城市污水为热源(冷源)的热泵系统。根据机组与地表水的不同连接方式，可以分为闭式、开式和间接式三种形式。开式地表水换热系统是地表水在循环泵的驱动下，经处理直接流经水源热泵机组或通过中间换热器进行热交换的系统。开式地表水水源热泵系统的主要缺点是热泵机组的结垢问题，以及在冬季制热工况下，当湖水温度较低时，会有冻结机组换热器的危险。此外开式系统容易导致管路堵塞和设备腐蚀，也会破坏水资源，一般不提倡使用。闭式地表水热泵系统是将封闭的换热盘管按照特定的排列方法放入具有一定深度的地地表水体中，传热介质通过换热管管壁与地表水进行热交换的系统。闭式系统的机组基本不可能结垢。但是当湖水水质比较浑浊时，位于湖底的换热器可能结垢，影响传热效果。另外如果河水或者湖水比较浅时，水的温度容易受到大气温度的影响。间接式地表水水源热泵系统则是将封闭的换热盘管按照特定的排列方式放入具有一定深度的地表水体中，传热介质通过换热管壁与地表水进行热交换的系统。这种方式虽然安全、清洗方便，但会增加系统初投资和运行费用。

闭式地下水热泵系统不直接抽取地下水，而是将换热水管埋入地下，利用这些管道中的循环水通过管壁与地下土壤进行热交换。这些循环水换热之后被送往建筑物中的热泵机组进行换热，之后又回灌入地下。因此，闭式地下水热泵系统不会破坏地下水的资源，水泵的输送动力也相对较小，水质也容易保证。

由于水源热泵技术利用天然水作为空调机组的冷、热源，所以具有以下优点[12]：

(1)利用可再生能源。水源热泵系统是利用了地球水体所储藏的太阳能资源作为冷热源，进行能量转换的供暖空调系统。其中可以利用的水体，包括地下水或地表的部分的河流和湖泊以及海洋。地表土壤和水体不仅是一个巨大的太阳能集热器，收集了47%的太阳辐射能量，比人类每年利用能量的500倍还多，而且是一个巨大的动态能量平衡系统，地表的土壤和水体自然地保持能量接受和发散的相对的均衡。这使得利用储存于其中的近乎无限的太阳能或地能成为可能。所以说，水源热泵利用的是清洁的可再生能源的一种技术。

(2)换热效率高，故高效节能。水源热泵是目前空调系统中能效比最高的制冷、制热方式，理论计算可达到7，实际运行为4～6。水源热泵机组可利用的水体温度冬季为12～22℃，比环境空气温度高，所以热泵循环的蒸发温度提高，能效比也提高。而夏季水体温度为18～35℃，比环境空气温度低，所以制冷的冷凝温度降低，使得冷却效果好于风冷式和冷却塔式，从而提高机组运行效率。水源热泵消耗1 kW·h的电量，用户可以得到4.3～5.0 kW·h的热量或5.4～6.2 kW·h的冷量。与空气源热泵相比，其运行效率要高出20%～60%，运行费用仅为普通中央空调的40%～60%。

(3)无污染。水源热泵机组供热时省去了燃煤、燃气、燃油等锅炉房系统，无燃烧过程，避免了排烟、排污等污染；供冷时省去了冷却水塔，避免了冷却塔的噪音、霉菌污染及水耗。所以，水源热泵机组运行无任何污染、无燃烧、无排烟，不产生废渣、废水、废气和烟尘，不会产生城市热岛效应，对环境非常友好，是理想的绿色环保产品。

(4)水源热泵系统可供暖、空调，还可供生活热水，一机多用，一套系统可以替换原来的锅炉加空调的两套装置或系统。特别是对于同时有供热和供冷要求的建筑物，水源热泵有着明显的优点。不仅节省了大量能源，而且用一套设备可以同时满足供热和供冷的要求，减少了设备的初投资。其总投资额仅为传统空调系统的60%，并且安装容易，安装工作量比传统空调系统少，安装工期短，更改安装也容易。水源热泵可应用于宾馆、商场、办公楼、学校等建筑，小型的水源热泵更适合于别墅、住宅小区的采暖、供冷。

(5)水源热泵系统比较简单、不需要锅炉和冷却塔、设备较少、机组运行可靠、维护费用低、使用寿命长(可达到15年以上)。

当然，水源热泵作为一种新型制冷供暖方式，也不是十全十美的，其应用也会存在一些问题。一是受到可利用的水源条件限制。在实际工程中，不同的水资源利用的成本差异相当大，所以在不同的地区是否有合适的水源成为水源热泵应用的一个关键问题。二是必须了解当地的水源情况，才能应用好水源热泵技术：要做好充分的探测工作，同时尽量提高开采技术和降低开采费用。三是地下水的回灌技术。地下水资源对整个地表的稳定和人类用水安全性至关重要，对于地下水水源热泵，必须做好地下水的回灌工作。此外，水源热泵系统作为一个节能系统，在设计时应该从各方面考虑，对水泵能耗、水温、水源等因素进行有效控制，从而提高系统的节能性。

3. 土壤源热泵

土壤源热泵是利用地下常温土壤温度相对稳定的特性，通过深埋于建筑物周围的管路系统与建筑内部完成热交换的装置。土壤源热泵空调系统主要由土壤热交换系统、水源热泵机组和建筑物空调系统三部分组成。夏季建筑物通过热泵将建筑内的热量转移到土壤中储存起来并对建筑进行供冷，在冬季又通过热泵将储存热量取出供给建筑物。

土壤源热泵与空气源热泵相比，它的平均性能系数较高，且不向大气排放废气和噪声，有利于环保。此外，换热器埋在地下，受外界环境的影响较小，且不存在冬季除霜问题。但是，由于土壤热导率较小，因此土壤源热泵的地下换热器的换热面积较大，地下换热器的传热性能受土壤性质的影响较大。

地下埋管换热的传热是一个复杂的过程，影响因素较多。应综合考虑换热器中循环液出口温度、埋管间距、土壤热物性、钻孔深度等因素对单位管长换热量的影响，来优化地下换热器的设计[13]。

常见的埋管换热器形式有水平埋管和垂直埋管两种。水平埋管有单层和双层两种敷设方法，可采用U形、蛇形、单槽单管、单槽多管等形式。单层埋管是最常用的，一般埋管深度为0.5~2.5 m之间。垂直埋管有浅埋和深埋两种。浅埋深度为8~10 m，采用同轴柔性套管。深埋的钻孔深度由现场钻孔条件及经济条件决定，一般为33~180 m不等。溶液在垂直的U形管中循环，均采用平行埋设。

垂直式土壤热交换器具有占地面积小、性能稳定等优点。垂直式埋管换热系统设计应综合考虑全年冷热负荷的影响，并进行全年动态负荷计算，最小计算周期宜为一年。在计算周期内应注意地源热泵系统的总释热量与总吸热量的平衡。

20世纪八九十年代，美国和加拿大的一些系统大多数采用U形竖埋管的形式，大部分孔深在50~100 m之间，最深的孔深度达183 m。ASHRAE研究项目RP-863调研了很多不同的地源热泵系统，为地源热泵空调系统的设计者提供了许多基础数据。表6-2[6]总结了在美国调研的31个土壤源热泵系统的情况。由表可知，这些系统的地下换热器设计液体流量在3 L/(min·kW)左右，竖埋管单位长度换热量在70~100 W/m之间，地下部分的造价约占系统总造价的1/3。因此地下换热器的造价相当高。

表 6-2　ASHRAE 研究项目 RP-863 调研的土壤源热泵系统的设计特征

建筑类型	单位面积热泵装机容量/($W·m^{-2}$)	循环泵容量/($W·kW^{-1}$)	换热器设计流量/[$L·(min·kW)^{-1}$]	竖埋管换热能力/($W·m^{-1}$)	地下部分占系统造价百分比/%
所有系统(31)	96.5	31.8	3.13	81.3	33
办公楼(8)	103.7	38.2	2.97	71.2	35
住宅(6)	94.6	23.3	6.16	100.3	31
学校(8)	103.0	27.6	2.91	79.1	34

6.3.2　分布式能源系统

分布式能源系统是直接面向用户，按用户的需求就地生产并供应能量，具有多种功能，可满足多重目标的中、小型能量转换利用系统。一般是指以燃气(或燃油)为燃料，分散建设在靠近用户的热、电联合或热、电、冷联合的能源供应系统。一次能源以气体燃料为主，可再生能源为辅；二次能源以分布在用户端的热、电、冷联产为主，其他中央能源供应系统为辅，实现能源梯级利用。这里主要讨论以天然气为燃料的热、电、冷联合供能系统工程。

燃气发动机驱动的系统将往复运动转变为回转运动来驱动发电机或直接驱动压缩机等。燃气发动机的排气与热水的温度较高，还有一定的利用价值，可用于采暖、生活热水与吸收式制冷。这种燃气发动机的单机容量通常为 15～300 kW。

燃气轮机驱动的系统是将热能转化为机械能的旋转式动力机械，可利用蒸汽直接带动发电机组。一般都有热回收系统，主要是对温度为 400～550℃的排气进行热回收。该燃气轮机的单机容量一般较大，发电规模为 1000～3000 kW。

对于微型燃气轮机驱动的冷、热、电联产、联供系统，已经有实验验证了其可靠性和节能性[9]。此外，通过补燃运行方式可以提高系统的一次能源利用率，但应当考虑补燃运行的不利方面，充分优化系统初投资和节能之间的关系。热、电、冷三联供系统不仅要满足用户的能源需求，还必须有显著的经济效益。在规划和设计热、电、冷三联供系统时，为了优化系统和设备的匹配，主要应遵循以下原则。

1. 合理确定方案

分布式能源技术是今后节能技术的重要的发展方向，热、电、冷三联供是技术先进的新型能源系统。虽初投资较高，但其一次能源利用效率高，如果设计能合理配置、运行经济性好，则可以在预期的时间内回收投资。若图书馆所在城市有众多大型冷、热、电联用企业，则分布式能源技术有着广阔的市场。而且，分布式能源技术有着节能、减排等优点，符合我国“节能减排”的规划及科学发展观的要求。在初步设计时，应该要明确好方案，建设好合适容量的能源分布站。具体项目具体分析，做好方案的技术经济比较。

2. 应根据冷(热)负荷情况确定燃气机发电能力

整个冷、热、电三联供系统设计的关键为正确选择燃气发电机的功率。在设计过程中，应当遵循以冷(热)定电原则，使系统在夏季有一定冷负荷、冬季有一定热负荷，有足够长的运行时间，并且使余热得到充分利用。这样才能确保燃气机和相关设备在全年有较高的负荷率和较长的使用时间，从而获得较好的经济效益。

3. 计算冷热负荷时应乘以大于1.0的附加系数

为了"可靠"地供冷、供热，在设计时还要乘以大于1.0的附加系数。应当注意的是，必须要正确地、实事求是地计算系统冷(热)负荷，并仔细分析负荷的变化规律，才能提高燃气设备在各时段的负荷率。此外，为确保热、电、冷三联供能源系统的经济效益，提高一次能源利用效率就显得十分重要。保持热、电、冷三联供燃气机能源系统在全年经济运行的条件是：一次能源利用率在80%以上，燃气机发电的负荷率应在70%以上，并且夏季、冬季均应运转。为此，必须合理地选择供冷、供热设备，并使设备能力和负荷良好地匹配。

6.3.3 太阳能热水系统

太阳能热水系统是太阳能利用的形式之一，它通过太阳集热器将水加热并储存于水箱中加以利用。太阳能热水系统主要包括太阳能集热器、储热水箱、循环管道、支架、控制系统、热交换器和水泵等设备和附件。

太阳能热水系统可分为直接式热水系统(一次循环系统)和间接式热水系统(也称二次循环系统)。按集热器中工质是否承压可分为开式集热热水系统和闭式集热热水系统。按有无辅助热源可分为有辅助热源热水系统和无辅助热源热水系统。根据热水使用情况可以分为间歇式供热水系统和连续式供热水系统。

1. 太阳能热水系统设计要点

太阳能热水系统的类型可以根据负荷的特点、太阳集热器采光面积的大小、管理条件等因素进行选择。自然循环或自然循环定温放水式系统适合于集热器采光面积在几十平方米范围内的系统。当太阳集热器采光面积为几十平方米以上，可采用强制循环系统。

正南是太阳集热器的最佳布置方位，其方位偏差允许±15°以内，否则影响集热器表面上的太阳辐射强度。在太阳集热器的东、西、南方向不应有遮挡的建筑物或树木。整个系统宜放在避风的位置，蓄水箱要绝热保温，连接管路应尽可能短，以减少热损失。

系统设计过程中应根据热水负荷大小、集热器的种类、热水系统的热性能指标、使用期间的太阳辐射、气象参数等来确定太阳集热器的采光面积。

为了便于进行估算，采光面积可以由公式6-1粗略确定[15]。

$$A_c = \frac{W_d}{m_d} \tag{6-1}$$

式中：A_c——太阳能热水系统的总采光面积，m^2；

W_d——每天用水量，kg/d；

m_d——单位面积平均日产水量，$kg/(m^2 \cdot d)$。

太阳集热器的倾角θ可按下述方法确定。一般情况下按照公式(6-2)来计算：

$$\theta = \varphi \pm \delta \tag{6-2}$$

春夏季使用时按照公式(6-3)进行计算：

$$\theta = \varphi - \delta \tag{6-3}$$

全年使用时按照公式(6－4)来计算:

$$\theta = \varphi + \delta \tag{6-4}$$

式中:θ——集热器的倾角;

φ——当地纬度;

δ——一般取 5°~10°。

此外,应保证集热器前、后排间距不小于不遮阳最小距离 S,如图 6－7 示意[16]。

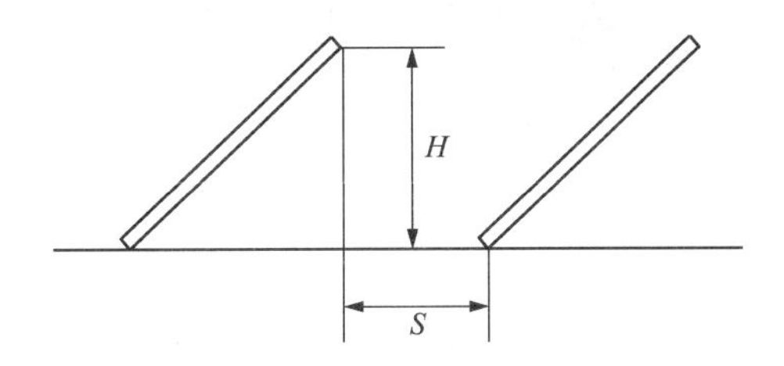

图 6－7 集热器间距示意图

$$\sin\alpha = \sin\varphi\sin\delta + \cos\varphi\cos\delta\cos\omega \tag{6-5}$$

$$\sin\gamma = \cos\delta \frac{\sin\omega}{\cos\alpha} \tag{6-6}$$

$$S = H \frac{\cos\gamma}{\tan\alpha} \tag{6-7}$$

式中:S——不遮阳最小距离,m;

H——表示前排集热器的高度,m;

α——太阳的高度角,(°);

γ——方位角(地平面正南方向与太阳光线在地平面投影间的夹角),(°);

ω——时角(以太阳时的正午起算,上午为负,下午为正,它的数值等于离正午的时间钟点数乘以 15°);

δ——赤纬(太阳光线与赤道平面的夹角),(°)。

2. 集热器的类型及特点

太阳能集热器是一种将太阳的辐射能转换为热能的设备。由于太阳能比较分散,必须设法把它集中起来,因此集热器是各种利用太阳能装置的关键部分。按集热器的传热工质分类,可分为液体集热器和空气集热器。按进入采光口的太阳辐射是否改变方向,太阳能集热器可分为聚光型集热器和非聚光型集热器。按集热器是否跟踪太阳,可分为跟踪集热器和非跟踪集热器。按集热器内是否有真空空间,可分为平板型集热器和真空管集热器。按集热器的工作温度范围,可分为低温集热器、中温集热器和高温集热器等三种。以下将着重介绍以液体作为传热工质的平板型集热器和真空管集热器。

(1)平板型太阳能集热器

平板型太阳能集热器主要由透明盖板、吸热带、保温材料和外壳等几部分组成,如图 6－8所示。平板型集热器工作时,太阳辐射穿过透明盖板后,投射在吸热带上。吸热带吸收太阳的辐射热能，并将热能传递给吸热板内的传热工质，使其温度升高，作为集热器的有效能量输出。同时，温度升高后的吸热带会向四周散热，因此需要设置隔热层。

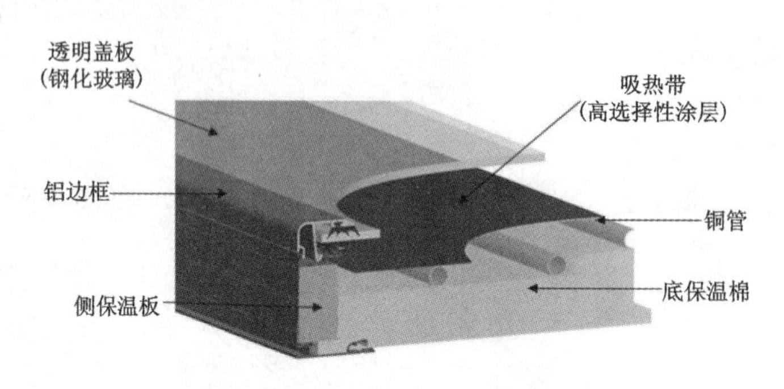

图 6-8 平板型太阳能集热器

吸热带的结构及表面涂料对集热器集热能力有决定性的影响。吸热带的材料种类很多，有铜、铝合金、铜铝复合、不锈钢、镀锌钢、塑料、橡胶等。吸热带应具有良好的承压能力和热工性能，一般会选择金属作为吸热板。可在金属表面制备吸收涂层以减少其反射率。

透明盖板应具有耐热、耐老化、易擦洗、高透光等性质。透明盖板是平板集热器吸热板，并由透明(或半透明)材料组成的板状部件。它的主要作用是透过太阳辐射的短波，使其投射在吸热板上，减少热板反射中的长波投射，形成温室效应，阻止吸热板在温度升高后通过对流和辐射向周围环境散热，使得集热器内太阳辐射能增多。规范规定，透明盖板的太阳透射比应不低于0.78[14]。普通平板玻璃的抗冲击强度低，易破碎，需要经过钢化处理，使它具有足够的冲击强度。

保温材料是集热器中抑制吸热板向周围环境散热的部件，主要起到降低集热器热损，提高集热器热性能的作用。用于制作隔热层的材料有岩棉、矿棉、聚氨酯、聚苯乙烯等。根据规范规定，隔热层材料的导热系数应不大于0.55 W/(m·K)，隔热层的厚度选用30～50 mm为宜[14]。

(2)真空管太阳能集热器

真空管集热器就是将吸热体和透明盖板之间的空间抽成真空而制成的太阳能集热器，如图6-9所示。此外，从受力情况和密封工艺的要求考虑，将太阳能集热器的基本单元做成圆管形最为合理。按吸热体的材料不同，真空管集热器可分为玻璃真空管集热器和金属吸热体真空管集热器。

全玻璃真空集热器是由内玻璃管、外玻璃管、选择性吸收涂层、弹簧支架、消气剂等部件组成，其形状犹如一只细长的热水瓶胆。它采用一端开口，将内玻璃管和外玻璃管的一端管口进行环状熔封；另外一段密闭成半球形圆头，内玻璃管用弹簧支架支撑，可以自由伸缩，以缓冲它热胀冷缩引起的应力；内玻璃管和外玻璃管之间的夹层抽成真空。内玻璃管的外表面涂有选择性吸收涂层。弹簧支架上装有消气剂，它在蒸散以后用于吸收真空集热管运行时产生的气体，保持管内真空度。

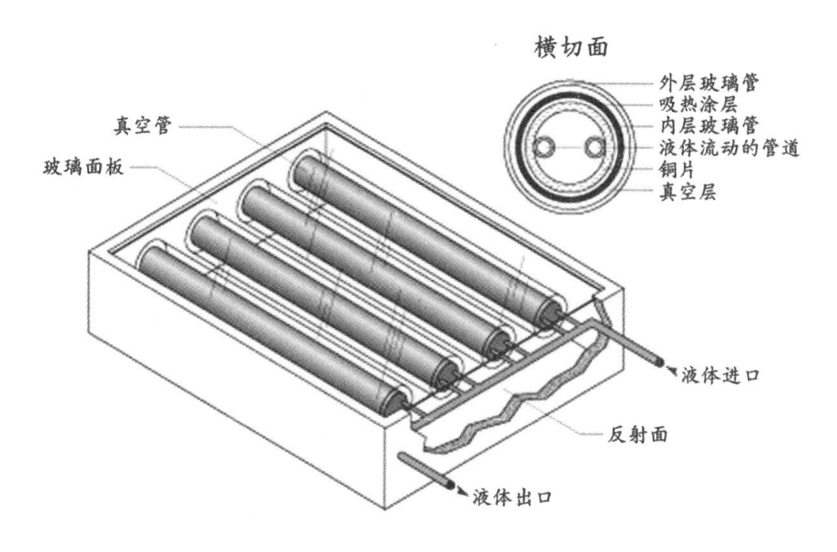

图6－9　真空管式太阳能集热器

3. 集热器连接方案的确定原则

制定集热器连接方案时要综合考虑以下方面：首先，普通真空管型联集管集热器串联台数不超过10台、热管式联集管集热器串联台数不超过8台、U形管式联集管集热器串联台数不超过6台。其次，当集热器并联台数过多，流量过大时宜选用多泵系统。当集热器倾角不同、朝向不同或被遮挡时刻不同时宜选用多泵系统。此外，不同类型的集热器尽量不串联在一起，且连接过程中尽量采用Z形连接；当并联台数少、流量小时可采用U形连接。另外，尽量使并联集热器的管路连接做到同程同阻。最后，根据集热器布置位置等具体情况确定集热器的连接形式。根据以上原则确定集热器的串并联形式和水泵的安装位置。

4. 系统安装与系统保温

图书馆通常采用强制循环系统，安装时应注意水泵的扬程应和循环管路阻力相匹配，流量可按系统的采光面积选取。水泵的安装位置最好设在水箱下部，若必须安装在室外，应采取防雨和防噪措施。感温件应安装在最后一根太阳集热器上集管的出口处和水箱的下部。

要提高太阳能热水系统的热效率，除了选择性能良好的保温材料和保证一定厚度的保温层外，应确保保温层的密封性并防止“热桥”。此外，水箱壁上的管件、阀门、支撑架、接头等金属部件不应当暴露在空气中或与金属基础相接触。保温材料的厚度可以参考表6－3。

表6－3　保温材料的厚度(mm)

管道管径	<25	32	40～50	>65
给水管道	30	30	40	40
集热循环管道	25	25	30	30
排水管道	20	25	25	30

5. 太阳能热水系统辅助热源的选择

太阳能热水系统采用太阳能为主要的能源，但是在我国南方阴雨较多的地区，太阳能热水系统往往无法获得充足的热量。因此，需要选用合适的辅助热源。

按照采用的形式，通常太阳能热水系统的辅助热源分为天然气加热、燃气加热、电加热三种。如果建筑本身的保温性能好，热负荷量较小，可以直接使用电加热设备直接置于建筑内部，这样就比选用燃气、燃气锅炉更经济而且调节灵活。如果系统负荷较大，可以采用燃油、燃气锅炉或者电锅炉系统提供能量；更大负荷的系统可以考虑以热力站的蒸汽或热水作为辅助热源。

研究表明[17]，天然气加热的费用最低，其次是燃油加热，费用最高的是电加热，但三者之间的差距不大。相对于电加热，天然气和燃油在燃烧过程中容易产生热量浪费。此外，不同地区由于资源不同，导致辅助能源的价格也不尽相同。因此对于图书馆，在选用太阳能热水系统的辅助能源时，必须综合考虑其需求热水负荷的大小、设备采购和安装及运行的总费用、图书馆卫生环境的要求等因素。

6.3.4 燃气发动机热泵系统

1. 燃气发动机热泵的原理

燃气发动机热泵是利用燃气发动机驱动热泵压缩机完成循环的蒸汽压缩式热泵。燃气发动机热泵的燃料消耗量只有燃气锅炉的50%左右；同样能量的燃气发动机热泵，其耗电量只有电空调机组的1/10，是一种非常节能的设备。在夏季可作为制冷机运行，其排热可作为热水供应或吸收式制冷机的热源；在冬季可以作为供热的热源[7]。由于燃气发动机热泵显著的环保和节能效果，在美国、日本等国家已得到广泛应用。

燃气发动机热泵的工作原理与电力驱动的供热原理大致相同，只不过是用发动机代替了电力驱动热泵中的电动机，其原理如图6-10所示[6]：压缩机、冷凝器、膨胀阀和蒸发器组成压缩式热泵循环系统，压缩机由燃气发动机来驱动，蒸发器从热源吸取热量，而冷凝器将热量传递给热水系统。该循环系统中还设有发动机冷却水换热器和排气换热器，以分别吸取发动机冷却水和排气的热量，这些热量则可以换给供暖回路系统。

燃气发动机热泵的分析与评价指标主要有性能系数COP、供冷/供热能力和燃料消耗率等。在实际中多使用性能系数COP来评价热泵的性能。性能系数COP通常以所得到的热量同供给的燃气能量之比来表示，其值等于能量的变换率η和能量的利用效率ε的乘积。分析表明，用燃气发动机供热时的燃料消耗量只有锅炉的一半左右。

2. 燃气发动机热泵的优点

首先，燃气发动机热泵机组可利用地下水、排水或空气等各种低温热源制冷或制热。若对燃气发动机排气和冷却水等高温热源实现阶梯利用，则能大大提高能源利用效率。其次，负荷调节性能良好，可通过转速控制、改变气缸数或滑阀的位置获得较好的负荷调节性能。再次，燃气发动机热泵机组利用其余热加热室外换热器的空气，并提供换热器换热所需能量，使热泵机组在低气温时能连续供热而无需除霜，供热稳定。此外还具有比电动热泵高的

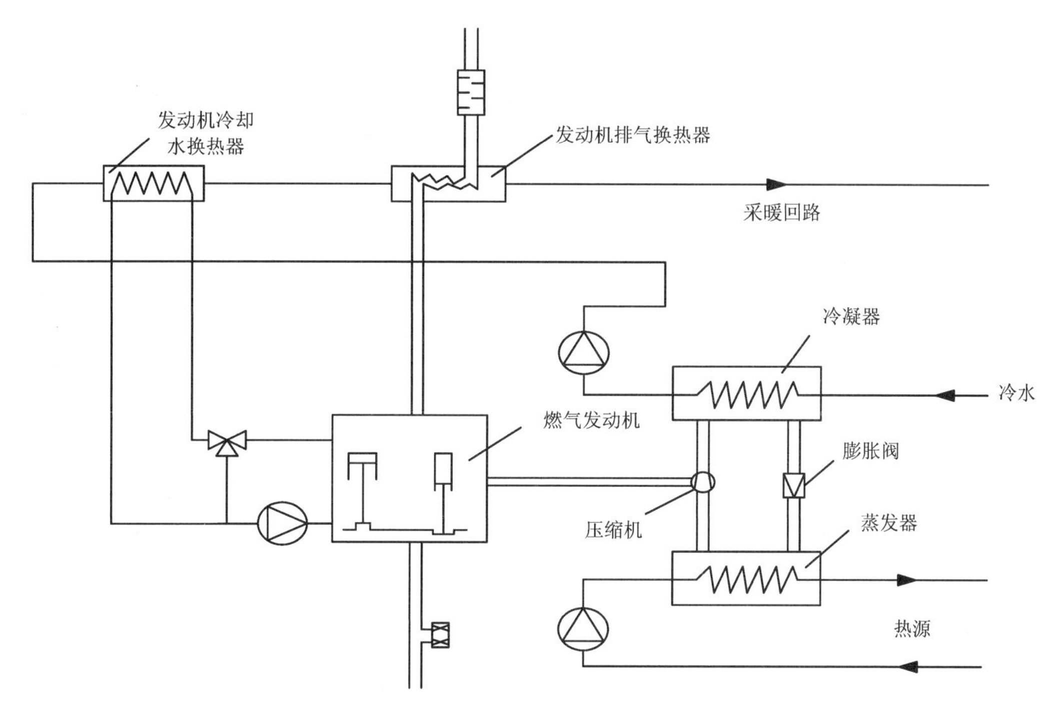

图 6－10　燃气发动机热泵的工作原理

一次能源利用系数。

由于发动机的排热量一般占输入热量的52%左右，为了提高系统节能性能，最简单的利用方式就是对这部分热量加以利用，从而供给热水，如图6－11[6]所示，此热水可以用做采暖系统的热水或加热采暖系统热水的热源。

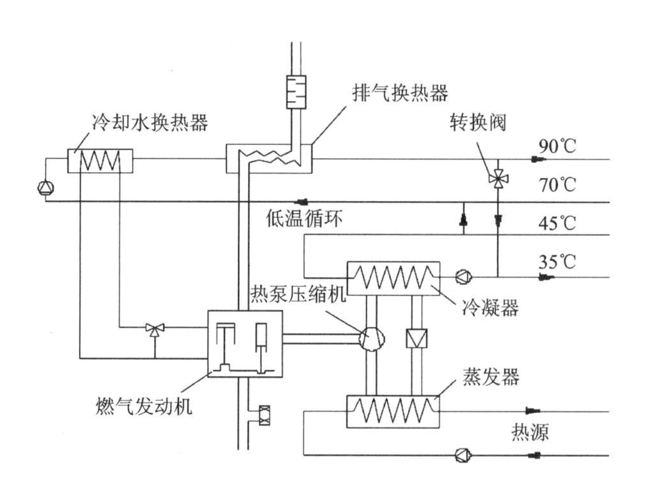

图 6－11　带有高温和低温热水回路的燃气发动机热泵系统

3. 燃气发动机热泵运行的经济性分析

分析不同供热系统的性能时，可以采用一次能源利用率 PER 作为评价基准来进行分析比较。一次能源就是指供热系统中所消耗的天然气、煤炭等初始能源。一次能源利用率是指系统的总输出能量与系统的一次能源消耗量之比。由定义可知，不同供热方式的 PER 有不同的表达式。假设公用电网的发电和供电效率为30%，燃气发动机热泵的热效率为32%，电动热泵的 COP 为4.2，通过换算，燃气发动机热泵的 PER 为1.8，而电动热泵的为1.29[8]，燃气发动机热泵能效比更高。

6.3.5 高效加热系统

1. 水煤浆锅炉

我国是产煤大国，而石油资源相对短缺，因此国家将“以煤代油”作为我国的一项基本能源政策。与此同时，现阶段我国雾霾等环境问题突出，严重危害着人民的身体健康。因此，开发节能、环保的清洁煤势在必行。目前，水煤浆及水煤浆锅炉是煤的清洁利用的重要途径。

(1)水煤浆的定义及特点

水煤浆是由大约65%的煤、34%的水和1%的添加剂通过物理加工得到的一种低污染、高效率、可管道输送的代油煤基流体燃料。它改变了煤的传统燃烧方式，显示出了巨大的环保节能优势。采用这项新洁净煤技术，既可提高锅炉的热效率，又能减少环境污染，具有显著的社会和环境效益。

水煤浆燃烧充分、炉膛充满度好，燃烧效率达96%~98%；锅炉热效率大于85%，与燃油锅炉相当，远高于燃煤锅炉；水煤浆黏度低于重油，负荷易于调节。在自动或手动操作下最低可调至40%，且调节过程非常方便。此外，水煤浆最佳着火温度在800℃左右，必须通过压缩空气雾化才能燃烧，在常温常态下不可燃[18]。在化学添加剂的作用下，水煤浆可保持长期不沉淀，因而其具有稳定性好的流动性，既可以长距离管道输送，又可用汽车槽车、铁路槽车及船舶运输。与普通烟煤相比，水煤浆的挥发性较高，灰分和硫分较低。挥发性高，保证了水煤浆的着火燃烧；灰分和硫分低，使得煤渣排放量大大减少，烟气中的含硫量得到明显降低。水煤浆采用悬浮燃烧，燃烧非常充分，锅炉热效率一般在82%以上。水煤浆经过雾化、与空气预混后着火并悬浮燃烧，因煤炭颗粒非常小，正常燃烧时燃尽率可达98%以上，充分的燃烧降低了炉渣的含碳量，有效地减少了氮氧化物(NO_x)的产生，从而保证了烟气的达标排放[19]。根据水煤浆的性质和用途，水煤浆可分为：精煤水煤浆、精细水煤浆、经济性水煤浆、气化水煤浆、环保性水煤浆等，目前用于锅炉的是精煤水煤浆。

(2)水煤浆锅炉系统及其改造技术

水煤浆专用锅炉是根据水煤浆的组分和特性专门设计的，又经过一代代的不断改进完善，其燃烧效率、热效率等基本上达到油炉的技术指标。水煤浆锅炉系统包括锅炉本体、燃烧装置、供浆系统、通风除尘系统等四部分，其流程示意图见图6-12[20]。

锅炉本体包括锅炉受压部件、炉墙及保温、钢架；燃烧系统包括水煤浆储存及供应系统、雾化用压缩空气系统、柴油助燃点火系统、燃烧器；通风除尘系统包括鼓风机、引风机、烟风

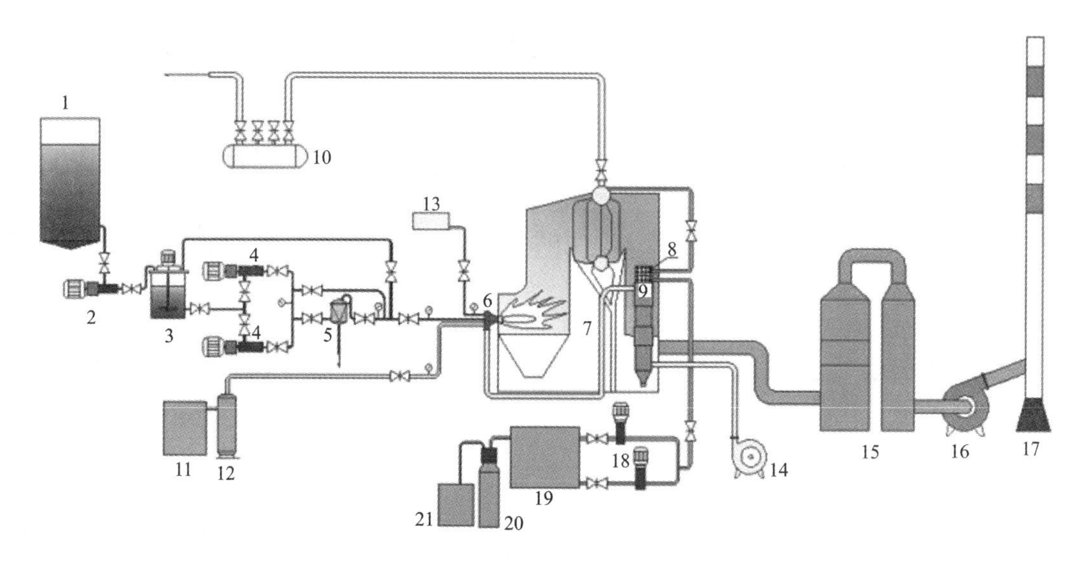

图6－12　水煤浆锅炉系统流程示意图

1—水煤浆储罐；2—卸浆泵；3—搅拌器；4—供浆泵；5—过滤器；6—水煤浆燃烧器；7—水煤浆锅炉主机；8—省煤器；9—空预器；10—分汽缸；11—空压机；12—储汽罐；13—油箱；14—鼓风机；15—除尘器；16—引风机；17—烟囱；18—给水泵；19—水箱；20—水处理器；21—储盐罐

道、多管除尘器、水膜除尘器等；供热系统包括高温循环油泵、高低位槽、输油管线，为提高锅炉热效率，锅炉烟气出口设置烟道蒸发器。

水煤浆锅炉的供浆泵、引风机采用变频控制，有效地控制了锅炉的燃烧，具有明显的节能效果。此外，由于水煤浆的燃烧特性类似燃油，水煤浆锅炉的燃烧器、炉膛燃烧室的结构与燃油锅炉相似。但是水煤浆所含的灰分比油中灰分多，故炉底的出渣和尾部受热面的结构又比较接近煤锅炉。因此可以由燃煤或燃油锅炉改造为水煤浆锅炉，但在改造水煤浆时由于燃料性质的差异，必须对锅炉本体进行改造，以利于水煤浆的稳定、高效燃烧。

要改造成水煤浆锅炉，一般需要在燃烧器附近的水冷壁涂抹耐火泥，以提高燃烧器区域的温度，使煤浆易于着火，达到稳定燃烧的目的；其次，由于进入炉膛参与燃烧的空气温度越高越有利于着火，因此提高空气预热温度是水煤浆温度燃烧的重要措施；再次，良好的雾化可以减少水煤浆滴的形成，缩短水煤浆的着火距离和燃尽时间，为水煤浆着火燃烧提供良好的条件；最后，采用立式液态排渣旋风燃烧室技术，利用煤中灰分的熔融特性，使煤浆雾炬在高温下迅速着火燃烧并燃尽，达到高强度燃烧，同时把煤中70%～80%的灰分以液态方式排出，达到脱灰的目的[21]。

(3)环保与节能优势

水煤浆是选洗后的精煤加工而成的燃料，它的灰分含量(6%～8%)、硫分含量(0.3%～0.4%)都比较低，所以燃烧以后烟尘的排放浓度比燃煤锅炉的低，一般为80 mg/m^3，达到锅炉大气污染物排放国家标准中的一类排放指标(80 mg/m^3)。此外，水煤浆锅炉排放的SO_2浓度也比燃重油锅炉的低，一般为400 mg/m^3，达到一类排放指标(轻柴油限制为500 mg/m^3，燃料油限制为900 mg/m^3)。表6－4和表6－5列出了水煤浆锅炉与燃油、燃煤锅炉的烟尘及SO_2排放浓度对比情况[19]。

表 6-4 烟尘及 SO_2 排放浓度比较

项　目	水煤浆	轻油	重油	Ⅱ烟煤
燃料灰分	7%	0.01%	0.2%	32.48%
燃料硫分	0.45%	0.25%	1.5%	1.2%
除尘器效率	99.5%	不用	90%	99.5%
脱硫装置效率	≥70%	不用	≥80%	≥90%
除尘器前烟尘浓度/($mg \cdot m^{-3}$)(标态)	5250	30	600	3000
除尘器后烟尘浓度/($mg \cdot m^{-3}$)(标态)	<50	—	<80	<50
脱硫装置前 SO_2 浓度/($mg \cdot m^{-3}$)(标态)	915	450	2400	1895
脱硫装置后 SO_2 浓度/($mg \cdot m^{-3}$)(标态)	<300	450	480	<300
格林曼黑度	<Ⅰ级	<Ⅰ级	<Ⅰ级	启、停炉>Ⅰ级

表 6-5 不同燃料 SO_2 排放总量比较

燃料	燃料耗量/($kg \cdot h^{-1}$)	年燃料耗量/t	燃料硫分	年 SO_2 总量/t	脱硫效率	年 SO_2 排放量/t
水煤浆	1670	12024	0.3%	72	70%	21.6
Ⅱ烟煤	1986	14300	1.2%	343.2	90%	34.32
重油	749	5392	1.5%	161.8	80%	32.36

与煤相比，原煤或动力配煤的热值约 20.93 MJ/kg，锅炉的热效率一般在 65% ~70%。而水煤浆的热值为 20.09 MJ/kg，燃烧效率在 85% 左右，1 t 水煤浆的有效热量大约与 1.2 t 原煤相当。与油相比，重油与轻油的热值为 41.86 MJ/kg，正常情况下水煤浆炉与油炉的燃烧效率及热效率差不多，因此大约 2.2 t 水煤浆与 1 t 油的有效热量相当。表 6-6 给出了几种燃料的锅炉运行经济性对比[19]。

表 6-6 锅炉运行经济性分析

炉型	燃料	热值	燃料价格	小时燃料费/元	年燃料费/万元	年电费/万元	年点火费/万元	年人工费/万元	年脱硫费/万元	年成本/万元
水煤浆锅炉	水煤浆	4500 kcal/kg	0.9 元/kg	1521.0	1095.13	46.80	15.99	12	18.9	1188.83
燃煤锅炉	Ⅱ烟煤	5000 kcal/kg	0.75 元/kg	1227.4	883.73	37.44	—	12	115.83	1048.99
天然气锅炉	天然气	8500 $kcal/m^3$(标态)	3.3 元/m^3(标态)	2727.9	1964.08	6.55	—	6	—	1976.63
重油锅炉	重油	9800 kcal/kg	5.0 元/kg	3747.8	2698.45	18.55	7.77	6	48.54	2779.31
轻油锅炉	轻油	10200 kcal/kg	7.3 元/kg	5084.0	3660.45	6.55	—	6	—	3672.99

从表 6-6 可以看出，水煤浆锅炉运行成本略高于燃煤工业锅炉，但与燃油、燃气锅炉相

比运行成本节约2至3倍。因此，水煤浆及其锅炉的推广应用具有极大的经济优势。

2. 真空热水机组

(1)基本原理与构造

当压力小于大气压时，水的沸点就会低于100℃。例如，当气压为0.7 kg/cm^{2}时(约0.7个大气压)，水的沸点为90℃。真空热水机组就是利用此原理(如图6-13所示)，其密闭容器通过真空抽气后形成一个负压腔。在燃料燃烧加热时，热媒水在负压下沸腾汽化，且汽化温度较低。其上部为负压蒸汽室，内设换热管。管外的水蒸气被管内冷水冷却，在管壁冷凝结成水滴，滴落回水面，再被加热。如此周而复始地循环，将管内冷水加热升温后通往用户，完成工作过程[22]。负压蒸汽室内热媒水是经过除盐、脱氢处理的净水，由工厂出厂前一次充注达一定量，使用时在机组内部进行闭式循环。

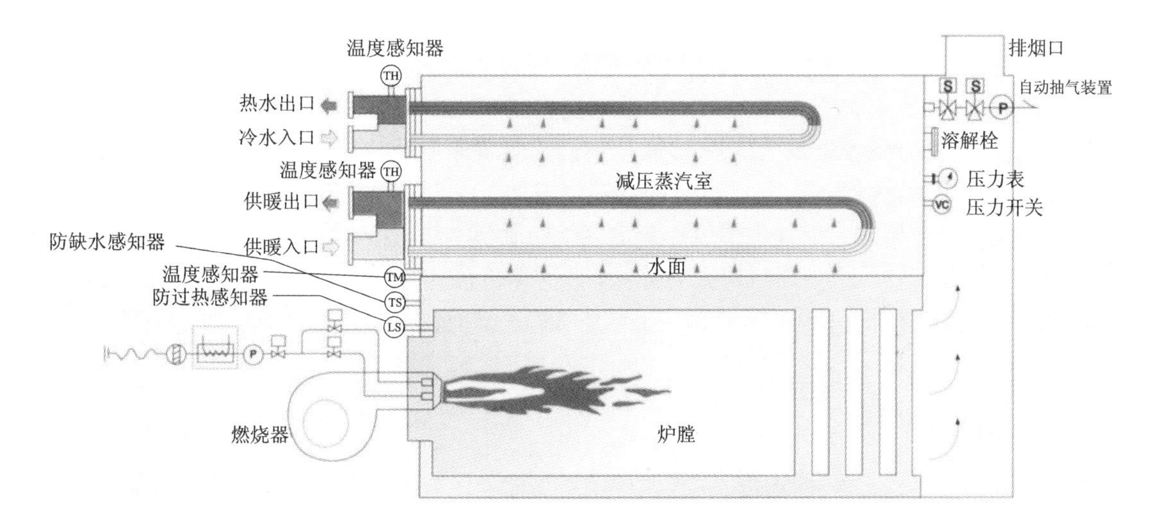

图6-13　真空热水机组的工作原理

燃烧室设在密闭负压容器的下部，燃烧器在中心喷射燃料(油或气)并自动点燃火焰，燃烧比较安全。炉膛在负压水容器中可自由浮动和伸缩，膨胀应力减至最小，因此使用寿命较长。烟管采用螺旋板扰流装置，降低排烟温度。由于相变传热的传热系数大于水-水热交换的传热系数，因此真空热水机组热效率可达92%，是一种节能的加热设备。

(2)真空热水机组优点

真空热水机组的优点体现在：一是安全性、可靠度高。真空热水机组在负压下运行，无爆炸危险。二是结构紧凑。在设备内部进行热交换，大大节省了空间。三是高效节能。机组内进行相变传热，排烟温度较低；而且热效率较高，既节能又有利于环保。此外，该机组采用高纯度热媒水，机内不会结垢；由于保持真空，减少了腐蚀，使机组寿命延长。

3. 模块组合式热水锅炉

模块组合式热水锅炉，是根据用户负荷大小和设计需要，将若干个可独立运行的模块单元组合成一个锅炉整体。通过对室内外温度、供回水温度变化的监测与计算，电脑自控系统可控制每一级模块，自动调整模块启停数量，使输出热量始终与实际需求热负荷相匹配，并使每个模块能保持在最佳燃烧工况下，从而达到整体锅炉高效运行的目的。据统计，模块组合式锅炉系统比传统单台大锅炉供热节能40%～60%[23]。

模块组合式锅炉的节能性主要体现在以下几方面：首先，炉膛热损失低。模块组合式锅炉没有传统单体燃油、燃气锅炉点火启动时炉膛吹扫带来的热量损失。其次，排烟热损失低。模块组合式锅炉的排烟热损失比传统单体锅炉约低75%。再次，锅炉的电耗非常小，小到可以忽略不计。最后，使用模块组合锅炉与自控系统相结合，可以使系统供水温度按照供热曲线运行(误差不大于0.5℃)，可真正实现“按需供热”，大大减少超标热损失及欠热现象的发生。

4. 冷凝式锅炉

传统锅炉的排烟温度一般都在130～200℃，从而可以有效地防止烟气中的水蒸气冷凝并与NO_x、SO_x结合形成酸性液体，腐蚀锅炉尾部的管道和设备。但由于锅炉的排烟温度太高，锅炉的热效率较低，传统锅炉的热效率一般只能达到87%～91%[24]。

冷凝式锅炉就是利用高效的烟气冷凝余热回收装置来吸收锅炉尾部排烟中的余热锅炉。其燃烧装置为鼓风燃烧器，并且在烟气的通道中增加了一个冷凝换热器，能把排烟温度降低到50～70℃，充分回收了烟气中的显热和水蒸气的凝结潜热，热效率因此而显著提高。

传统锅炉在部分负荷下运行效率会降低，因为低负荷期间锅炉的热损失比例增大。而冷凝式锅炉的效率主要取决于系统水温。当室外气温不是很低，系统水温较低时，冷凝式锅炉一般都能高效率运行。

6.3.6 蓄冷技术

电力部门的电价政策是应用蓄冷技术的关键因素，例如峰谷差价政策、按电力需用功率收费政策等。一般来说，蓄冷技术适用于以下场所：用电高峰时段空调负荷大，其余时间空调负荷小的场所；间歇性短时间使用的场所；空调负荷特别大，需要减轻用电对供电设施造成压力的场所；区域供冷的冷源或特殊工程的备用冷源。

图书馆往往位于城市用电的集中区，比较适合使用蓄冷空调。空调蓄冷一般按照蓄冷介质划分，有水蓄冷、冰蓄冷和共晶蓄冷系统三大类，下面予以介绍。

1. 水蓄冷

水蓄冷以水作为蓄冷介质，利用冷冻水的显热容量进行蓄冷。水蓄冷制冷装置包括制冷机组、蓄冷槽、蓄冷水泵和板式换热器等。蓄冷槽是水蓄冷系统的关键设备，可用室内外蓄冷水池或消防水池来代替。用普通冷水机组制冷，夜间制取2～5℃的冷水以供白天使用。为了提高蓄冷槽的蓄冷能力并满足供冷负荷需要，应提高水蓄冷系统的蓄冷效率，维持较大的蓄冷温差，并防止冷水与回水混合造成蓄冷能力的损失。水蓄冷贮槽结构通常有四种：温度分层型(垂直流向型)、迷宫曲径型(水平流向型)、复合贮槽切换型、隔膜或隔板型[25]。

水蓄冷系统流程分为开式流程、开闭式混合流程两种。其中，开式流程应用较普遍，具有系统简单、一次投资低、温度损失小等优点。但开式流程的贮槽与大气相通，水质易受环境污染，水中含氧量过高，需设置相应的水处理装置。此外，制冷及供冷回路应设置防止虹吸、倒空的装置，以免运行工况被破坏。开闭式混合流程与用户形成间接连接，即热交换器一侧与水蓄冷贮槽组成开式回路，热交换器至用户另一侧形成闭式回路，水泵扬程降低，适用于高层、超高层建筑空调供冷，但需增加二次泵及相应的设备。

2. 冰蓄冷

冰蓄冷空调技术是指在用电低谷期采用电制冷机制冰，利用水的潜热特性将冷量储存起来，而在用电高峰期则将储存的冷量释放出来供冷的空调方式。冰蓄冷系统的制冷机必须提供温度为 -9 ~ -3℃的冷媒液。供制冰用的冷媒液分为两类，一类是用于直接蒸发制冰的制冷剂，如氨、氟利昂等；另一类是载冷剂，如乙二醇水溶液及其他含盐类的抗冻性水溶液。

一般来说，冰蓄冷空调系统的制冷设备容量小于常规空调系统，但一次性设备投资较常规空调要高，通常是常规空调系统的1.6 ~2.0 倍[26]，但是如果计入供电增容费或者节能补贴则有可能与常规空调系统投资大体相当。在峰、谷分时电价政策的支持下，冰蓄冷空调系统能够大大节省运行费用，与常规空调系统相比，能在2 ~5 年内收回增加的投资成本。由于蒸发温度降低，冰蓄冷空调系统的实际用电量比常规系统增加约30%，因此为了发挥冰蓄冷的优势，应该合理设计、优化控制策略[27]。

冰蓄冷装置根据融冰的方式不同，可分为盘管外融冰、盘管内融冰和封装冰等主要类型。

(1)盘管外融冰

液体制冷剂或载冷剂在盘管内流动，盘管一般为钢制蛇形盘管，冰在盘管外壁上形成。在释放冷量时需让温度较高的回水或二次冷剂，进入盘管外贮槽循环流动，使盘管外表面的冰层由外向内逐渐融化。由于空调回水可与冰直接换热，所以融冰速度快，释冷的温度可大于1 ~2℃。贮槽一般为开式矩形钢制槽或混凝土槽两种，充冷温度为 -9 ~ -4℃，贮槽内水与冰的空间比约为50%。如果盘管外结冰不均匀，会影响制冷效率，应在贮槽内增设水流搅拌设施或用压缩空气鼓泡进行改善。

(2)盘管内融冰

来自用户温度较高的载冷剂(乙二醇水溶液)在盘管内循环，通过管壁将热量传给冰层，使盘管表面的冰层由内向外融化，使载冷剂冷却到需要的温度，以供应外界负荷所需的冷量。

盘管内融冰时，冰层与管壁表面之间水温度逐渐增加，因为水的导热系数仅为冰的25%左右，故对传热速率影响较大。因此，要选择合适的管径、合适的结冰厚度和盘管型式。一般可以使用蛇形、圆筒形和U形等型式，其材料为钢管或塑料管。蓄冷装置的充冷温度为 -6 ~ -3℃，释冷温度可高于1 ~3℃，制冷机组的性能系数值为2.9 ~4.1，贮槽体积一般为0.019 ~0.023 m^3/kW·h。

(3)封装冰

封装冰蓄冷是指将封闭在塑料容器内的水制成固态冰的过程。容器浸沉在充满乙二醇溶液的贮槽内，容器的形状有球形、板形和椭圆形。乙二醇溶液从塑料容器的间隙流过，容器内的水会随着乙二醇的温度变化而结冰或融冰。由于温度的垂直分层、温度传递方向以及融冰和结冰的过程中受到浮力的大小不同，槽内传热过程很复杂。一般来说，封装冰贮槽内的充冷温度为 -6 ~ -3℃，释冷温度可高于1 ~3℃。贮槽有敞开式和密闭式，密闭式应用较多。贮槽体积和制冷机组的性能系数值与盘管式蓄冷差别不大。贮槽多为钢制，也可以利用建筑物底层作敞开式混凝土贮槽。

3. 共晶盐蓄冷

共晶盐是由水、无机盐及添加剂调配而成的混合物，无毒、不燃烧。目前使用效果较好的有两种，一种相变温度为8.3℃，相变潜热为95.3 kJ/kg，密度为1473.7 kg/m^3；另一种相变温度为5℃。

共晶盐系统的基本组成大致和水蓄冷相同，制冷设备可采用常规空调用冷水机组，利用封闭在塑料容器内的共晶盐相变潜热进行蓄冷。相对于水来说，共晶盐可以在较高的温度下进行相变。蓄冷时，从制冷机出来的冷冻水流过蓄冷槽内的共晶盐塑料容器(如图6－14所示)，使塑料容器内的共晶盐冻结进行蓄冷。使用空调时，再将从空调流回的冷冻水送入蓄冷槽，塑料容器内的共晶盐融化，水温降低，送入空调负荷端继续使用。系统如图6－15所示[28]。

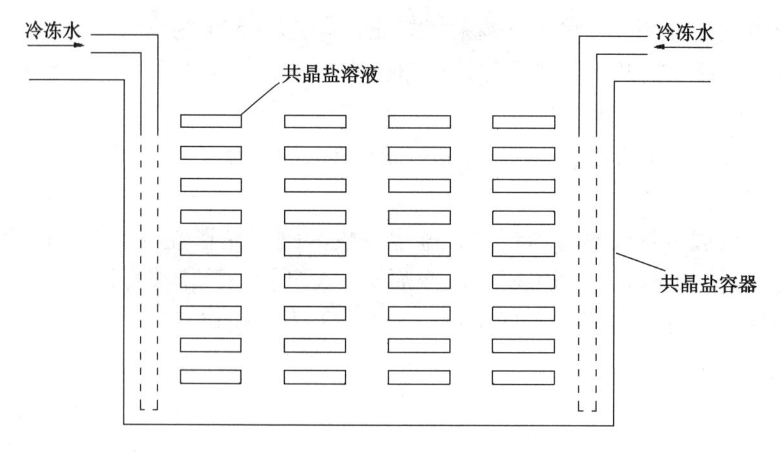

图6－14 共晶盐蓄冷槽示意图

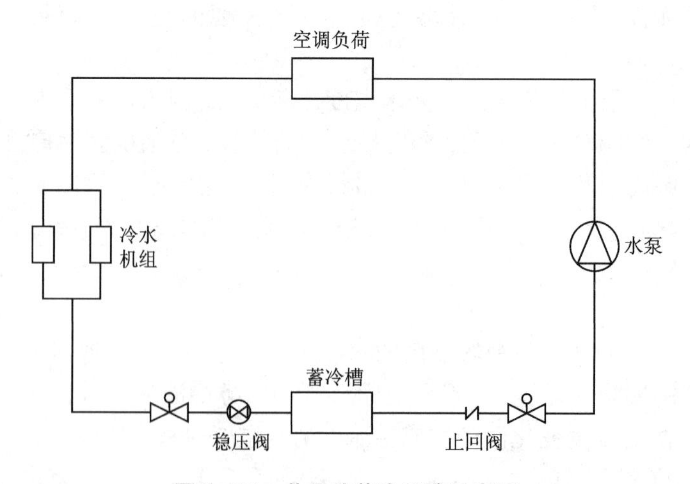

图6－15 共晶盐蓄冷系统示意图

共晶盐蓄冷装置贮槽材料可采用钢板或钢筋混凝土，一般为敞开式。贮槽体积一般为0.048 $m^3/(kW·h)$。蓄冷共晶盐要求具有溶解潜热量大、导热系数高、比重大和无毒、无腐蚀的特性。较理想的共晶盐材料品种单一、价格较高。国外已开发出不同结晶温度的添加剂，其结晶温度分别为5℃、-2℃和-11℃，甚至高达27℃。

4. 蓄冷系统设计原则

蓄冷空调系统冷负荷是以设计日的逐时冷负荷总和及其平均值来确定各设备的容量，同时必须满足设计日各个小时的负荷以及最大小时负荷，所以精确计算整个二十四小时的逐时负荷并绘制出日负荷曲线图非常重要，它是蓄冷系统设计的主要依据。

如前所述，一般蓄冷空调工程中，应用较多的是水蓄冷、内融冰和封装冰系统，表6-7[6]所示为几种蓄冷技术的主要特性。在工程设计中，每个项目都有其自身的条件和特点，必须根据实际情况，通过技术经济比较来确定蓄冷系统的最优方案。表中制冷机组及贮槽投资估算价格引自文献[29]。

表6-7　蓄冷技术的主要特点

蓄冷方式 项目	水蓄冷	封装冰	外融冰	内融冰	动态式冰片滑落式	共晶盐
贮槽体积/[$m^3/(kW·h)$]	0.08~0.169	0.01~0.023	0.023	0.019~0.023	0.024~0.027	0.048
充冷温度/℃	4~6	-6~-3	-9~-4	-6~-3	-9~-4	4~6
释冷温度/℃	高出充冷温度0.5~2	1~3或>3	1~2或>2	1~3或>3	1~2	9~10
贮槽结构	开式，钢或混凝土	闭式或开式，钢或混凝土	开式，混凝土或钢	闭式或开式，钢或混凝土	开式，混凝土、钢及玻璃钢	开式，混凝土、钢及玻璃钢
制冷机种类	常规制冷机	双工况冷水机组	直接蒸发制冷机或双工况冷水机组	双工况冷水机组	分装式或组装式制冷机组	常规制冷机
制冷机充冷工况的COP值	5~5.9	2.9~4.1	2.5~4.1	2.9~4.1	2.7~3.7	5~5.9
释冷液体	水	乙二醇溶液	水	乙二醇溶液	水	水
制冷机组投资估算(美元/t)	200~300	200~500	200~500	200~500	1100~1500	200~300
贮槽投资估算(美元/t)	30~100	50~70	50~70	50~70	20~30	100~150
主要特点	用常规冷水机组贮槽可与消防水池结合，可兼蓄热	贮槽结构形状可灵活设置	较高的释冷速率	标准化蓄冷装置适用于各种规模	释冷速率较快	用常规冷水机组

蓄冷系统主要设备，包括制冷机组及蓄冷装置容量及其匹配都需按照冷负荷特点、电费

结构、优惠政策及投资等因素进行综合优化，也要考虑蓄冷系统的运行策略及流程组合的影响。首先要确定冷源设备负荷，即在设计日供冷负荷基础上，计入站内各种冷损失及泵的得热引起的站内附加冷负荷，作为冷源设备容量确定的依据；其次，合理选择运行方式及流程配置。要根据当地电费和其他优惠政策，通过经济比较，可只选择一种有明显优势的运行方式，否则应选择几种不同的运行方式。同时，要视工程具体情况选择并联流程或串联流程，或选几种流程进行方案比较。

(1)制冷机组容量的初步确定

在设计日供冷负荷 Q_H(kW·h)的基础上计入设计日附加冷负荷便可得到制冷机组总制冷量(kWh)，计算过程见公式(6-8)[30]。

$$(1+k)Q_H = H_c \times C_c + H_{Df} \times C_{Df} + H_{Dg} \times C_{Dg} \tag{6-8}$$

式中：k——设计日附加冷负荷占 Q_H的百分数；

H_c——蓄冷装置充冷时间，h；

C_c——制冷机组在充冷工况运行的容量(制冷能力)，kW；

H_{Df}——非电力谷段制冷机组直供冷负荷时间，h；

C_{Df}——非电力谷段制冷机组直供冷工况运行的容量(制冷能力)，kW；

H_{Dg}——电力谷段制冷机组直供冷负荷时间，h；

C_{Dg}——电力谷段制冷机组直供冷工况运行的容量，kW。

制冷机组标定容量由公式(6-9)[30]计算：

$$NCC = \frac{(1+k)Q_H}{H_c \times CR_c + H_{Df} \times CR_{Df} + H_{Dg} \times CR_{Dg}} \tag{6-9}$$

式中：CR_c——制冷机组充冷工况下的容量系数；

CR_{Df}——制冷机组在非电力谷段直供冷工况下的容量系数；

CR_{Dg}——制冷机组在电力谷段直供冷工况下的容量系数。

容量系数为制冷机组实际运行工况下容量与标定容量之比。制冷机组的容量系数应按运行工况根据具体产品性能确定，而制冷机组的运行工况的确定与系统的流程配置有关，因此需要预先选择流程配置以确定有关温度参数，最终确定设备容量时应按实际情况加以修正。

(2)冰蓄冷装置容量计算

冰蓄冷装置的容量可参考表6-8中的公式计算[6]。表6-8的公式中制冷机优先运行方式的计算公式是依据设计日总冷负荷来确定设备容量的，未考虑逐时负荷 q_i值在峰谷时段的差异程度。采用“机优先”的蓄冷系统，白天空调主机以标定制冷量 q_c在 n_2小时内满载工作。假如在 n_2小时内的某些时段，空调负荷小于双工况主机标定制冷量 q_c的值，那么计算所得的蓄冰装置容量偏小。

制冷机的蓄冰能力 c_f值和蓄冰时间 n_1是用来计算蓄冰装置容量的基础条件，但并未充分考虑蓄冰装置的融冰技术性能。不同类型的蓄冰装置，其蓄冰和融冰性能会有很大差异。因此，对于实行“机优先”运行的系统，应复核蓄冰装置的融冰特性能否满足空调负荷峰值时的取冷要求；对于实行“冰优先”运行的系统，应复核当蓄冰装置的蓄冰量减少后，是否仍能满足稳定的融冰供冷量的要求，否则应调整蓄冰装置的换热面积或容量，以保证空调系统的正常使用。

表6-8　双工况主机和蓄冰装置的容量计算方法

冰蓄冷类型	运行策略	计算内容	公式	备注
全负荷蓄冷	制冷主机晚上谷时制冰蓄冷，白天空调时蓄冷装置融冰供冷	蓄冷装置有效容量	$Q_S=\sum_{i=1}^{24} q_i$	Q_S— 蓄冷装置有效容量(kW·h)； Q_{S0}— 蓄冷装置名义容量(kW·h)； q_i— 建筑物逐时冷负荷(kW)； ε— 蓄冷装置的实际放大系数(无因次)； q_c— 制冷机标定制冷量(kW)； n_1— 夜间制冷机在蓄冷工况下运行小时数(h)； c_f— 制冷机蓄冷时制冷能力的变化率，即实际制冷量与标定制冷量的比值； n_2— 白天制冷机在空调工况下运行的小时数(h)； q_{max}— 空气调节系统的最大小时冷负荷(kW)； $\bar{q}_c$— 蓄冷装置每小时恒定的释冷量(kW)
		蓄冷装置名义容量	$Q_{S0}=\varepsilon Q_S$	
		制冷机标定制冷量	$q_c=\frac{Q_S}{n_1\Delta c_f}$	
部分负荷蓄冷	制冷机优先	制冷机标定制冷量	$q_c=\frac{\sum_{i=1}^{24} q_i}{n_2+n_1c_f}$	
		蓄冷装置有效容量	$Q_S=n_1c_fq_c$	
		蓄冷装置名义容量	$Q_{S0}=\varepsilon Q_S$	
	蓄冰装置优先	主机标定制冷量	$q_c=\frac{q_{max}n_2}{n_2+n_1c_f}$	
		蓄冷装置有效容量	$Q_S=n_1c_fq_c$	
		蓄冷装置名义容量	$Q_{S0}=\varepsilon Q_S$	
		蓄冷装置恒定的释冷量	$\bar{q}_c=\frac{Q_S}{n_2}$	

(3)水蓄冷装置容量计算

蓄冷水槽的容积按公式(6-10)计算[30]：

$$V=\frac{Q_SK_d}{\eta\rho tC_P\varphi} \tag{6-10}$$

式中：V——蓄冷水槽容积，m^3；

Q_S——总蓄冷量，kW·h；

K_d——冷损失附加率，一般取1.01~1.02；

η——水槽容积率，一般取0.96~0.99；

ρ——蓄冷水密度，取1000 kg/m^3；

t——蓄冷水槽进、出水温度，一般取6~10℃；

C_P——水的定压热容量，kW/(kg·℃)；

φ——蓄冷水槽完善度，考虑放冷斜温层影响，一般取0.9~0.95。

为减少蓄冷水槽建设费用和提高蓄冷密度，在条件允许时，蓄冷水槽进、出水温差应尽量选取较大值。

参考文献

[1] 潘向泷. 关于图书馆中央空调系统的节能探讨[J]. 图书馆论坛，2008，28(4)：141－144.

[2] 白雪莲，孙纯武，等. 公共建筑空调系统能耗实测与分析[J]. 重庆大学学报，2008，28(6)：637－641.

[3] GB50019－2015：工业建筑供暖通风与空气调节设计规范[S]. 北京：中国建筑工业出版社，2015.

[4] 方贵银，邢琳，杨帆. 蓄冷空调技术的现状及发展技术[J]. 制冷与空调，2006，6(1)：1－5.

[5] 郝荣荣，钱兴华，郭温芳. 冰蓄冷空调及其在我国的应用前景[J]. 制冷空调，2005(2)：60－62.

[6] 徐吉浣，寿炜炜. 公共建筑节能设计指南[M]. 上海：同济大学出版社，2007.

[7] 戴永庆. 燃气空调技术及应用[M]. 北京：机械工业出版社，2004.

[8] 孙志高，郭开华，王如竹. 燃气发动机热泵及性能分析[J]. 制冷，2006，25(95)：30－33.

[9] 谢诺林，孙志高. 燃气轮机驱动的冷电联产系统性能研究[J]. 暖通空调，2010，40(7)：85－87.

[10] 李素花等. 空气源热泵的发展及现状分析[J]. 制冷技术，2014，34(1)：42－48.

[11] 于立强. 空气源热泵机组设计与维护方法探讨[D]. 西安：西安建筑科技大学，2004.

[12] 刘东. 水源热泵的经济性分析及应用[D]. 天津：天津大学，2003.

[13] 毛会敏，姚杨. 土壤源热泵地下换热器的设计与影响因素分析[J]. 建筑热能通风空调，2008，27(2)：48－52.

[14] GB/T 6424－2007：平板型太阳能集热器[S]. 北京：中国建筑工业出版社，2007.

[15] GB/T 18713－2002：太阳能热水系统设计安装及工程验收技术规范[S]. 北京：中国建筑工业出版社，2002.

[16] 王博威. 太阳能集热器热性能动态测试方法研究[D]. 中国科学院电工研究所，2008.

[17] 姚春泥，代彦军，翟晓强. 建筑一体化太阳能热水系统计费问题研究[J]. 太阳能学报，2007，28(6)：672－673.

[18] GB/T 18855：燃料水煤浆[S]. 北京：中国建筑工业出版社，2015.

[19] 任强，赵辉，楼清刚，等. 水煤浆工业锅炉经济性与环保特性分析[J]. 工业锅炉，2013(4)：25－29.

[20] 成预林，季云金，徐永前. 水煤浆锅炉应用与系统设计[J]. 工业锅炉，2008(6)：32－36.

[21] 汤晓英，朱传标，严宝康. 工业锅炉节能技术[M]. 上海：上海科学普及出版社，2009.

[22] 翟家珮，黄悦，韩学廷. 新型真空热水机组及其应用[J]. 真空，2005，42(6)：59－61.

[23] 国家经贸委节能信息传播中心. 模块组合式燃气热水锅炉在采暖中的应用[J]. 设备管理与维修，2003(3)：33－36.

[24] 夏洁. 工业锅炉节能的几种措施[J]. 资源环境，2009，38(2)：74，176.

[25] 刘坚，侯靖贤，苏文. 水蓄冷空调技术的应用[J]. 上海电力，2005(6)：595－599.

[26] 严德隆，张维君，空调蓄冷应用技术[M]. 北京：中国建筑工业出版社，1997.

[27] 陈志辉. 冰蓄冷空调系统的优化控制[D]. 太原理工大学，2008.

[28] 巨永平，孙志荣. 空调工程中的蓄冷技术[J]. 暖通空调，1995(6)：38－44.

[29] C. E. Dorgan, J. S. Elleson. ASHRAE's new design guide for cool thermal storage[J]. Ashrae Journal, 1994, 36(5)：29－34.

[30] 由晓斌. 蓄冷系统的优化运行研究和制冷循环系统的设计计算[D]. 北京建筑工程学院，1999.

第 7 章　图书馆书库除湿工程节能设计

图书馆书库湿度控制是关系到书籍、档案等物质储存条件是否良好的重要因素。馆内空气过于潮湿或干燥都会给图书馆书库的正常使用带来负面影响。当空气相对湿度超过 75% 时，潮湿的空气会使馆内的竹木、纸张等发生霉变虫蛀，也有可能使木质的书架逐渐发生不同程度的变形，甚至诱发锈蚀率直线上升，从而给馆内金属制品带来不同程度的损害，给图书馆书库造成很大的损失。当然，过高的相对湿度也会影响人的身体舒适性。另一方面，当馆内空气的相对湿度低于 45% 时，空气中的静电荷容易积聚，这将给书籍的保存带来危害，另外，在干燥的空气环境中，人体的呼吸系统的抵抗力会降低，这易引发呼吸系统的相关疾病。

夏热冬冷地区属于湿热地区，该地区气候的一个显著特征是全年湿度大、除湿期长。因此，该地区图书馆书库湿度控制的方向主要是除湿和防止冷凝结露，以免造成书籍、书架等的霉变，营造有利于人体健康的环境。一般来说，图书馆书库适宜的湿度范围为 45% ~ 75%，且其湿度控制节能设计应符合《公共建筑照明节能设计标准》(GB 50189—2005)和《民用建筑供暖通风与空气调节设计规范》(GB 50736—2012)的相关规定。

7.1　除湿方法分类及特点

除湿技术包括冷却除湿技术、固体吸附除湿技术、溶液吸收除湿技术、膜除湿技术和热电冷凝除湿技术等等，其中膜除湿应用较少，热电冷凝除湿主要用于小空间的除湿。因此，夏热冬冷地区建筑室内的除湿方法主要有三类：升温通风控湿、冷却降湿和吸收或吸附除湿。

7.1.1　升温通风控湿

1. 升温控湿

相对湿度是指某一温度下，空气中水蒸气的饱和程度，由空气中的水蒸气分压力(以下简称水汽压)和饱和水汽压的比值决定，关系式如下：

$$\varphi = \frac{p_c}{p_{cb}} \times 100\% \qquad (7-1)$$

式中：φ——空气相对湿度，%；

p_c——空气中的水汽压，Pa；

p_{cb}——空气的饱和水汽压，Pa，为温度的函数，温度升高 p_{cb} 增大。

从式(7-1)可看出，在 p_c 值不变的条件下，当温度升高，p_{cb} 值增大时，φ 值则降低，见表 7-1。表 7-1 是在水汽压 p_c 值为 1872 Pa 不变的情况下，不同温度下的 φ 值。

表 7－1　水汽压为 1872 Pa 时的相对湿度

t/℃	16.5	20	22	24	26	28	30
φ/%	100	80	71.0	62.9	55.8	49.6	44.2

从表 7－1 可看出，一般情况下，在温度和水汽压一定的情况下，温度每升高 1℃，相对湿度则降低 4% ~5%。因此，升温控湿主要应用于对室温无要求的场合。

2. 通风排湿

通风是建筑最基本的功能之一，对于图书馆而言，应尽可能地利用自然通风来降温除湿，从而有效地节约能源。用自然状况或经过处理的空气通风，可以有效地排除湿气，达到调节室内温湿度的目的。夏热冬冷地区每年通风排湿的有效期达半年以上，应很好地加以利用。

室外空气状态在不断变化，应根据空气流动规律，有计划地进行室内外空气的交换，只要进风含湿量低于室内含湿量，就能进行通风排湿，从而降低室内含湿量。具体的通风量可以由室内外空气状态参数，根据下式计算得知。

$$W = G(d_n - d_j)/1000 \tag{7-2}$$

式中：W——排湿量，kg/h；

G——通风量，kg/h；

d_n——排风含湿量，g/kg；

d_j——进风含湿量，g/kg。

进行通风除湿时，应当随时监测室内外湿度变化情况，以便随时采取相应措施，防止室内结露，同时防止粉尘和有害气体进入室内。

7.1.2　冷却降湿

冷却降湿是将空气冷却到露点温度以下，大于饱和含湿量的空气的水蒸气会凝结析出，进而降低空气的含湿量的一种除湿技术。冷却降湿的冷源可以是天然冷源或者人工冷源(如直接冷却的空调器)，常用的冷却除湿的方法有冷水喷淋除湿、冷表面冷却除湿和用冷却除湿机除湿等。喷水室除湿是通过在喷水室中直接喷淋冷水，使空气与冷水接触后结露脱水的一种除湿方式。这种方式处理空气可以实现多种处理过程，其主要是利用低于空气露点温度的深井水、天然低温水或冷冻水对空气来进行冷却除湿，是一种直接接触换热冷却的除湿方式，冷却效率比较高。表面冷却式则是利用人工冷源，通过直接蒸发式表冷器、冷水表面冷却器集中处理进入室内的空气，或是在室内利用风机盘管、诱导器等设备对空气进行冷却，从而降低空气含湿量，实现冷却减湿的目的。

当然，在有条件的地方，也可以利用地道风处理进风，这在减少投资的同时，也能起到比较好的冷却减湿的效果。例如，处于夏热冬冷地区的湖南某图书馆工程利用地道风处理进风，根据工程计算，夏季平均风量为 156000 kg/h，冷却减湿后可降温 6.5℃，含湿量降低幅度约为 2 g/kg，除湿量达 312 kg/h，效果比较显著。

冷却除湿机是用制冷机提供冷源，以直接蒸发式冷却器作冷却除湿设备的除湿机。一般由压缩机、蒸发器、冷凝器、膨胀阀及风机等部件组成。用冷却除湿机除湿其实也是一种表面冷却式的除湿方式。冷却除湿机是目前生产最多、发展最快的一种除湿设备，国内外市场上不同类型、不同规格的冷却除湿机随处可见。国内产品的除湿能力一般为0.3～160 kg/h，有立式和卧式，固定式和移动式，带风机和不带风机等形式，在除湿工程中应用得较为广泛。冷却除湿机具有除湿效果好、房间湿度下降快、运行费用低的特点。但当进风温度过低时，蒸发器会发生结霜的现象，使得除湿机的经济性、可靠性降低。另外，由于冷却除湿机的结构比较复杂，所以其维护保养要求也比较高。

冷却除湿机中的制冷机，使用得较多的是压缩式制冷机，其中，经常采用的有往复式半封闭型制冷机和回复式螺杆制冷机。而根据冷却设备的使用功能，则可以将冷却除湿机分为一般型、降温型、调温型、多功能型等四种形式。

7.1.3　吸湿剂除湿

吸湿剂除湿方法的原理就是利用吸湿剂能够吸收或吸附水分的能力，从而除去空气中的部分水分，达到降低空气湿度的目的。吸湿剂可分为吸收式与吸附式两类。常用的吸收剂有氯化锂、三甘醇、氯化钙等，吸附剂有硅胶、活性炭等。吸湿剂可分为固体吸湿剂和液体吸湿剂两类，常用液体吸湿剂性能见表7－2，常用的固体吸湿剂性能见表7－3[1]。

表7－2　常用液体吸湿剂

项目 名称	氯化钙水溶液	氯化锂水溶液	二甘醇	三甘醇
常用露点/℃	－3～－1	－10～4	－15～－10	－15～－10
浓度/%	40～50	30～40	70～90	80～96
毒性	无	无	无	无
腐蚀性	中	中	小	小
稳定性	稳定	稳定	稳定	稳定
主要用途	城市气体吸湿	空调杀菌低温干燥	一般气体吸湿	空调、一般气体吸湿
特点	沸点较低，约160℃	沸点高、浓度低时吸湿性大，再生容易，黏度低	沸点245℃，再生温度150℃	沸点288℃，用作普通空调

表7－3　常用固体吸湿剂

项目 名称	活性炭		硅胶	氧化铝凝胶	分子筛 （沸石类）	分子筛 （碳）
	粒状	粉末				
真密度/(g/cm³)	2.0～2.2	1.9～2.2	2.2～2.3	3.0～3.3	2.0～2.5	1.9～2.0
粒密度/(g/cm³)	0.6～1.0	—	0.8～1.3	0.9～1.9	0.9～1.3	0.9～1.1
充填密度/(g/cm³)	0.35～0.6	0.15～0.6	0.3～0.85	0.5～1.0	0.6～0.75	0.55～0.65
微孔容积/(cm³/g)	0.5～1.1	0.5～1.4	0.3～0.8	0.3～0.8	0.4～0.6	0.5～0.6

续表 7－3

名称＼项目	活性炭		硅胶	氧化铝凝胶	分子筛（沸石类）	分子筛（碳）
	粒状	粉末				
孔隙率/%	33～45	45～75	40～45	40～45	32～40	35～42
比表面积/(cm^3/g)	700～1500	700～1600	200～600	150～350	400～750	450～550
平均孔径/A°	12～40	15～40	20～120	40～150	3～10	3～10
饱和吸水量/%	40～65	—	40～80	20～25	—	22
再生温度/℃	105～120	—	180～220	170～300	250～320	200～400
吸附热/(kJ/kg)	—	—	2930	3018	3780	3830～5023

液体吸湿剂除湿也称液体除湿，它可以依靠太阳能、地热能等低品位能再生吸湿剂，因此它是一种绿色、节能的除湿方式。此外，由于空气被除湿的同时还会与除湿溶液接触，而这些溶液一般具有杀菌作用且可以吸附空气中的部分杂质，因此，液体除湿具有净化新风的作用。

固体吸湿剂则多应用于固体吸附床除湿，固体吸附床除湿也需要进行吸湿剂再生，这种除湿方法又称固体除湿。

1. 氯化锂

氯化锂分子式为LiCl，分子量是42.4，属于盐类，呈白色、立方晶体，它在水中的溶解度很大，也易溶于乙醇、丙醇等有机溶剂。氯化锂水溶液无色透明，无毒无臭，黏性小，传热性能好，容易再生。而且其化学性质较稳定，在正常条件下，溶质（氯化锂）不分解，不挥发，溶液表面水汽压低，吸湿能力大，所以它是一种良好的吸湿剂。在除湿应用中，其溶液浓度宜小于40%，再生蒸汽压力为0.25～0.4 MPa。氯化锂溶液性质见表7－4。

表7－4　氯化锂溶液性质

浓度/%	比热容/[J·(kg·℃)$^{-1}$]	冰点/℃	沸点/℃	10℃时的密度/(kg·m^{-3})	相对湿度/%
15.5	3479	－21.2	105.28	1085	85
25.3	3093	－56	114.5	1150	68
33.6	2875	－40	128.1	1203	45
40.4	2708	—	136.57	1257	20

氯化锂对非金属和金属都有一定的腐蚀性，对这些材料的腐蚀性能条件见表7－5、表7－6。但钛和钛合金、含钼的不锈钢、镍铜合金、合成聚合物和树脂等都能承受氯化锂溶液的腐蚀，而且在氯化锂溶液中加入少量缓蚀剂，可以降低溶液对设备的腐蚀作用，国外还在溶液中加入少量中和剂以减缓腐蚀。

表7-5　氯化锂溶液对非金属材料的腐蚀性能

项目 材质	允许使用温度/℃（氯化锂饱和溶液）					备注
	25	50	75	100	>125	
水泥	耐	耐	耐	耐	耐	<0.2 mm/年
陶瓷	耐	耐	耐	耐	耐	包括内衬玻璃搪瓷
环氧玻璃钢	耐	耐	耐	耐	120℃	
酚醛树脂	耐	耐	耐	耐	耐	对碱性较差
聚四氟乙烯	耐	耐	耐	耐	耐	
有机玻璃	耐	耐	耐	—	—	
聚丙烯	耐	耐	耐	耐	—	
聚乙烯	耐	耐	耐	—	110℃以下	
聚氨酯	不耐	不耐	不耐	不耐	不耐	软泡沫塑料

表7-6　氯化锂溶液对金属材料的腐蚀性能

项目 材质	溶液浓度 /（100%）	温度 /℃	腐蚀率 /（$mm \cdot a^{-1}$）	腐蚀性
碳钢	20～30	>25～30	>0.5	耐蚀较差
白铁板	30	50	>0.2	耐蚀较差
铝	—	—	>0.2	耐蚀较差
耐海水钢	20～30	>20～30	0.1～0.2	尚耐蚀
CCr13 钢	5～30	30～100	0.2～0.5	尚耐蚀
Cr17 钢	5～30	30～100	0.2～0.5	尚耐蚀
1Cr18Ni19 钢	40～80	30～100	0.01～0.05	耐蚀
1Cr18Ni12Mo2Ti 钢	40～80	50～100	<0.01	完全耐蚀
硅铁	5～40	20～100	<0.1	耐蚀
镍及镍合金	30	20～100	<0.05	耐蚀
蒙乃尔（镍铜）	5～30	50	<0.01	很耐蚀
普通黄铜	5～30	50	<0.2	尚耐蚀（脱锌）
黄铜（22Zn-2Al-0.02As）	5～30	50	<0.1	耐蚀
磷	5～30	20～100	<0.1	耐蚀
钛及钛合金	5～80	20～100	<0.01	完全耐蚀

与氯化钙、溴化锂等水溶液相比，在相同温度和相同质量浓度条件下，氯化锂的水蒸气压更低，被处理的空气会具有更低的相对湿度。综合考虑吸湿剂的pH、对器壁的腐蚀性等因素，氯化锂作为液体除湿剂更为合适。但是，氯化锂的价格较高，氯化钙的价格却较为便宜，

一般是选择将二者按一定质量比混合起来使用。因此，如何将各种除湿剂按照合理比例进行混合，来获得高性价比的除湿溶液是我们今后应该努力的方向。

2. 三甘醇

三甘醇分子式为 $C_6H_{14}O_4$，是一种无色的有机液体。它能溶于水和醇，水溶液的平衡压力低，对金属无损害作用。它不会电解，长期暴露于空气中也不会转化成酸性，也无需添加缓蚀剂或进行 pH 控制，空气中含少量三甘醇还可以起到杀菌消毒的效果。

三甘醇溶液应用在除湿装置中，其浓度比氯化锂高，一般为 80% ~96%，再生温度为 60 ~90℃，温度越高再生效果越好，目前，对其最常用的再生方式是蒸汽加热再生。

3. 硅胶

硅胶化学式为 $SiO_2 \cdot xH_2O$，不溶于水，是一种半透明的无毒无腐蚀性的固体，物理结构为多孔状并呈结晶块，可以溶于苛性钠溶液。因为硅胶含有大量的毛细孔，所以对水蒸气有很强的吸附性。

国产硅胶主要有白硅胶（原色硅胶）和蓝硅胶（氧化钴变色硅胶）两种。蓝硅胶通常用作白色硅胶吸湿程度的指示剂，它的常态为蓝色，在吸收水分后，即由蓝色逐渐变为深蓝或红色，当变成红色时，就标志着白色硅胶需进行更换或再生了。对于含湿量大、相对湿度高的被处理空气，硅胶吸附容量比较大，而且具有再生加热温度较低、价格较低和机械强度较好的优点，但当被处理空气含湿量小，相对湿度低时，其吸附能力会大幅度降低，特别是遇水滴后会即行崩裂，吸湿效果会大大减弱。

4. 氯化钙

氯化钙价格低廉，来源丰富，吸湿性能好，氯化钙溶液吸湿是一种简易除湿方法。氯化钙分子式为 $CaCl_2$，分子量为 110.99，密度为 2.15，溶点为 772℃，沸点为 1600℃，是一种无机盐，具有很强的吸湿性，在吸收空气中的水蒸气后与之结合为水化合物。无水氯化钙为白色，为多孔结构，呈菱形结晶块，略带苦咸味，吸收水分时会放出溶解热、水合热、稀释热和凝结热，只有在 700℃ ~800℃高温时才稍有分解。

除湿一般使用工业纯氯化钙，其价格约为纯净氯化钙的 1/7，纯度为 70%，吸湿量为本身重量的 100%，吸湿后固体将潮解为液体。固体潮解后的氯化钙溶液仍有吸湿能力，但吸湿量显著减少，为了提高使用氯化钙的效率，可以将其溶液加热煮沸后蒸发其中的水分，通过再生转化为固体，而且再生次数对吸湿性能也没有影响。但是氯化钙溶液对金属有腐蚀性，所以其容器必须进行防腐处理。

7.1.4 组合除湿

在工程实践中，有时单一的除湿方法所能达到的效果不佳，需要采用多种除湿方法进行组合才能取得较好的除湿效果。常用的组合除湿法包括吸附—冷却式、吸附—冷却—吸附式等组合除湿方式，如图 7 -1 所示[2] 为两组蒸发器和吸附床交替工作的低温低湿系统。该组合除湿制冷系统的低温低湿控制性能好、抗干扰能力强，是一种比冷却除湿制冷系统节能的组合除湿系统。

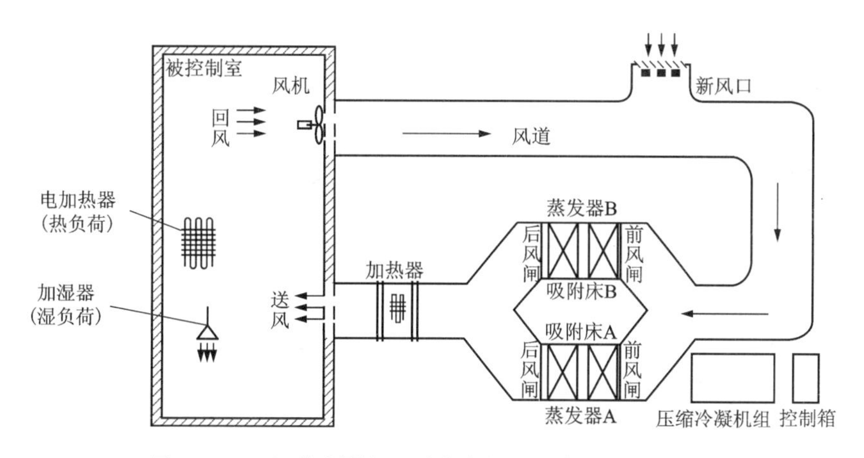

图7-1 两组蒸发器和吸附床交替工作的低温低湿系统

需要被控制湿度的空气首先流经吸附床A进行除湿，等气流温度有所升高后进入空调系统，经蒸发器降温至理想温度后进入室内。当吸附装置A达到饱和以后切换系统风道，气流由吸附装置B和相应的蒸发器B处理，同时，另外一组装置在高温废热的加热下解附。两套装置交替进行工作。

7.2 升温和通风控湿

升温控湿是防潮降湿的基本方法，经济适用、应用甚广，此处不做赘述。

夏热冬冷地区图书馆库房的温湿度应满足设备、物质和藏书等对温湿度的要求，馆内库房主要物质储存温湿度见表7-7[1]。在对图书馆的湿度控制方法上，很多是对其进行通风处理，包括自然通风和机械通风，只要进风的湿度低于馆内物质的湿度，通风就可以控湿。一般来说，采用密闭与升温通风控湿相结合，能有效改善馆内库房物质的温湿度条件。

表7-7 馆内主要物质储存温湿度

名称	温度/℃	相对湿度/%	备注
竹木制品	20	50~65	—
电子管、广播通讯元件	16~30	≯70	—
仪器	8~20	65	—
书籍	15~20	50±5	—

在进行通风控湿和升温控湿时需要对其通风量和加热量加以计算，以下是计算的相关方法。

1. 通风量

在稳定状态下，通风量可按式(7-3)排除余湿量方法进行计算。

$$G = 1000 \frac{W}{d_n - d_j} \tag{7-3}$$

式中：G——排除余湿的通风量，kg/h；

W——计算湿负荷，kg/h；

d_n——室内空气含湿量，g/kg；

d_j——送风含湿量，g/kg。

根据有关研究[3]，在进行通风除湿设计时，室外含湿量的值应取不保证小时数的含湿量。

2. 加热量[1]

连续通风时，加热量 Q_1(kW)用式(7－4)计算。

$$Q_1 = \frac{c}{3600} G \cdot \Delta t - Q \tag{7-4}$$

间歇通风时，加热量 Q_2(kW)用式(7－5)计算。

$$Q_2 = k \cdot \frac{\tau_f}{\tau_j} \cdot Q_1 = 2 \sim 6Q_1 \tag{7-5}$$

式中：G——通风量，kg/h；

Δt——室内外计算温差，℃；

c——空气定压比热容，可取 1.01 kJ/(kg·℃)；

Q——室内余热量，kW，地下建筑围护结构夏季一般吸热，则 Q 为负值；

k——系数，一般取 1.10～1.15；

τ_f——非工作时间，一般为 10 h；

τ_j——非工作时间升温加热小时数，一般取 3～8 h。

合适的加热是保证升温通风控湿效果的重要条件，所以必须具备可靠的热源，保证在春、夏季或非工作时间的用热。而且加热量应能保证进风有 5℃以上的温升，才可以取得好的升温通风控湿效果。

7.3 冷却除湿机降湿

7.3.1 冷却除湿机除湿原理

冷却除湿机(以下简称为除湿机)由制冷系统和送风系统组成。

一般型冷冻机除湿原理如图 7－2 所示，除湿过程中空气参数的变化见图 7－3[1]。

制冷系统：由压缩机出来的高温高压制冷剂气体进入再热器(可以使用冷凝器代替)，将热量传给空气后，冷凝成常温高压液体，经膨胀阀节流后进入蒸发器，通过蒸发器吸收空气中的热量，变成低温低压气体，然后再次进入压缩机，如此往复循环。

送风系统：湿空气被吸入后，在蒸发器中被冷却到露点温度以下，在 $h-d$ 图中由状态 1 到状态 2，析出凝结水，含湿量下降，再进入冷凝器或再热器，吸收制冷剂的热量而升温，相对湿度降低，变为状态 3，由送风机送入房间。在夏季除湿，一般不用冷凝器对空气进行再热。

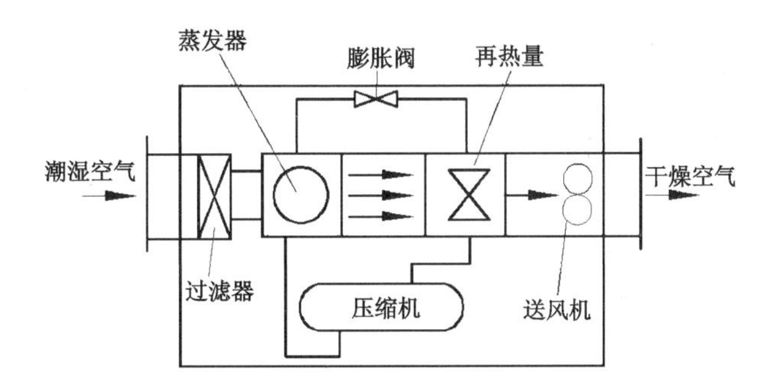

图 7 – 2　一般型除湿机原理

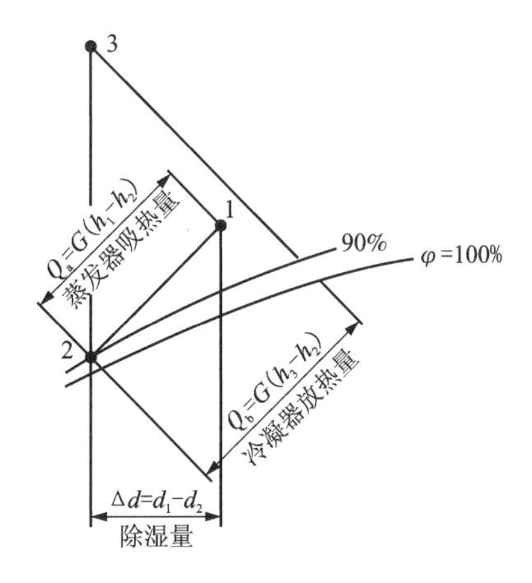

图 7 – 3　一般型除湿机空气处理过程

降温型冷却除湿机与一般型冷却除湿机相比，只是在制冷系统中增设了一个冷凝器，使从压缩机排出的高温高压气体先进入冷凝器冷凝，再进入蒸发器，而多功能型除湿机则是集升温除湿、降温除湿、调温除湿等三种功能于一体。

7.3.2　冷却除湿机的选择计算

1. 按计算负荷初选除湿机

在对除湿机进行初选之前需要首先确定室内外状态点以及新风量，根据使用要求确定室内状态点 N；按降湿用气象参数确定室外状态点 W；按每人所需最低新风量、维持室内正压风量、补充排风量等方法确定设计新风量 G_x(kg/h)；计算新风负荷及系统负荷[1]：

$$W_x = \frac{G_x}{1000}(d_w - d_n) \tag{7-6}$$

$$Q_x = \frac{G_x}{1000}(h_w - h_n) \tag{7-7}$$

$$W_s = W_n + W_x \tag{7-8}$$

$$Q_s = Q_n + Q_x \tag{7-9}$$

式中：G_x——新风量，kg/h；

d_n——室内空气含湿量，g/kg；

d_w——室外空气含湿量，g/kg；

h_n——室内空气焓值，kJ/kg；

h_w——室外空气焓值，kJ/kg；

W_n——室内计算湿负荷，kg/h；

W_x——新风计算湿负荷，kg/h；

Q_n——室内计算冷负荷，kW；

Q_x——新风计算冷负荷，kW；

W_s——系统计算湿负荷，kg/h；

Q_s——系统计算冷负荷，kW。

根据系统计算的湿负荷 W_s 以及除湿机标准工况选除湿机，得知除湿机选用性能：除湿量 W_j(kg/h)、风量 L_j(m^3/h)、装设功率 N_j(kW)。

再进行热湿平衡分析：

$$\Delta Q = Q_n + Q_x + 0.8N_j \tag{7-10}$$

$$\Delta W = W_j - W_s \tag{7-11}$$

对于湿负荷平衡而言：当 $\Delta W > 0$，说明除湿机除湿能力可以满足系统要求，应考虑加入新风湿负荷 W_x；当 $\Delta W < 0$，说明除湿机除湿能力不能满足系统要求，需要对除湿机重新进行选型，以增加除湿量，达到系统设计要求。对于热平衡而言：当 $\Delta Q \approx 0$，说明系统热平衡，除湿机运行后室内设计温度变化不大；当 $\Delta Q > 0$，说明系统尚有余热产生，除湿机运行后会使室内温度升高，ΔQ 值较大时，宜选用调温除湿机或采取空调降温措施，以降低室内温度；当 $\Delta Q < 0$，说明系统热量不足，除湿机运行后，室温仍达不到设计温度，需要考虑采取合理的补充热量措施，以使温湿度达到设计要求。进行热湿平衡分析后，若 ΔQ、ΔW 符合要求，对于室内温湿度有严格要求的除湿系统设计，还要进行送、回风参数的计算。

2. 计算送、回风参数

冷却除湿系统空气处理过程见图 7－4。

(1)除湿机入口 H_1 参数

按空调设计方法确定 H_1 点，通常是根据室外状况点 W、室内状态点 N' 以及采用的新风比 n_x 等参数，通过计算来确定。

(2)回风状态点 N 参数

对于有严格温湿度要求的房间，回风状态点 N 的参数可根据设计参数 t_n、φ_n 查出。

(3)除湿机露点 K 参数

单位除湿量：

$$\Delta d_j = \frac{1000W_s}{G_j} \tag{7-12}$$

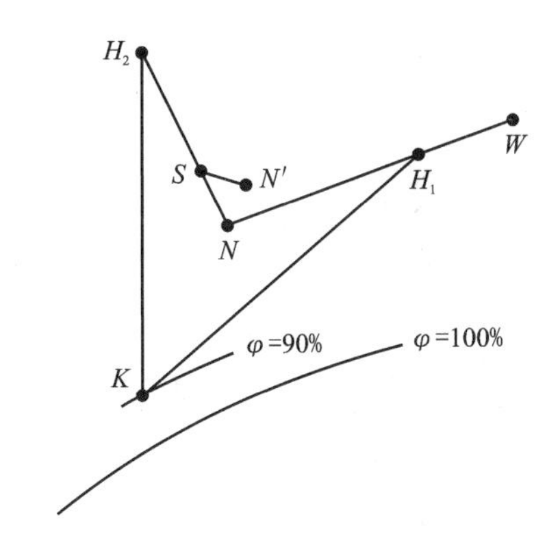

图 7－4　冷却除湿系统空气处理过程

W—室内状态点；N—回风状态点；H_1—除湿机入口状态点；K—除湿机露点；H_2—除湿机出口状态点；S—送风状态点，无二次回风时，S 点为 H_2 点；N'—室内状态点

单位除湿量 Δd_j 应在除湿机单位除湿能力允许范围内。

$$d_k = d_{h1} - \Delta d_j \tag{7-13}$$

φ_k 取 90%，查 $h-d$ 图，得出 h_k 值。

(4)除湿机出口 H_2 参数

$$d_{h2} = d_k \tag{7-14}$$

$$h_{h2} = 0.35(h_{h1} - h_k) - \frac{3600Q_1}{G_j} + h_{h1} \tag{7-15}$$

式中：Q_1 表示冷却水带走的热量，kW。

根据 $h-d$ 图查取的 t_{h2}、φ_{h2} 等参数，校核是否可以保证室内的温湿度要求，若不满足，则要重新进行计算。

7.3.3　各类冷却除湿机

在实际应用中，应该根据使用要求来选择除湿机的形式，不同形式的冷却除湿机有不同的功用。下面对不同类型冷却除湿机的性能和特点进行分析。

1. 整体立柜式除湿机

以某公司生产的 SQ－15D 型整体立柜式除湿机为例，如图 7－5 所示。

这种除湿机可显示和设定湿度，能达到设定湿度自动停机，具有断电记忆功能、高密度过滤网；电脑自动化控制，湿度调节范围大，在市场上应用得较为广泛。

除湿机在正常开机的情况下是通过风机运行的，潮湿空气从进风口被吸入，在经过蒸发器时，空气中的水分被吸附在铝片上，空气中的水分被去除后，经过冷凝器散热后从出风口吹出。经过这个处理过程，空气中的水分不断地被抽出，使得室内空气的含湿量下降，从而达到除湿目的。

该除湿机需要定期拆下除湿机的过滤网进行清洁，以提高除湿机的除尘效果和除湿工作

图 7-5　SQ-15D 型整体立柜式除湿机

效率，当然，所有的除湿机都要定期地清洗过滤网。除湿机应避免放在热源旁使用，要保持进出风口的畅通。一般情况下，除湿机放在空间居中的位置较为合适，工作时应有足够的空间，不要堆放物品。

2. 整体式除湿机

以某公司生产的 DH-838C 型整体式除湿机为例，如图 7-6 所示。除湿机具体参数如表 7-8 所示。该除湿机具有自动除霜、湿度控制精度高等优点，并具有良好的排水功能。

图 7-6　DH-838C 型整体式除湿机

表 7 - 8　DH - 838C 型除湿机参数

型号	DH - 838C	除湿量	38 L/d(30℃ CRH80%)
电源	~220V 50Hz	输入电流	3.2A
最大输入功率	0.78 kW	循环风量	500 m³/h
蓄水箱容积	8 L	使用环境温度	5 ~ 38℃
噪声	≤45dB	外形设计	全塑 ABS
机器净重	25 kg	外形体积(深宽高)	440 mm × 350 mm × 620 mm

3. 调温型除湿机

调温型除湿机可以对使用环境进行升温、降温和除湿，以满足室内温湿度要求。调温除湿机利用蒸发器来实现空气降温除湿，并可以回收系统的冷凝热，弥补因为冷却除湿而散失的热量，是一种高效节能的除湿设备。以某公司生产的 CTW 系列调温型除湿机为例，如图 7 - 7所示。该除湿机已经广泛应用于烟草、石化、电子、航天、净化工程、医药等行业，及实验室、电讯器材室、图书馆书库、档案室、食品房等对温湿度要求较高的场所。

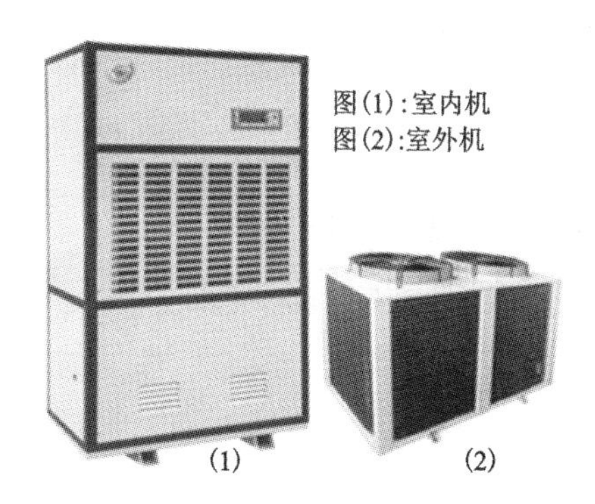

图 7 - 7　CTW 系列调温型除湿机

调温型除湿机是利用蒸发器温度低于空气露点温度的条件来对空气进行冷却的。它可以根据用户的要求，对室内进行升温、制冷和除湿。其技术参数详见表 7 - 9。

4. 热泵型除湿机

某公司生产的热泵型除湿机如图 7 - 8 所示，其内置有送风机和排风机。排风机置于蒸发盘管上游的回风管内，排风量约占循环风量的 30%。在蒸发盘管和冷凝盘管之间的风板装有新风口，这可以使室内呈负压。该除湿机的技术参数见表 7 - 10。

表 7-9　CTW 系列技术参数

性能 \ 型号			CTW-7E	CTW-10E	CTW-15E	CTW-20E
调温除湿机组整机性能	除湿量	kg/h	7.3	10.1	15.2	21
	制冷量	kW	10.5	12.5	20.4	25.2
	加热量	kW	4.5	6	9	12
	风量	m^3/h	2000	2600	4000	5000
	机外静压	Pa	0~30	0~30	0~40	0~40
	电源		3/N/PE AC 380V 50Hz			
	输入功率	kW	2.8	3.5	6.2	8.1
	压缩机	类型	全封闭涡旋压缩机			
		数量	1	1	2	2
	制冷剂	使用工质	R22			

表 7-10　SWHP-SE 型热泵型除湿机技术参数表

型　号	压缩机数量/输入功率/kW	送风机功率（可选）/kW（不含排风机）	除湿量	制冷量	除湿量	制冷量	除湿量	制冷量	送风量范围	参数对应的送风量
			回风 30℃RH65% 冷媒 R410A		回风 30℃RH65% 冷媒 R407C		回风 30℃RH65% 冷媒 R22			
			kg/h	kW	kg/h	kW	kg/h	kW	L/s	L/s
SWHP 050SE-A	1/13.62	3 或 5.5	40	49.3	34.7	46	36.8	48.2	1888~3776	3000
SWHP 060SE-A	2/8.98	3 或 5.5	48.8	53.3	42	48.2	45.2	52.2	1888~3776	3186
SWHP 080SE-A	1/13.62 +1/8.98	3 或 5.5	69	70.4	52	65.8	56	70	2596~3776	3186
SWHP 100SE-A	2/13.62	2/3 或 2/5.5	71	85.3	68	82.1	72	87.3	3068~3776	3600
SWHP 100SE-B	2/13.62	5.5 或 7.5 或 11	75	88.1	71	84.5	76	89.9	3776~5663	5401
SWHP 140SE-B	2/13.62 +1/8.98	7.5 或 11 或 15	109	127.1	96	121.3	102	129	4248~8495	6371
SWHP 190SE-B	3/13.62	7.5 或 11 或 15	124	142.2	115	138.5	123	148.9	5191~8495	6843

该除湿机使用热泵技术，能在除湿过程中将能源回收，用来加热室内空气和水。该设备也能够根据室内温度自动重新设定空气湿度防止室内结露。

图 7-8 SWHP-SE 热泵型除湿机

7.4 固体吸湿剂降湿

传统的空调降温除湿方法是将空气冷却至露点温度以下，使空气中的水分析出，但为了达到所要求的送风温度，又需要对空气再加热，这样造成了能源的浪费。从节能效果上看，可以考虑采用固体吸湿剂除湿方法。特别是对于需要降湿的大型库房、大空间阅览室等，利用固体吸湿剂进行通风降湿较为经济。目前，固体吸湿剂主要有氯化钙、氯化锂、硅胶和分子筛等，这些物质对水分子具有强烈的亲和性。固体吸湿剂降湿，一般可分为静态吸湿和动态吸湿。室内空气以自然对流形式与固体吸湿剂进行热湿交换的过程，称为静态吸湿；而在强制通风作用下，通过固体吸湿剂与室内空气进行热湿交换的过程，则称为动态吸湿。

静态吸湿降湿缓慢，单位吸湿量占用的房间体积大，但设备简单，吸湿效果较好，一般适用于降湿量比较小且降湿设备对工艺操作影响不大的小空间。当空间容积增大时，就需要增加吸湿剂的量了，且需要经常更换吸湿剂，不经济。而动态吸湿能够快速降湿，适用于较大面积房间的降湿。

7.4.1 氯化钙静态吸湿

氯化钙的性质在前章节已有介绍，它与空气接触面积越大，吸湿速度越快，而且空气含湿量越大，吸湿效果越好。氯化钙粒径对吸湿影响较大，从表 7-11[1] 可以看出，粒径为 50~70 mm的吸湿量最大，30~40 mm 的次之，110~130 mm 的最小。

表 7-11 不同粒径无水氯化钙的吸水率

粒径/mm	10~20	30~40	50~70	80~110	110~130
吸水率/%	135	155	162	137	125

一般来说，吸湿剂的再生次数及其放置高度会对吸湿效果有一定的影响，但氯化钙的再生次数及其放置高度对吸湿效果影响不大。进行氯化钙静态吸湿常用的设备有吊槽、硬槽、地槽、活动木架等。对于一般图书馆库房，在密闭和维持15天的时间内，为使库房内的空气相对湿度降低到70%以下，氯化钙用量可按式(7－16)计算。

$$G = KV \tag{7-16}$$

式中：G——氯化钙用量，kg；

K——库房单位体积用量，kg/m^3，按表7－12[1]采用；

V——降湿库房的体积，m^3。

表7－12　氯化钙单位体积用量 *K*

相对湿度/%	70以下	70～80	80～90	90以上
单位体积用量 $K/(kg \cdot m^{-3})$	0.2～0.25	0.25～0.3	0.3～0.4	0.5以上

根据使用经验，要保持库房相对湿度在70%～75%范围，容器内每千克氯化钙与空气接触的表面积应保持为0.08～0.1 m^2。氯化钙总用量 G 与空气接触表面积 $F_L(m^2)$ 的关系为：

$$F_L = (0.08 \sim 0.1)G \tag{7-17}$$

若将氯化钙平放在筛盘上，筛盘下放储液盘用以收集潮解后的溶液，氯化钙的放置量以每平方米筛盘放10 kg为宜。

7.4.2　氯化钙动态吸湿

动态吸湿要使用风机进行强制通风，主要应用在抽屉式吸湿器、整体式吸湿器、通风吸湿箱及单元氯化钙吸湿器等具体除湿设备中，其中抽屉式氯化钙吸湿器的应用较为广泛。

抽屉式氯化钙吸湿器见图7－9，由主体结构、抽屉式吸湿层和轴流风机等组成。吸湿器在结构和材质方面都有要求：柜体承重性能要好，一般采用1 mm及1.2 mm优质钢板制作；抽屉采用高精密钢珠轨道，每一抽屉可承重50 kg，并且采用重叠式的结构设计，使得抽屉的密封性能极佳；柜体表面需进行耐腐蚀性处理，表面采用高性能烤漆，底部安装可移动带刹车脚轮，方便移动及固定；温湿度独立显示，湿度显示范围一般为0%～99% RH，温度显示范围为－9～99℃，湿度显示精度为±3% RH，温度显示精度为±1℃；断电后仍可运用物理吸湿补位功能继续除湿，24 h内湿度上升不超过10%。

图7－9　抽屉式氯化钙吸湿器

7.4.3　硅胶静态吸湿

硅胶静态吸湿主要用于仪表运输或储存，以及对防潮要求比较严格的某些工业生产的工序，或仪表箱、密闭工作箱等局部小空间。这种吸湿方法可使局部空间内的相对湿度保持在15% ~20% 范围，也适合应用于小范围的图书馆书库和典籍保存。

在使用硅胶进行静态吸湿时，为使硅胶与空气有充分的接触面积，一般将硅胶平放在玻璃器皿或包装在纱布袋中。在密闭的工作箱内，当要求将箱内的空气相对湿度由 60% 降低至 20%，并保持 7 天左右时，每立方的箱体内硅胶的用量宜为 1 ~1.2 kg。

7.4.4　硅胶动态吸湿

1. 抽屉式吸湿器

抽屉式吸湿器由外壳、抽屉式硅胶吸湿层及分风隔板等部件组成，如图 7 - 10 所示[4]。在风机的强制作用下，潮湿的空气由分风隔板的敞口进入硅胶吸湿层被脱去水分，被吸湿处理后的干燥空气通过风管被送入房间。

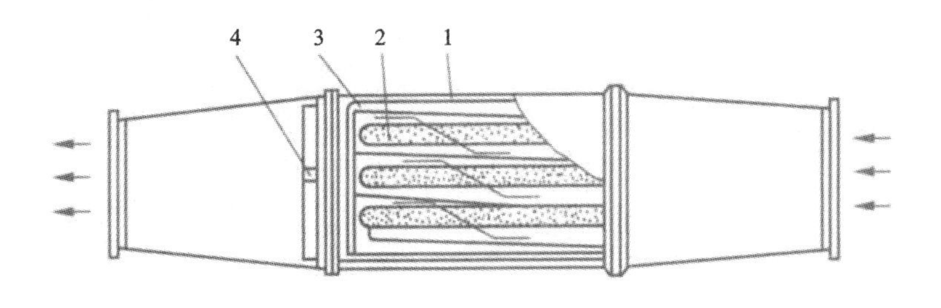

图 7 - 10　抽屉式硅胶吸湿器

1—外壳；2—抽屉式吸湿层；3—分风隔板；4—密封门

因为风量越大，硅胶用量越多，硅胶再生工作量也越大，所以抽屉式硅胶吸湿器不宜用于大风量的吸湿系统。同时，为了使抽屉式硅胶吸湿器实现连续工作，可以在系统中设置两组并联的吸湿器，工作、再生交替进行。抽屉式硅胶吸湿器性能见表 7 - 13[1]。

表 7 - 13　抽屉式硅胶吸湿器性能

风量/($m^3 \cdot h^{-1}$)	吸湿量/($kg \cdot h^{-1}$)	抽屉尺寸/(mm × mm)	抽屉数/个	高度/mm	硅胶量/kg
1000	4	600 × 500	2	400	16
2000	7	600 × 500	4	700	35
3000	10	800 × 700	3	550	50
4000	14	800 × 700	4	700	70

2. 固定转换式硅胶吸湿器

固定转换式硅胶吸湿器见图 7 - 11[1]，其特点是处理风量大，设备比较简单，用转换阀门控制，吸湿系统和再生系统分开，便于管理，但一般来说设备占地面积较大。

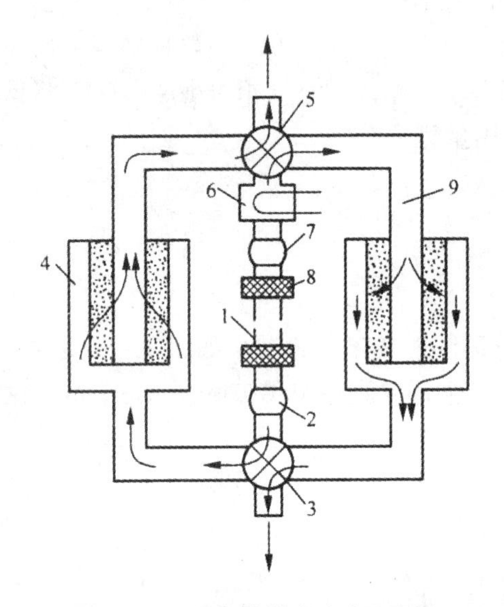

图 7 - 11　固定转换式硅胶吸湿器

1—湿空气入口；2、7—通风机；3、5—转换开关；4、9—硅胶筒；6—加热器；8—再生空气入口

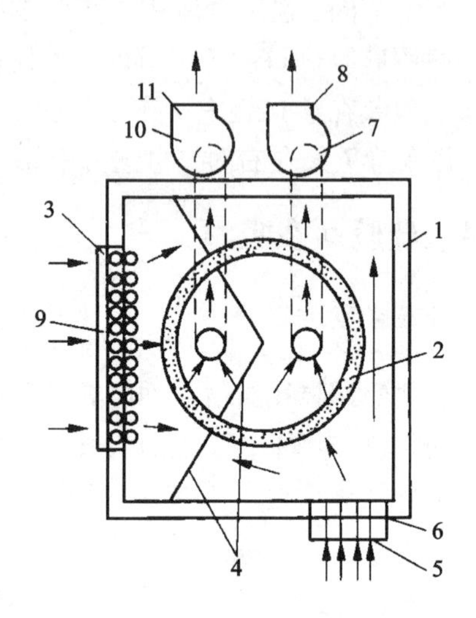

图 7 - 12　电加热转筒式硅胶吸湿器

1—箱体；2—硅胶转筒；3—电加热器；4—密闭隔风板；5—湿空气进口；6—蒸发器；8—干空气出风口；9—再生空气进口；7、10—离心风机；11—再生空气出口

3. 转筒式硅胶吸湿机

转筒式硅胶吸湿机见图 7 - 12[4]，它由箱体、硅胶转筒、电加热器、蒸发器、风机等构成。转筒由两层金属多孔板组成夹层，夹层内填充 50 mm 厚硅胶作为吸湿材料，其直径为 800 mm，长度为 380 mm，并以 2 r/h(30 min/r)的速度旋转。设置一隔板将箱体分隔为吸湿区和再生区两个部分。湿空气经蒸发器冷却后进入吸湿区，流经转筒的硅胶吸湿层后，水分被除去，除湿后的空气由风机送出。吸附水分后转至再生区的硅胶层，与电加热器加热的再生空气接触后，硅胶中的水分被蒸发，而使硅胶层得到再生。转筒式硅胶除湿器的主要性能见表 7 - 14，吸湿量见表 7 - 15[1]。

表 7 - 14　转筒式硅胶吸湿机的主要技术性能

名称	内容		
	除湿系统	再生系统	硅胶转筒
通风机风量/($m^3 \cdot h^{-1}$)	1000	150 ~ 220	—
电动机功率/kW	0.4	0.25	0.8
电动机转速/($r \cdot min^{-1}$)	2800	1430	490

续表 7－14

名称	内容		
	除湿系统	再生系统	硅胶转筒
再生温度/℃	—	150～160	—
再生电加热功率/kW	—	12	—
一次硅胶加入量/kg	—	—	28
外形尺寸/(mm×mm×mm)	1100×1100×1600		

表 7－15　转筒式硅胶吸湿机的吸湿量

进口空气的含湿量/($g\cdot kg^{-1}$)	1.5	2.5	3.5	4.5	5.5	6.5	7.5
吸湿量/($kg\cdot h^{-1}$)	0.9	1.5	2.0	2.4	2.9	3.3	3.8

7.4.5　动态吸湿的计算

需要对动态吸湿参数进行计算，在此基础上进行设备的选型。这些参数主要包括风量、吸湿剂用量、通风断面积、吸湿层厚度、吸湿层面积和阻力等[1]。

1. 风量

$$L=\frac{1000W}{(d_1-d_2)\rho} \tag{7-18}$$

式中：W——室内湿负荷，kg/h；

ρ——空气密度，kg/m^3；

d_1——进风含湿量，g/kg；

d_2——出风含湿量，g/kg；

L——风量，m^3/h。

2. 固体吸湿剂用量

$$G=\frac{WZ}{a} \tag{7-19}$$

式中：a——吸湿剂平均吸湿量，即吸湿剂能力显著降低到需再生时，每千克吸湿剂的吸湿量。工业纯氯化钙 $a=0.55$(kg/kg)，硅胶 $a=0.2\sim0.3$(kg/kg)；

Z——吸湿剂再生周期，h。

3. 通风断面积

$$F=\frac{L}{3600v} \tag{7-20}$$

式中：v——空气通过吸湿层的断面流速，一般建议氯化钙 v 取 0.6～0.8 m/s，硅胶 v 取 0.3～0.5 m/s。

4. 吸湿层厚度

根据结构、吸湿量和采用风机的压力确定，一般氯化钙吸湿层 δ 取 250 ~ 500 mm，硅胶吸湿层 δ 取 40 ~ 60 mm。

5. 抽屉式吸湿器面积及抽屉个数

$$f = AB \tag{7-21}$$

$$n = \frac{F}{f} \tag{7-22}$$

式中：A——抽屉长度，建议取 0.6 ~ 0.8 m；

B——抽屉宽度，建议取 0.5 ~ 0.7 m；

f——一个抽屉的面积，m^2；

n——抽屉总个数。

6. 阻力

（1）氯化钙

$$H = K_1\delta v^2 \tag{7-23}$$

式中：K_1——试验系数；

δ——吸湿层厚度，m；

v——空气通过吸湿层的速度，m/s。

（2）硅胶

$$H = K_2\delta v^2 \tag{7-24}$$

式中：K_2——试验系数，建议 K_2 取 35 ~ 40。

7.4.6 海泡石调湿涂料

调湿涂料作为建筑调湿材料中的一种，也是一种新型的控湿方法。作者带领的科研团队研制了一种海泡石调湿涂料，其专业功能和调湿功能都较佳。这种调湿涂料是在相关海泡石调湿涂料的配方上进一步改进的，进行配方优化后被批量应用于实际工程中[5, 6]。

海泡石具有两层硅氧四面体的结构，中间还有一层镁氧八面体。海泡石自身结构的特殊性，使得海泡石具有很大的比表面积，和一定的离子交换能力，这些特性也使得海泡石具有很大的吸放湿的潜能。并且海泡石的性能稳定，这对调湿涂料的研制具有很大的利用价值。同样具有以上性能的矿物质还有硅藻土、沸石等，但经过相关研究，把海泡石、硅藻土和沸石作为调湿涂料的基本材料进行对比时，发现海泡石的饱和吸湿率较大，恒温恒湿吸湿达到饱和后，海泡石的质量增加可达 5.5%，改进以后，其吸湿量还可以扩大数倍，而沸石和硅藻土的饱和吸水率只有 2%。因此，海泡石作为调湿的基料是很合适的。

1. 原料和设备

海泡石粉种类繁多，产自河南地区的海泡石多为白色，而湖南地区的多为浅灰色，外表形态也不相同。我们经过初步调试对比之后发现，虽然河南地区的白色海泡石更适合作为涂料原材料，但吸湿性能差别很大，许多品种其吸水性较弱，而湖南地区的浅灰色海泡石虽然颜色较深，但作为涂料中的调湿成分，吸湿能力很强，更适合作为调湿涂料原材料，况且，这种浅灰色的乳胶漆可以呈现一种亚光的装饰效果。湖南湘潭地区的海泡石一般呈浅灰色，粒度320目，纯度30%。选用FD5乳料即优质乳胶漆配方，是为调湿而特别配套配制的优质乳胶漆基料，作为涂料，其基本装饰功能优良，含水量约为45%[6]。

为了能够进行较大批量的调湿涂料配置，在前述试验配方的基础上，选用专业涂料设备来配制海泡石调湿涂料，能够更加细腻地展示涂料的专业性能，也能够更充分地发挥海泡石的调湿作用。图7-13为使用到的涂料配制的几种主要设备，包括砂磨机、分散机、振动筛、齿轮泵等。

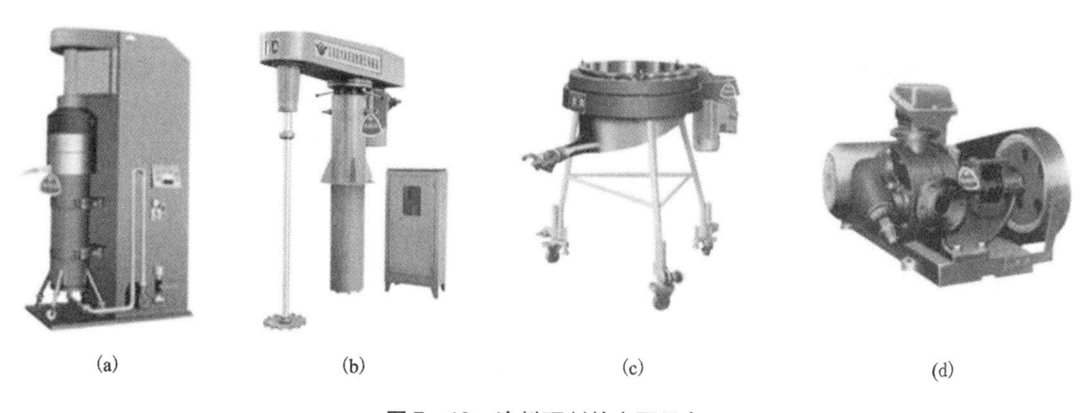

(a) (b) (c) (d)

图7-13 涂料研制的主要设备

(a)砂磨机；(b)分散机；(c)振动筛；(d)齿轮泵

2. 配制步骤

调制过程中，较大幅度地调整FD5配方和工艺，以综合优化调湿功能和涂料物理性能。实验发现，同时配制海泡石水性制浆和涂料制浆，或直接加入海泡石、制成海泡石浆再直接加入乳料中，都不能产生有效的作用，且还会极大影响所研制产品的功能，此时，无论怎样分散，海泡石都只能采取比较小的配比。经过再三改进配置步骤，最后得到了两组较为理想的成品：即15%含量海泡石的调湿涂料和20%含量海泡石的调湿涂料，实际效果如图7-14、图7-15，没有添加海泡石的FD5涂刷效果如图7-16。可以看出，海泡石的添加量较多，涂层表面会均匀细腻，装饰效果较好。在实际应用当中，要根据调湿的要求和用户对涂料涂装效果的要求，确定在FD5基料中添加海泡石的比例[6]。

图7－14　15%海泡石调湿涂料

图7－15　20%海泡石调湿涂料

图7－16　FD5涂刷效果图

3. 功能检测

(1)专业功能检测

涂料配制成功后经过商品质量监督检验所检测，其基本指标见表7－16。

表7－16　海泡石调湿涂料专业功能第三方检测性能指标

<table>
<tr><th>序号</th><th colspan="2">检测项目</th><th>单位</th><th>技术标准</th><th>检验结果</th><th>结论</th></tr>
<tr><td>1</td><td colspan="2">容器中状态</td><td>—</td><td>无硬块，搅拌后呈均匀状</td><td>通过</td><td>合格</td></tr>
<tr><td>2</td><td colspan="2">施工性</td><td>—</td><td>刷漆二道无障碍</td><td>通过</td><td>合格</td></tr>
<tr><td>3</td><td colspan="2">涂膜外观</td><td>—</td><td>正常</td><td>正常</td><td>合格</td></tr>
<tr><td>4</td><td colspan="2">干燥时间(表干)</td><td>h</td><td>≤2</td><td>1h10min</td><td>合格</td></tr>
<tr><td>5</td><td colspan="2">对比率(白色和浅色)</td><td>—</td><td>≥0.95</td><td>0.97</td><td>合格</td></tr>
<tr><td>6</td><td colspan="2">耐碱性(24h)</td><td>—</td><td>无异常</td><td>无异常</td><td>合格</td></tr>
<tr><td>7</td><td colspan="2">耐洗刷性</td><td>次</td><td>≥5000</td><td>5002</td><td>合格</td></tr>
<tr><td>8</td><td colspan="2">挥发性有机化合物含量(VOC)</td><td>g/h</td><td>≤120</td><td>79.2</td><td>合格</td></tr>
<tr><td>9</td><td colspan="2">苯、甲苯、乙苯、二甲苯总和</td><td>mg/kg</td><td>≤300</td><td>53.8</td><td>合格</td></tr>
<tr><td>10</td><td colspan="2">游离甲醛</td><td>mg/kg</td><td>≤100</td><td>66.1</td><td>合格</td></tr>
<tr><td rowspan="4">11</td><td rowspan="4">可溶性重金属</td><td>铅(Pb)</td><td>mg/kg</td><td>≤90</td><td>25.6</td><td>合格</td></tr>
<tr><td>镉(Cd)</td><td>mg/kg</td><td>≤75</td><td>未检出(<0.0001)</td><td>合格</td></tr>
<tr><td>铬(Cr)</td><td>mg/kg</td><td>≤60</td><td>3.91</td><td>合格</td></tr>
<tr><td>汞(Hg)</td><td>mg/kg</td><td>≤60</td><td>未检出(<0.00015)</td><td>合格</td></tr>
</table>

(2)调湿功能检测

涂料良好的专业功能是涂料能够应用于实际的基本要求，但对于调湿涂料，除了专业功能外，它的调湿性能也是决定这种涂料合格与否的重要指标。为了检验上文所得的 15%、20% 海泡石调湿涂料的调湿效果，作者进行了样板房湿度对比试验。该调湿涂料主要是针对夏热冬冷地区全年湿度大的特点进行研发的，所以，必须在保证涂料基本性能的前提下，以突出调湿涂料的吸湿性能为主。本节只进行涂料在较高湿度环境下的吸湿效果对比试验，而且是把室外自然状态下的温湿度作为涂料试验湿度大环境，因此更贴近涂料应用的实际。

文中对两种情况进行了考虑：①门窗全关；②门窗全开。选用三个教室作为检测样板房，教室 C1：涂装 15% 海泡石调湿涂料；教室 C2：涂装 20% 海泡石调湿涂料；教室 D：涂装普通涂料。测量室外和三个教室的相对湿度变化，时间从早八点到晚八点，测试结果见图 7 - 17、图 7 - 18 所示[6]。

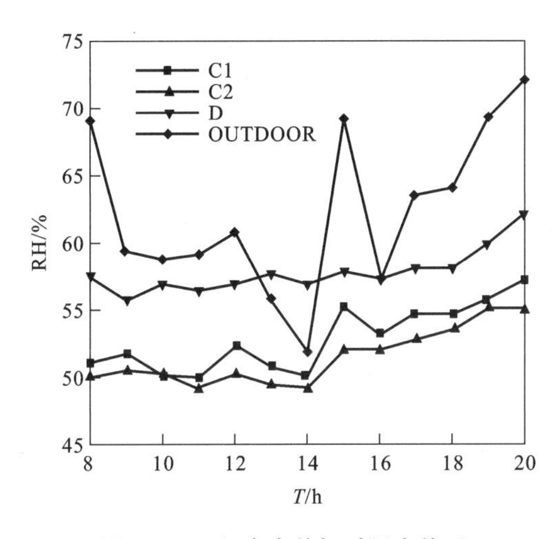

图 7 - 17　门窗全关相对湿度关系

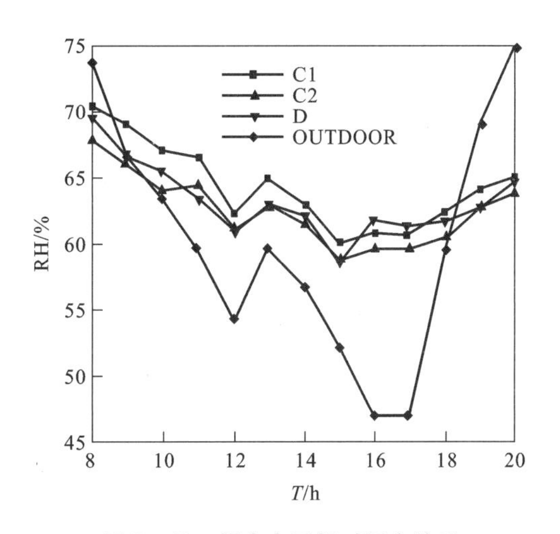

图 7 - 18　门窗全开相对湿度关系

由图 7 - 17 和图 7 - 18 可见，文中配制的成品海泡石调湿涂料在门窗全关情况下有较好的除湿效果，绝大部分时间室内相对湿度都能够维持在 50% 至 60% 的范围，并且 20% 海泡石调湿涂料的调湿性能比 15% 海泡石调湿涂料要好。但在门窗全开的情况下，由于室内空气湿度基本上决定于室外空气流动和湿度大小，所以，海泡石调湿涂料的调湿效果会在较大程度上受到室外空气状态的影响。在实际生活中，空调房间门窗大部分时间会处于关闭或部分关闭状态，所以海泡石调湿涂料能够应用于实际，可以取得较为理想的调湿效果。

7.5　干燥转轮除湿机

7.5.1　转轮除湿原理和优点

1. 除湿原理

干燥转轮除湿机主要是利用吸湿剂的亲水性来吸收空气中的水分成为结晶水，而不变成水溶液，所以它是一种干式除湿设备。因而，不会产生吸湿剂水溶液腐蚀设备和空气带出离子损害工艺设备的现象，也不需要补充吸湿剂。转轮除湿是一种效果比较理想，而又被应用得相对广泛的除湿方法。

转轮除湿机是利用固体吸湿剂做成的转轮进行旋转除湿的。转轮上布满含有固体吸湿剂的蜂窝状流道，空气进入这些流道时，与流道壁进行热湿交换，由于流道吸湿剂对应的水蒸气分压力小于被处理空气的水蒸气分压力，因而空气中水分就被吸附到吸湿剂中了，同时转轮本身的显热和吸附产生的吸附热也使得空气温度升高。随着转轮的旋转，这部分流道的吸湿量逐渐趋于饱和，当这些吸湿后的流道旋转到再生区时，热空气流过这些蜂窝状流道，含有固体吸湿剂的流道壁被加热，其对应的水蒸气分压力高于再生空气中的水蒸气分压力，吸湿剂中的水分被脱离出来，随着转轮的旋转和脱附的进行，蜂窝状的吸湿剂流道恢复了吸湿能力，又被旋转到吸湿区，这样就使得除湿过程循环进行[10]。

2. 转轮的材料

转轮除湿机的转轮是由含有吸湿剂的玻璃纤维和其他特种无机纤维纸制成的。把无机纤维纸压制成波峰约 1.5 mm 的波纹板，再在波纹板之间垫上无波纹的同种材料夹层，并将各层牢固地粘连在一起，从而制成含有吸湿剂的多层波纹纸。最后，经精密机械加工和拼接，制成蜂窝形状的转轮。

一般来说，氯化锂、高效硅胶、分子筛、硅酸盐、活性炭及其复合物都可以用于转轮中的吸湿剂。按照吸湿材料的不同，除湿转轮可以分为氯化锂转轮、分子筛转轮和硅胶转轮。以前多采用氯化锂转轮，但由于氯化锂含水后带有腐蚀性、且易于吸水脱落，故近年来许多厂家主要选择性能更佳的高效硅胶来作为转轮吸湿材料。硅胶是理想的干燥吸附剂，因为它有高的比表面积和优异的表面性质，是一种合成的无定形二氧化硅，具有球形粒子的刚性、连续网络。而分子筛在水蒸气分压力很小时具有很大的吸附能力，所以特别适宜于深度除湿。此外，在超低湿度和极特殊的条件下，可以使用分子筛转轮或者利用两种材料的不同优点的复合转轮，这两种转轮除湿目前被使用得较少。减小设备体积，降低成本，开发高效的吸湿剂一直都是转轮除湿技术研究的热点方向。

根据吸湿剂的吸附过程和特点，湿空气经过除湿转轮时，一般来说，常温下吸湿剂的吸附微孔表面水蒸气分压力比空气的水蒸气分压力要小得多，因此，湿空气中的水蒸气向吸湿材料转移，使湿空气得到干燥。同时，吸附过程会放出凝结潜热，从而使得受热转轮机体和干燥空气温度升高。

转轮的吸附剂吸附比表面积很大，以常用的高效硅胶转轮为例，1 m^3体积转轮纸芯的吸湿面积可达3000 m^2；吸附剂是非结晶体型的二氧化硅，吸附面积约600 m^2/g。因此，转轮除湿能力很强，处理的空气很容易获得较低的露点[1]。

3. 转轮除湿的优点

吸湿到一定程度吸附剂就会达到饱和，为了能够保持吸湿剂良好的吸湿性能，必须将吸湿剂进行再生。再生过程是利用吸湿剂在高温下其吸附微孔表面水蒸气分压力高于再生空气的水蒸气分压力，从而将其中的水分释放出来的特性而完成的。只要将吸湿后的吸湿剂加热，就能使吸湿剂得到充分再生，从而达到吸湿剂连续除湿和连续再生的目的。但是，一般来说，加热再生的温度较高。转轮除湿机属于新型的干法除湿机，与其他除湿方法比较，转轮除湿机优点体现在：一是除湿范围大，效率高 。一般可在 -30 ~ +40℃的范围内对空气进行除湿，且在低温低湿空气状态下也有较好的除湿效果。当温度低于0℃时，吸湿剂仍能与周围空气进行较好的湿交换，这是常用的冷却除湿机所不具备的性能。由于除湿过程属于干式吸附过程，所以，在一定的温度范围内，这种除湿方法的效率较高；其次是除湿能力强，可获得较低露点。转轮除湿机处理后的空气可达到10 ~ -60℃的露点，对一些要求低露点的场合，使用这种除湿机较合适；此外，转轮除湿机组没有压缩机等复杂设备，因此，机组结构相对简单，配件少，易于操作，维护简便，性能稳定，转轮使用寿命一般可达8 ~10年。

诚然，除湿转轮是一种连续制冷的优良的除湿器，但也存在一些问题。首先是除湿轮再生区与除湿区之间以及除湿转芯与风道之间的密封难于解决好；其次，吸附剂与除湿转轮通道壁面的黏固性存在难度，使得除湿转轮制造比较困难。此外，其机械驱动要求较高。这些问题需要不断加以研究改进。

根据用户对湿度参数的不同要求，可选择不同类型和规格的转轮，包括硅胶、氯化锂、分子筛、金属硅酸盐、氧化铝凝胶、合成硅酸盐、活性炭或上述材料的组合。转轮除湿机主要的能耗在于转轮再生所需要的热量。若直接利用电热等高品位能源进行再生，一般所产生的耗能会较大，所以可根据环境条件，利用太阳能或者废热等低品位能源作为再生能源，以便节约能耗，发挥转轮除湿的优势。

7.5.2　除湿转轮的构造与类型

不断转动的蜂窝状干燥转轮是转轮除湿机的主体结构。这种转轮的设计结构紧凑，而且可以提供巨大热质交换的表面积，从而大大提高转轮除湿机的除湿效率，其工作原理如图7 -19所示。除湿转轮设计成能在密封状态下旋转，并被由具备密封性能好的材料制成的隔板分为两个扇形区：一个占转轮面积3/4的扇形区域为处理湿空气端；另一个占1/4的扇形区域为再生空气端。当然，根据实际应用情况，两个扇形区域的大小可以进行调整。除湿转轮在除湿过程中，转轮一般以8 ~12周/时的转速转动。处理空气区域的转轮扇面吸收水分后，自动旋转到再生空气端扇区进行再生。再生空气经过约120℃高温加热后，进入转轮再生区扇面，在高温状态下，转轮中的水分子被脱附，实现再生过程。而含湿量较大的再生空气则由再生风机排至室外。

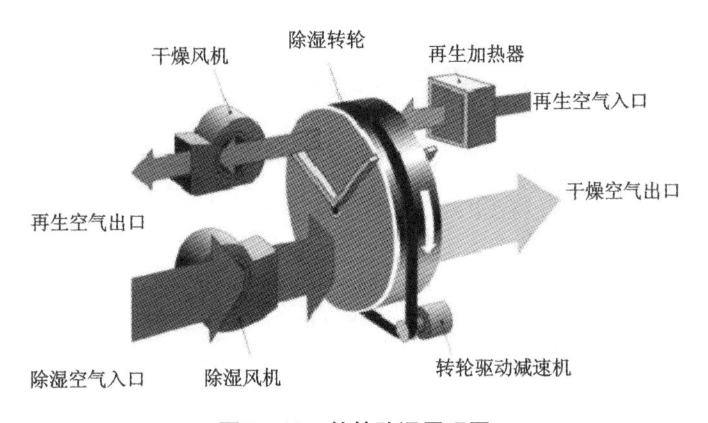

图7 -19　轮转除湿原理图

如图7-19所示，干式转轮除湿机主要由除湿系统、再生系统和控制系统三部分组成。除湿系统由吸湿转轮、减速传动装置、风机和过滤器等组成；再生系统除转轮箱体外，还有加热器、风机、过滤器和调风阀门等部件，其中，加热器推荐使用太阳能、工业废热等低品位能源作为热源，以节约能源；控制系统由驱动电机控制、温度控制和保护装置组成。

为满足不同工程的处理空气参数的不同要求，转轮除湿机可与其他空气处理设备组合使用。按使用功能可分为单纯除湿用的单机型，有温度、湿度、洁净度、能耗要求的系统型，包括恒温恒湿型、节能型、低露点型等。

恒温恒湿型转轮除湿机是以单机为基础，通过在除湿系统旁通或者在除湿系统后增加加湿单元，在除湿系统前后增加表面式空气冷却器、加热器等温度调节单元，而再生系统不变的改进型转轮除湿器。且在控制系统上增加温湿度传感器、变送器、执行器等可调送风温湿度的控制设备。

顾名思义，节能型转轮除湿机是在再生系统上增加空气-空气热回收设备，以减小再生空气所需的加热量，这种热回收设备一般采用板式热回收器，其流程示意图如图7-20所示。对送风要求冷却的空气处理系统，则采用在再生进口空气和处理出口的干燥空气之间进行热回收的方法。

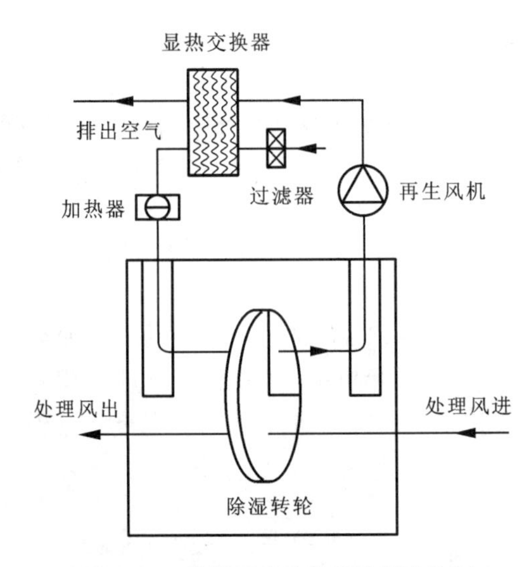

图7-20　带热回收的转轮除湿流程图

另外，节能型转轮除湿机还可以充分利用热泵的原理，即利用制冷循环的冷凝器和蒸发器的温度差异，分别用于除湿过程和再生过程空气冷却和加热，实现能量的充分利用，节能效果明显。

低露点型转轮除湿机除湿进风温度比较低，露点温度可达到-80~-20℃，出口空气相对湿度能达到0.5%左右，对除湿效果的要求非常严格。图7-21为低露点型转轮除湿机的原理和实体图，转轮分为三个区，与常规相比多出一个冷却区，用于提前冷却空气，以提高除湿区除湿效果，热空气经过冷却区的处理后进入再生区，能够节省能源。

在一次转轮不足以达到低湿度要求的情况下，如图7-22所示，可以进行双转轮除湿。除湿和再生都进行两次，但只在第二个转轮设置了冷却区，在第一个转轮之前设置两个冷却

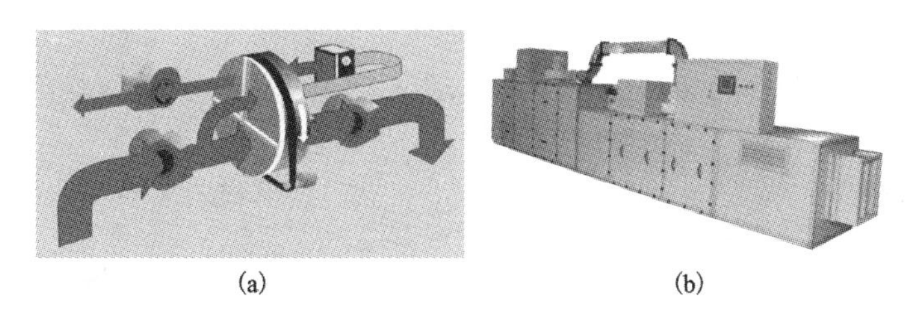

(a)　　　　　　(b)

图7-21 低露点型转轮除湿机

(a)低露点型转轮除湿原理图；(b)低露点型转轮除湿机实体图

除湿区∶冷却区∶再生区=3∶1∶1；转轮厚度=400 mm；除湿侧风速=2 m/s；再生温度=140℃；再生侧进风湿度=除湿侧进风湿度；除湿侧进风温度=10/20℃

盘管用于初级除湿，再通过转轮低露点除湿进一步深度除湿，从而大大降低露点温度，以达到最终理想的除湿效果。

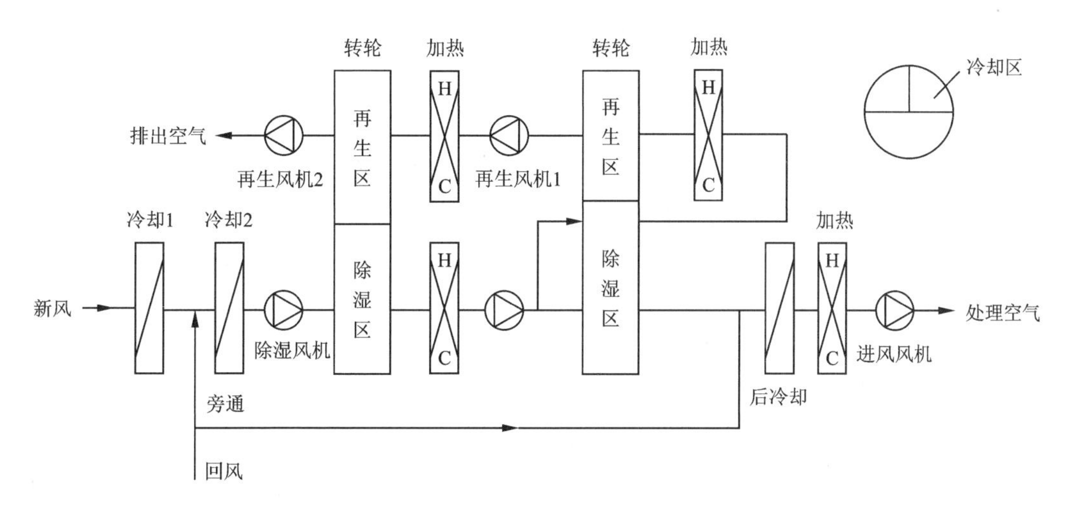

图7-22 低露点双重转轮除湿流程图

以上类型中除湿侧的进风温度都在10~30℃，但是有些情况可能会要对高温空气进行除湿。比如，待除湿空气的进口温度可能高达50~90℃，此时，必须采用高温除湿器，如图7-23所示。这种类型的再生空气温度一般较高，可达180℃甚至更高。高温处理型的转轮除湿机对于吸附材料的选择也有一定要求，必须保证在高温情况下能有较好的除湿效果。

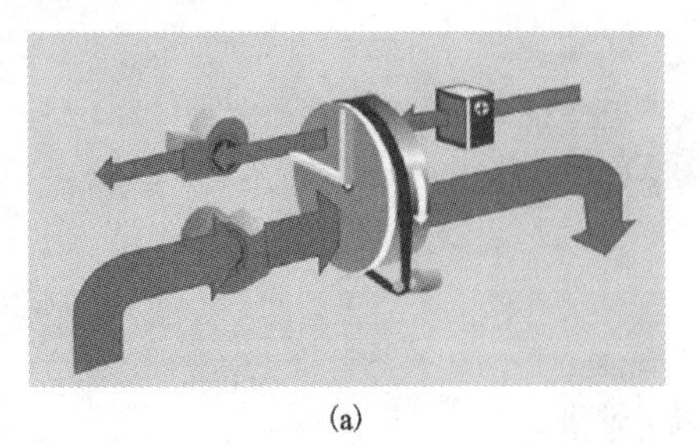

(a)

(b)

图 7－23　高温处理型转轮除湿机

(a)高温处理型转轮除湿原理图；(b)高温处理型转轮除湿机实体图

除湿区∶再生区＝3∶1；转轮厚度＝200 mm；除湿侧风速＝2 m/s(90℃)；再生温度＝180℃；再生侧进风湿度＝除湿侧进风湿度；除湿侧进风温度＝50/70/90℃

7.5.3　转轮除湿的适用领域

转轮除湿最初是应用于工业领域，随着固体转轮除湿技术的不断完善，只要对空气湿度有要求的地方基本上都可以应用到转轮除湿技术，所以转轮除湿的应用范围非常广泛[7]，主要有以下一些方面：

(1)一般空调过程

转轮除湿空调技术与传统的机械制冷空调相比，设备体积小，处理露点温度低，可利用太阳能、工业废气废热等余热作为再生热源，控制简单，所以在现实生活和生产中得到大量应用。转轮除湿适合用于对环境有湿度要求的空调系统，特别适用于相对湿度要求小于50%和新风量较大的环境中，如图书馆中的地下阅览室和书库、电器工业厂房、机场候机大厅等。

(2)空气相对湿度较小的民用、军用等场合

转轮除湿适用于相对湿度要求在20%～45%范围内的生产厂房和各类仓库，如医药、糖果、印刷、电子元件和化工原料车间及库房；产湿量高的超市、健身房；控制中心、计算机房、程控交换机房、航天发射基地等精密设备存放场合；通信设备、弹药武器、医疗器械的储存，大型武器如坦克、飞机、军舰等重要部件的战略贮备。

(3)有低温、低湿要求的特种工艺和工程

由于转轮除湿机与制冷系统配套使用，可获得露点温度低至－40℃的干燥空气，所以特别适用于锂电池、夹层玻璃、胶片生产和生物制药等有特殊要求的除湿工程。

(4)干燥工艺

适用于温度要求低于50℃的干燥工艺，如化纤行业的干燥、热敏性材料的低湿脱水、感光材料的生产等场合。

(5)有空气洁净度要求的场合

复合吸附剂具有高效杀菌作用，适用于制药厂房、食品加工厂房、手术室、无菌室、病房等有空气洁净度要求的场合。

(6)地下工程及其他

适用于地下工程及对仪表、电器、钢铁有防腐、防锈要求的生产厂房和仓库，如发电厂、大型桥梁钢箱、博物馆等场合。

近年来，转轮除湿技术的应用在商业领域已占据一席之地，已经形成了改善室内环境和改善空气品质的两个方向。今后，应致力于提高转轮除湿系统的效率，降低其成本，增强该技术的市场竞争力。

7.6　溶液除湿机

溶液除湿是利用某些吸湿溶液对空气中水蒸气有吸收作用的原理来进行除湿的。这种除湿方法的除湿系统具有空气处理量大，湿度易于控制，能充分利用低品位热源等优点。除此之外，这种除湿方式无污染，对环境友好，因此得到了广泛的关注和应用[8]。

7.6.1　工作原理

溶液除湿的原理主要是利用某些盐溶液(如氯化锂、溴化锂等)对水蒸气的吸收性质来进行除湿的。这些盐溶液的表面水蒸气分压力是由溶液的温度和浓度决定的，溶液的温度越低、浓度越大，其表面的水蒸气分压力就越小，吸收能力就越强。当溶液与湿空气接触时，通过改变溶液的温度和浓度就能控制水蒸气在二者之间的传质方向，具体示意图如图7－24所示。当溶液的浓度高、温度低时，表面水蒸气分压力会低于空气中的水蒸气分压力，这时候，水蒸气就会在压差的作用下从空气运动到溶液表面并被溶液溶解、吸收，从而使空气得到干燥。当溶液的温度高、浓度低时，其表面水蒸气分压力高于空气的水蒸气分压力，水蒸气则由溶液运动到空气中，从而使溶液被浓缩，实现溶液的再生。基于此原理，可实现盐溶液放湿、干燥的循环处理过程。

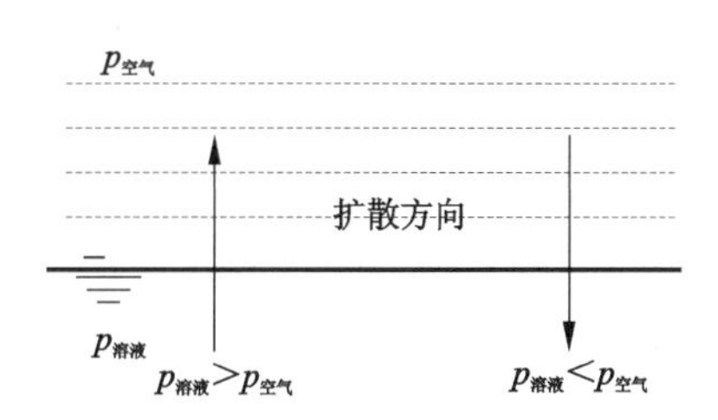

图7－24　水蒸气扩散方向示意图

但应该注意的是，在0℃以下，如果是冷却除湿，除湿装置有可能结霜，从而会降低除湿效果。溶液除湿由于使用诸如氯化锂等吸湿剂，即使在－85℃以下，也不会出现结露的问题，这也是溶液除湿突出的优点。

一般来说，溶液除湿系统由除湿器、加热设备、再生器和冷却器等部件组成，基本的工作流程如图7－25[9]所示：除湿溶液被均匀地喷洒在除湿器内，待处理的热湿空气进入除湿器与溶液充分接触时，湿空气中的水蒸气向溶液扩散而被溶液吸收。在这个过程中，溶液由于吸收了水蒸气，相当于被“稀释”，其浓度会下降；另一方面，溶液也会由于吸收了水蒸气相变而释放的汽化潜热，而使得温度升高。目前，常用的除湿溶液工作温度都在30℃以下，而热湿空气的温度相对较高，反应过程中释放的热量通常都会被吸湿溶液所吸收，因此溶液的温度会升高。随着溶液吸湿过程的不断进行，溶液的浓度下降和温度升高，会使得溶液表面的水蒸气分压力升高，因此，吸湿溶液吸收水蒸气的能力会逐渐降低直至消失。为了维持吸湿过程的循环，吸湿后的饱和溶液需要蒸发掉部分水分以提高其浓度，这就是溶液再生，它对于溶液除湿是非常重要的。一般来说，溶液再生有两种方式：一种是加热溶液，使其表面的水蒸气分压力大于空气的水蒸气分压力，然后再喷入再生器使其与再生空气进行热质交换，蒸发掉溶液中的水分，溶液得到浓缩；另一种是直接加热溶液，直至使其沸腾蒸发水分而使溶液浓缩。

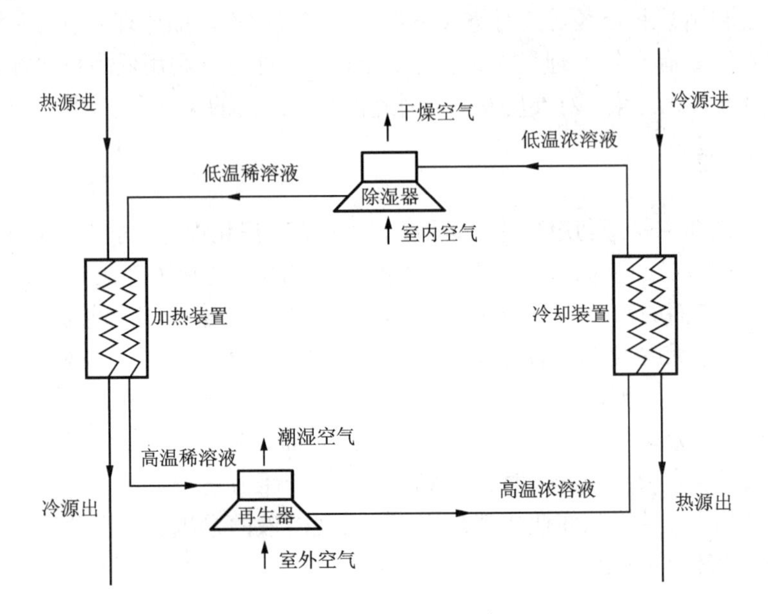

图 7－25　溶液除湿系统图

7.6.2　溶液除湿的特点

与传统的冷却除湿和固体吸收除湿相比，溶液除湿具有如下显著的特点[9]：

第一，改变了吸湿剂浓度，即能任意调节出口空气相对湿度，若保持吸湿剂的浓度一定，则出口相对湿度就不会改变。

第二，液体吸收式除湿装置既可以除湿，也可以用于加湿，即在有水蒸气浓度差的情况下，水蒸气会向低浓度的一侧转移。

第三，其除湿剂再生温度低，一般为 60 ~ 80℃，可利用多种低品位能源作为动力源，如工厂废热、太阳能等。在溶液的除湿过程中，由于水蒸气液化会放出大量的热量，这时可以充分利用一些可再生冷源（如江河、地下水等冷源）来对溶液进行冷却，从而实现除湿溶液的等温除湿过程，使得不可逆损失减小到比较低的程度。所以采用液体吸收除湿的方法可以达到较高的热力学完善性。

第四，环保卫生。溶液除湿没有凝结水的产生，避免了产生容易滋生细菌的潮湿表面，提高了处理空气的品质。如前所述，还可以对空气有一定的净化作用。与传统的蒸汽压缩冷却除湿相比，其使用的工质不会对环境造成破坏。此外，利用溶液的除湿性能可以高效地对空调系统进行热回收，并且溶液是以化学能而非热能的形式来储存能量，其储能稳定且能力强。总之，溶液除湿的优点是很明显的，应用于温湿度独立控制空调系统，也是一种很好的选择。

7.6.3　溶液除湿的适用范围

溶液除湿空调系统是基于以除湿溶液为吸湿剂来调节空气湿度的，可以提供全新风运行工况的新型空调产品，具有制造简单、运转可靠、节能高效等特点。一般来说，小型多功能溶液除湿机可利用室内回风与新风进行热交换，这样可回收室内大部分能量，降低进入制冷除湿芯的新风焓值，从而降低压缩机的热负荷。不需要太低的蒸发温度就能将空气的含湿量调节到适合程度，同时还利用溶液中的水分蒸发来将冷凝热带走，这样整个压缩系统的压比就会变得比较小，有利于提高压缩机的效率。此外，将创新的溶液除湿技术与成熟的热泵技术进行有机结合，可使除湿机组小型化，既具有一般空调系统所能达到的空气品质，又具有小型分散空调器简单、便捷和高效的优点。

溶液除湿可应用于独立新风空调系统，有人对溶液除湿独立新风系统和常规冷却除湿系统两种系统进行了运行能耗的比较分析，结果表明，溶液除湿独立新风系统的运行能耗比常规冷却除湿系统节约28%[11]。溶液除湿也可以应用在温湿度独立控制系统中，这种方式避免了冷凝除湿的能源浪费，并且可以利用90℃的低品位的热源来驱动，具有较高的效率。

溶液除湿技术除了用于满足人体舒适程度需要的空调领域外，还广泛用于图书馆书库，及精密机械、计量仪器、电子、纺织和化工等生产过程，日益成为工业、农业、国防和日常生活中进行湿度控制的不可缺少的技术之一。例如，溶液除湿空调机组使用非常灵活，充分考虑了在各种复杂情况下的特殊使用要求，所以应用极广。该空调机组能在 -30 ~45℃环境下正常运转，确保基站设备安全可靠、稳定运行。所以，溶液除湿技术能够较好地应用于图书馆书籍、资料的保存方面。

7.6.4　溶液除湿的类型

目前应用的溶液除湿器的类型和结构有多种多样，但根据在除湿过程中除湿器是否与外界发生热交换，可以将除湿器分为绝热型和内冷型两种。

1. 绝热型除湿器

绝热型除湿器中只有空气和溶液两种交换介质，且在热量和水分传递的过程中与外界换热量很少，因此，除湿器的除湿过程可以视为一个绝热过程。常见的绝热型除湿器一般采用填料喷淋塔结构，具有气液接触面积大、结构简单等特点。其工作原理如图7-26[12]所示：待处理的空气从除湿器下方进入塔体，高浓度吸湿剂从除湿器上方向下喷洒与调料层接触后形成液膜，待处理的空气和吸湿溶液在填料层中逆方向流动，浓溶液吸收了空气中的水

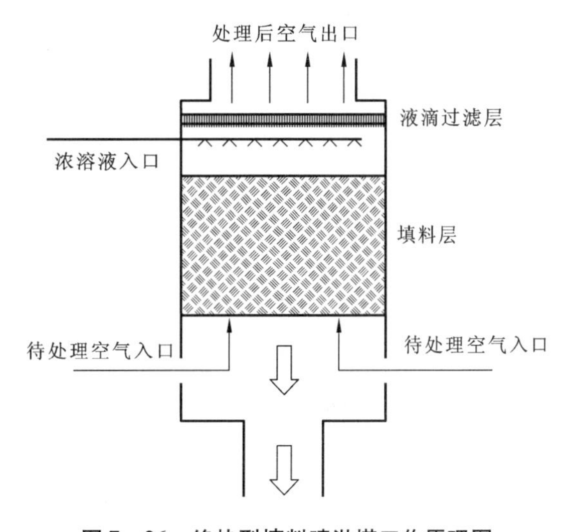

图7-26　绝热型填料喷淋塔工作原理图

分后成为稀溶液，在重力的作用下从下方流出，空气被干燥以后向上通过液滴过滤层流出，空气中水蒸气液化放出的热量绝大多数被吸湿溶液吸收后带走。

填料是填料塔的核心部件，填料按照其装填方式可以分为安装填料和规整调料两种。在一般工作情况下，为了充分发挥填料能够扩大接触面积的特点，除湿溶剂的通入量会比较大，一般与空气流量相当。当待处理空气除湿量不大时，除湿剂吸收的水蒸气量会变少，而除湿剂浓度变化不大，这样直接使除湿剂进入再生装置，容易造成资源浪费，从而降低整个除湿器的工作效率。针对这一问题，可以采用分级冷却的除湿方式来解决，即可将多个绝热型除湿器串联起来，形成多级除湿，级间增加冷却装置以恢复除湿剂的除湿性能，下一级除湿剂入口流量按比例缩小。这样，经过多级处理后的除湿剂浓度会变化较大，这将使得除湿装置的整体除湿量增加，从而除湿效率也随之提高。

绝热型除湿器由于装置与外界绝热，空气中水蒸气液化放出的热量基本被除湿剂吸收，因而，除湿剂的温度会升高而使得除湿效果变差。因此，控制除湿剂温升是提高绝热型除湿器效率的重要方法之一。

2. 内冷型除湿器

早期的溶液除湿研究主要是集中在对绝热型除湿器的研究上。针对绝热型除湿器的温升问题，自 20 世纪 90 年代以来，内冷型除湿器受到了研究者的关注。内冷型除湿器是根据绝热型除湿器改进而来的，主要是为了解决绝热型除湿器在除湿过程中除湿剂温度升高导致吸湿能力下降的问题。解决的方法是将冷却介质引入除湿器中，通过冷却介质将除湿剂吸收的潜热带走，从而保持除湿剂的温度恒定，维持较高的除湿能力。图 7 – 27 ~ 图 7 – 30[12] 是几种内冷型除湿器，按其结构形式可以分为波纹板式和管翅式，按冷却介质的种类可以分为水冷式和空气冷却式。

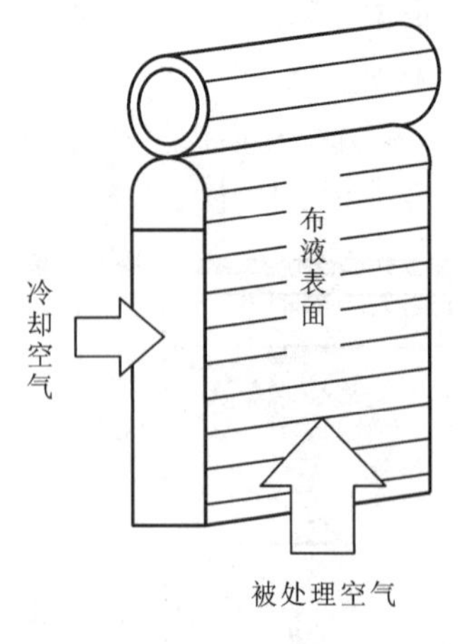

图 7 – 27　空气冷却式除湿单元

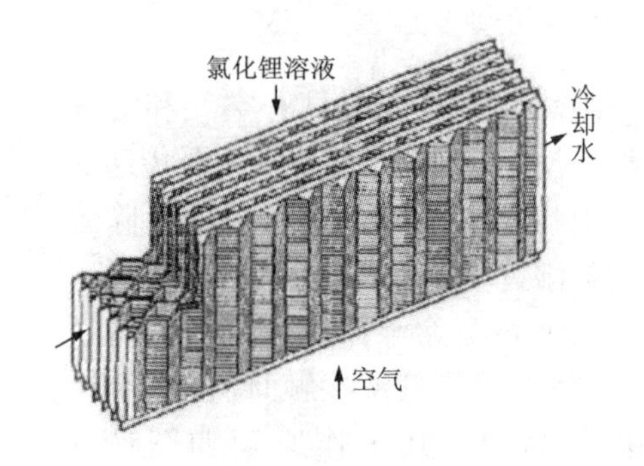

图 7 – 28　水冷波纹板除湿器

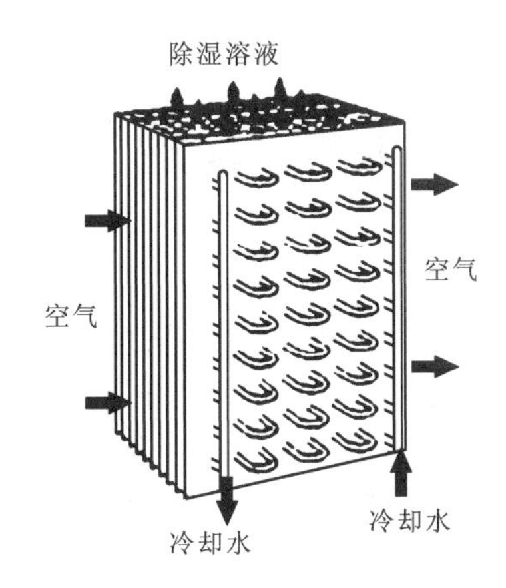

图7－29 管翅式内冷除湿装置示意图

图7－30 管翅式内冷除湿装置实物图

通过对内冷型除湿器的研究，可以得出以下一些结论：

(1)内冷型除湿器与绝热型除湿器相比，在达到同样除湿效果的前提下，内冷型除湿器所需要的溶液流量较少，只要溶液流量能满足完全润湿壁面、形成均匀液膜的要求，就能获得较好的除湿效果。

(2)相同的入口工况下，空气与溶液逆流时对应的除湿效果最佳，顺流时效果最差，而叉流则处于两者之间。相对于逆流而言，叉流装置布置更方便，占用空间较小，因而得到了更多的应用。同时，在叉流型除湿器中，溶液与冷却介质逆流时除湿效果最优。空气、水和制冷剂三种冷却介质中，空气的比热容较小，冷却效果最差，在内冷型除湿装置中的应用有限。

(3)在实际应用中，考虑到除湿溶液有较强的腐蚀性，平板式结构多采用导热性能较好的塑料作为基材，而管翅式结构多采用不锈钢材料作为基材。

参考文献

[1] 电子工业部第十设计研究院等. 空气调节设计手册(第二版)[M]. 北京：中国建筑工业出版社，1995.

[2] 姚秀，臧润清，方筝. 联合除湿式低温低湿恒定装置的试验研究[J]. 制冷与空调，2007(02)：72－75.

[3]陆亚俊，高超. 通风除湿设计的室外计算参数[J]. 暖通空调，1997，27(6)：70－72.

[4] 王天富，买宏金. 空调设备[M]. 北京：科学出版社，2003.

[5] 杨荣郭. 夏热冬冷地区调湿型涂料的研制[D]. 株洲：湖南工业大学，2012.

[6] 王汉青，易辉，李端茹，杨荣郭. 海泡石调湿涂料配制及调湿性能试验研究[J]. 建筑科学，2014(12)：60－64.

[7] 张新画. 固体除湿空调系统研究[D]. 天津：天津大学，2005.

[8] 项辉，张立志. 液体吸收除湿强化技术的研究发展[J]. 暖通空调. 2005，35(7)：26－31.

[9] 丁兆球. 溶液除湿空调系统研究[D]. 武汉：武汉科技大学，2007.

[10] 王高飞. 转轮除湿空调系统研究[D]. 广州：广州大学，2007.

[11] 袁乐. 溶液除湿在独立新风系统中的应用研究[D]. 哈尔滨：哈尔滨工业大学，2010.

[12] 牛梅梅. 一种内冷型溶液除湿器的理论和实验研究[D]. 杭州：浙江大学，2014.

第8章　图书馆电气及自控工程节能设计

电能作为图书馆的主要能源，其使用量很大，减少电能消耗是图书馆节能设计的重要任务。电能被广泛应用在图书馆照明、动力以及办公等设备上，因此，电能的消耗在图书馆总的能源消耗上占有很大的比例。通过技术经济比较来确定合理的节电设计方案，提高电能利用率、节约电能，是图书馆电气和自动控制工程设计的重要目标。电气节能措施主要包括降低配电系统自身的能源损耗，提高用电设备的能源利用率，科学选取各项设计参数及提高自动化和智能化水平等方面。

在对图书馆进行电气设计时，应将节约电能作为主要技术经济指标进行设计方案比较；电气自动控制工程在满足控制功能和要求的前提下应尽量简化控制环节，以减少安装和使用消耗，同时配备手动控制功能，以便在紧急情况下进行控制；应符合有关节能规范规定。这些都是建筑电气节能设计的重要原则。当然，要考虑实际经济效益，不可盲目追求建筑的节能、施工设计，以免导致工程的初投资增加，并使总体费用提高。本章将介绍图书馆电气设计的节能措施。

8.1　图书馆用电负荷计算

电气设计包括供电电源的电压、来源、距离和可靠程度。其中，用电负荷计算是至关重要的一个环节，若设计容量过大则会造成极大的资源浪费及投资成本的升高，过小又可能影响建筑本身的正常运行，因此，要正确地进行用电负荷的计算。

用电负荷计算需要确定的参数主要有计算电流、设备容量、计算负荷等。在配电系统设计计算中，通常采用30分钟的最大平均负荷作为选择电器、导体和进行季节性负荷划分的依据。

用电负荷计算的方法有需要系数法、单位面积功率法、二项式法等多种，图书馆的配电设计宜采用需要系数法。本节介绍负荷计算的几种常用方法。

8.1.1　单位面积功率法

在工程方案设计阶段或者用电设备参数不详时，一般使用单位面积功率法。图书馆单位建筑负荷指标一般可取30～120 W/m^2[1]。单位面积功率法的计算过程如下：首先，根据用电情况和使用功能，确定各区域的单位建筑面积的负荷指标，计算出各个区域的用电负荷；其次，再将各区域所需的用电负荷叠加，并乘以同时使用系数，从而得出配电所需的计算负荷。

8.1.2　需要系数法

需要系数法是一种常见且较准确的计算用电负荷的方法，是用设备功率乘以需要系数和同时使用系数，其方法简便，常用在实际工程计算中。其相关计算式如下[1]：

1. 用电设备组的负荷计算

有功功率

$$P_{js} = K_X P_e \tag{8-1}$$

无功功率

$$Q_{js} = P_{js} \tan\varphi \tag{8-2}$$

视在功率

$$S_{js} = \sqrt{P_{js}^2 + Q_{js}^2} \tag{8-3}$$

计算电流

$$I_{js} = \frac{S_{js}}{\sqrt{3} U_r} \tag{8-4}$$

2. 配电干线或变电所的计算负荷

有功功率

$$P_{js} = K_{\sum p} \sum (K_X P_e) \tag{8-5}$$

无功功率

$$Q_{js} = K_{\sum q} \sum (K_X P_e \tan\varphi) \tag{8-6}$$

视在功率

$$S_{js} = \sqrt{P_{js}^2 + Q_{js}^2} \tag{8-7}$$

以上各式中的符号意义为：

P_e—— 用电设备组的设备功率，kW；

K_X—— 需要系数，见表 8－1，表 8－2；

$\tan\varphi$—— 用电设备功率因数角的正切值，见表 8－1，表 8－3[1]；

$K_{\sum p}$，$K_{\sum q}$——有功功率、无功功率同时系数，分别取0.8～0.9和0.93～0.97，民用建筑可取等值；

U_r—— 用电设备额定电压(线电压)，kV。

表 8－1　图书馆用电设备的 K_X、$\cos\varphi$ 及 $\tan\varphi$

用电设备组名称	K_X	$\cos\varphi$	$\tan\varphi$
卫生用通风机	0.65～0.70	0.80	0.75
超声波装置	0.70	0.70	1.02
电子计算机主机	0.60～0.70	0.80	0.75
电子计算机外部设备	0.40～0.50	0.50	1.73

表 8-2 图书馆照明用电设备需要系数

建筑类别		建筑类别	
办公室	0.70～0.80	展览厅	0.70～0.80
阅览室	0.90～0.95	咨询室	0.60～0.70
多功能厅	0.80～0.90	书库、特藏库、资料库	0.50～0.70

表 8-3 图书馆照明用电设备的 cosφ 及 tanφ

光源类别	cosφ	tanφ
白炽灯 卤钨灯	1.00	0.00
荧光灯(无补偿) 荧光灯(有补偿)	0.55 0.90	1.52 0.48

需要指出的是，在使用需要系数法确定负荷时，计算负荷是采用 30 分钟时间间隔平均负荷的最大值，表明的是某一假想的持续稳定负荷。因此，所选电气设备和导线截面需要留有一定裕量，以提高供电的安全可靠性。当然，这里所选的导线截面只是满足了导线载流量发热和电压损失的要求，是不全面的，设计时还应考虑按经济电流法选择导线截面[2]。

8.2 图书馆供配电系统设计

在设计图书馆供配电系统时，应注意以下几点：应确定用电负荷的等级，并根据负荷的等级来确定合理、有效的供电措施；尽可能地使供配电系统简单、安全、可靠，尽可能选取性能先进的产品，减少运行时的电能损失；合理预留供配电容量，在保证供电系统安全性的前提下，避免造成备用电量过大的现象，以减小不必要的损耗和投资；供配电系统应该采用效率高、能耗低和性能好的产品，以便于实施管理。

8.2.1 电压等级选择

对于图书馆等公用建筑的供电电压的选择，应根据其计算容量、供电距离、用电设备特性、供电回路数量等因素综合考虑确定：当总用电设备容量在 350 kW 以下时，宜采用低压三相四线 220/380 V 进行供电；当用电设备总容量在 6300 kV · A(kV · A 是视在功率单位)以下时，宜采用 10 kV 进行供电；当用电设备总容量在 6300 kV · A 至 60000 kV · A 时，宜采用 35 kV 进行供电；当用电设备总容量大于 60000 kV 时，宜采用 110 kV 或 220 kV 进行供电。

8.2.2 配电方式

当图书馆供电电压为 35 kV，且采用 35 kV 配电经济合理时，可采用 35 kV 配电，并采用 35/0.4 kV 直降方式。若根据管内用电设备的具体情况，选用 6 kV 配电技术经济合理时，可采用 6 kV 配电。单台电功率大于 350 kW 的电动机宜采用中压设备[3]。

8.2.3　供、配电系统

有多路进线供电条件时，宜采用多路电源同时运行。供配电系统应简单可靠，配电的级数不宜过多。而配电所的位置应该要满足方便高压进线和低压出线的要求，且低压线路的供电半径不宜超过 200 m。对于超高层建筑而言，可将变压器分层设置，即可分别设置在地下室、首层、中间层或顶层。

8.2.4　变压器的设置及节能

变压器是供电系统中的关键设备，能进行升降压来输送、分配和利用电能，因此，变压器的正确设置对于变电所主接线形式及其经济性有着重要影响。变压器的设置应该根据负荷大小、负荷性质和负荷等级及运行经济等因素确定，变压器宜设置在负荷的中心位置。其容量应该考虑到大型设备启动及其冲击负荷的要求，单台变压器的容量一般不宜大于 1600 kV·A。但当设备容量大而集中，且通过比较其技术经济合理且运行安全时，宜采用 2000～2500 kV·A 的容量。动力系统和照明系统宜共用变压器，但当动力负荷过大，影响到照明质量和灯泡寿命时，亦可单独设置。在大型公共建筑空调等季节性负荷变化较大的情况下，可以单独设置变压器。

变压器在工作时，应具备适宜的工作环境。节能或干式变压器具有一定的过载能力，必要时也可以采用强制通风来降温除湿。为了确保变压器在三相负荷不平衡时其容量可得到充分利用，限制三次谐波含量，提高单相短路电流值，在确保接地保护装置灵敏度的前提下，可采用三角形或 Y 形接线方式三相供电。变压器室和配电室尽可能采用自然通风，围护结构应采用隔湿、防潮和隔热措施[3]。

在广义电力系统中，变压器总的电能损耗约占发电量的 10% 左右。因此，变压器的节能设计有着重要意义，对电力变压器的节能设计，一方面可以从选用节能低损耗的新型变压器和合理选择电力变压器容量来考虑；另一方面可以从实行电力变压器经济运行及避免变压器的轻负荷运行着手[4]。

8.2.5　功率因数

功率因数是衡量电气设备效率高低的一个指标。功率因数低，就说明电路的无用功率大，从而就降低了设备的利用率，增加了线路损耗。当今民用电气设备种类繁多，同一线路上的各设备功率因数不同，导致供电线路的功率因数平衡不易做好。因此，适当地确定功率因数，做好功率因数的平衡工作，对电气系统的安全运行具有重要意义。

配电系统宜采用自动调节补偿方式进行无功功率补偿，尽量使无功就地平衡，并将单相负荷尽量均匀地分配到三相电源的各项上。功率因数应该满足当地供电部门的要求，当没有明确的要求时，高压用户的功率因数应大于 0.9，低压用户的功率因数应大于 0.85。

可以通过选择合适的变压器容量和台数，来减少供电线路的感抗；尽可能采用功率因数高的用电设备和无功补偿装置等措施，提高自然功率因数，以便更好地进行无功补偿。当用电组设备的无功计算负荷大于 100 kV · A 时，可在设备附近进行就地补偿；宜采用自动调节式补偿装置进行集中补偿。

对于建筑供暖空调系统的设备而言，冷水机组、锅炉和水泵等大负荷设备应该配置自动控制装置，并根据负荷需求的情况来自动调节输入功率。负荷变动大的设备应该采取调速方式，如采用电磁耦合调速或变频调速装置对鼠笼型电动机调速；采用串级调速对绕线型异步电动机调速；对大功率电动机采用软启动装置。电动机是电力系统最常见的动力装置和最重要的耗电设备，其效率与节能关系密切，因此，必须选用节能性好的电动机和配套的机械设备[3]。

8.3 按经济电流密度选择图书馆线路

所谓经济电流密度，是指通过各种经济、技术、生产比较而得出来的最合理的电流密度。在图书馆等民用建筑的电气设计中，合理选择导线截面和计算导线长度，可以节省相当部分的投资。导线的选择应以经济性、安全性作为主要考虑因素。导线截面积大，则运输电力损失小，安全系数大，但投资相对也会较高；导线截面积小，线路损失就较大，安全系数小，投资相对较少。因此，要把握好导线面积和投资大小的平衡，在供配电线路在满足电压损失和短路热稳定的前提下，可以按下述原则进行导线截面计算[5]：以年最大负荷运行时间划分，小于4000 h 时，宜按导体载流量选择导线截面；大于4000 h，小于7000 h 时，宜按经济电流密度选择导线截面；大于7000 h 时，应按经济电流密度选择导线截面。

一般来说，图书馆属于宜按经济电流密度法计算导线截面的范畴。夏热冬冷地区图书馆的空调系统一般是在冬夏两季开启，故图书馆电力满负荷运行的时间一般为6个月左右。经济电流是在寿命期内，投资和导体损耗费用之和最小的适用截面区间所对应的工作电流。除了考虑初投资外，还要综合考虑运行时电力在线路上的损失，在某一截面区间内，线路投资和运行损耗最少，该截面即为经济截面。电力电缆截面有多种经济最佳化计算方法，下面介绍经济电流密度计算方法[3]：

$$\mathrm{Sec} = [I_{\max}^2 \times F \times 0.0199/A]^{0.5} \tag{8-8}$$

$$F = N_p \times N_c \times (\tau \times P + D) \times [Q/(1+i\%)]/1000 \tag{8-9}$$

$$Q = (1 - r^N)/(1 - r) \tag{8-10}$$

$$r = [(1 + a/100)^2 \times (1 + b/100)]/(1 + i/100) \tag{8-11}$$

$$j = I_{\max}/\mathrm{Sec} \tag{8-12}$$

将式(8-8)代入式(8-12)得：

$$j = \left\{\frac{A}{F \times 0.0199}\right\}^{0.5} \tag{8-13}$$

式中：各符号的意义如下：

A——与导体截面有关的单位长度成本的可变部分，元/m · mm^2，(制造费用斜率)可查表得到；

j——电缆导体经济电流密度，A/mm^2；

$I_{\max}$——最大负荷电流，A；

N——电缆使用的经济寿命，年；

N_p——每回路相导体的数量；

N_c——传输同型号电缆和负载值的回路数量；

P——电价，元；

D——附加发电成本，元/(kW · a)；

F——式(8-9)定义的辅助量可查表得到，元/W；

Q——式(8-10)定义的辅助量；

r——式(8-11)定义的辅助量；

a——I_{max}的年增长率，%；

b——电价 P 的年增长率，%；

i——计算现值的贴现率，%；

T_{max}——年最大负荷利用小时，h；

τ——年最大负荷利用小时对应的年最大负荷损耗小时，h；

Sec——电缆导体的经济截面，mm^2。

在计算时，根据理论与实践经验，一般取电缆经济使用寿命 $N=30$ 年，$D=252$ 元/(kW · a)，现值系数$[Q/(1+i\%)]=11.2$，图书馆低压配电系统一般采用 TN-S 接地形式，$N_p=4$，YJV-1kV(3+2)电缆平均 A 值 $=2.276$，$\cos\varphi=0.8$。

由式(8-13)可知，经济电流密度 j 与 A 值开方成正比，即采用较小截面是经济的。j 与 F 值开方成反比，F 增大表明运行时间延长或电价增加，经济电流密度 j 则会减少，但是减少初投资会增加运行时的费用，故应综合考虑投资和运行时的损耗。

根据经济电流选取导线截面积以后还需进行截面校核，主要校核方法有[3]：按电压损失校验、按短路电流热稳定计算电缆最小截面校验、按发热允许电流校验电缆截面、按接地故障电流灵敏度校验等。

8.4　图书馆照明工程

室内照明是图书馆日常电能消耗量之一，目前，我国照明部分所消耗的电能要占到全国总发电量的 10% ~12%，且每年以 13% ~14% 的速度在增长。在进行照明设计时，正确地计算照度是首要的工作。计算平均照度一般采用流明法，下式即为照度计算的基本公式[6]：

$$E=NFUM/A \tag{8-14}$$

式中：E——工作面上要求的照度，lx；

N——灯具数量；

F——每个灯提供的光通量，lm；

M——维护系数；

U——利用系数；

A——被照面积，m^2。

照明系统输出的总光通量为

$$AE=NFUM$$

而其输入的总功率则为

$$W=PNT \tag{8-15}$$

式中：W——输入的总功率，W；

P——每个灯的消耗，W；

T——点灯的时间，h。

显然，为了使节能效果最大化，必须使输入 PT 的值最小，而输出 FUM 的值最大。下面介绍提高照度、减小输入功率的两种措施：

(1) *FUM* 最大化

要提高 *F* 的值，提高光源效率，可以采用高性能电子镇流器组成的三基色直管荧光灯；要提高 *U* 的值，应使用利用系数高且配光性能与用途相符的灯具；要使 *M* 值最大，主要靠使用维持系数高的光源，尽量使用可靠、寿命长且维修简便的灯具。

(2) *PT* 最小化

减小 *P* 的值，主要是通过使用耗电量少的灯具来实现，除了使用高效光源外，还要尽可能减少回路中的电气损失。*T* 值可以依靠控制点灯时间来减小，主要是减少照明设备的亮灯时间，合理设计照明控制系统(如声光控制)，做到只在必要的时间、必要的场所亮灯。

8.4.1 图书馆照明方式的确定

图书馆一般集藏书、阅读、办公和会议等功能于一体，不同用途的房间需要的照度不同。因此在照明设计时，应确定各房间的照明方式，做到光源的合理分配[6]。当需照亮整个场所时，均应设置一般照明；同一场所内的不同区域有不同照度要求时，为节约能源，在满足区域照度要求的情况下，应采用分区一般照明；混合照明方式宜适合用于照度要求高但密度又不大的场所。

下面介绍各种照明方式：

(1)一般照明。为照亮整个场地表面而设置的均匀照明为一般照明。采用一般照明需要较大的安装功率，是一种非节能的照明方式。

(2)分区一般照明。可根据某些照度要求不同的区域，设计成分区一般照明，根据照度匹配要求的原则来选用照度标准，可节约电能。

(3)局部照明。为满足照明场所内某些区域(如小范围的工作台面)的特殊照明要求而设置的照明方式。

(4)混合照明。在一些场合要求照度很高，但作业面密度不大的场所，如藏书馆中的借阅台，大厅中的咨询台，可以采用混合照明。在这种情况下，若整体装设一般照明，会大大增加照明安装功率和照明用电，在技术经济方面是不合适的。采用混合照明方式，可以以局部照明来提高工作区域照度，从而降低总的安装功率，节约电能。

在实际照明工程中，通常会将局部照明与一般照明有机地按照明需求，进行合理配置，对同一照明场所按不同季节、不同时段的照明需求，来实施不同照明。

8.4.2 光源的选择

光源是电能转化为光能的器件，是照明用电的核心。光源的选择应以绿色照明为宗旨，照明节能为目的，依据光源特性，在满足光照环境需求的前提下，考虑发光效率与光源寿命。为达到节能的目的，宜选用高光效、长寿命、显色性好的光源。不同光源的光效、显色指数等指标见表 8-4[6]。

由表 8-4 可知，高压钠灯的光效最高，主要用于室外照明；室内层高不高的房间，可以使用小功率金属卤化物灯，而大功率的卤化物灯可应用于高大的厅堂的照明；荧光灯光效与金属卤灯光效大体相似，在荧光灯中尤以稀土三基色荧光灯光效最高；高压汞灯光效较低；而卤钨灯和白炽灯光效最低。

选择光源应从发光效率、显色性、寿命和投资等方面进行综合考虑。各种光源的详细参数及适用范围如下[6]：

表8-4　各种电光源的技术指标

光源种类	额定功率范围/W	光效/($lm \cdot W^{-1}$)	显色指数 R_a	色温/K	平均寿命/h
普通照明用白炽灯	10~1500	7.3~25	95~99	2400~2900	1000~2000
卤钨灯	60~5000	14~30	95~99	2800~3300	1500~2000
普通直管型荧光灯	4~200	60~70	60~72	全系列	6000~8000
三基色细管径直管型荧光灯	28~32	93~104	80~90	全系列	12000~15000
紧凑型荧光灯	5~55	44~87	80~85	全系列	5000~8000
荧光灯高压汞灯	50~1000	32~55	35~40	3300~4300	5000~10000
金属卤化物灯	35~3500	52~130	65~90	3000/4500/5600	5000~10000
高压钠灯	35~1000	64~140	23/60/85	1950/2200/2500	12000~24000
高频无极灯	55~85	55~70	85	3000~4000	40000~80000

1. 细管径荧光灯

荧光灯是应用最广泛的气体放电光源。细管径荧光灯是指灯管直径小于26 mm的灯管，一般是直管形三基色T8和T5荧光灯，其寿命一般在12000 h以上、光效高(一般来说，比T12粗管径荧光灯光效高60%~80%)、显色性好(R_a>80)，适用于高度小于4~4.5 m的房间，如办公室、会议室等。细管径荧光灯取代粗管径荧光灯的节能效果见表8-5[6]。表中，功率竖栏下的()内为镇流器功率。

表8-5　细管径荧光灯取代粗管径荧光灯的效果

灯管直径	镇流器种类	功率/W	光通量/lm	系统光效/(lm/W)	替换方式	节电率/%
T12(38 mm)	电感式	40(10)	2850	57	—	—
T8(26 mm)三基色	电感式	36(9)	3350	74.4	T12→T8	10.0
T8(26 mm)三基色	电子式	32(4)	3200	88.9	T12→T8	28.0
T5(16 mm)	电子式	28(4)	2660	83.1	T12→T5	36.0

以紧凑型荧光灯取代普通白炽灯，光效可提高4~6倍；一般来说，图书馆宜用细管径(≤26 mm)直管型荧光灯取代粗管径(>26 mm)直管型荧光灯和普通卤粉荧光灯，其光效可提高20%以上。如果采用管径更细的T5灯(管径为16 mm)，与三基色T8荧光灯相比，可提高10%的光效(环境温度为35℃时)，也可采用35W、70W等小功率金属卤化物灯，节能效果更好。自镇流紧凑型荧光灯取代白炽灯的效果如表8-6所示[6]。

表 8-6 自镇流紧凑型荧光灯取代白炽灯的效果

普通照明白炽灯/W	由自镇流紧凑型荧光灯取代/W	节电效果/W(节电率%)	电费节省/%
100	25	75(75)	75
60	16	44(73)	73
60	15	45(75)	75

2. 金属卤化物灯

金属卤化物灯是指在汞和稀有金属卤化物的混合蒸汽中产生电弧放电发光的气体放电灯。它比高压汞灯的发光效率高得多，显色性也较好，使用寿命也比较长，但是使用中有位置朝向要求。金属卤化物灯适合用于高度较大的中庭、报告厅等场合，具有很好的应用前景[6]。

3. 高压钠灯

一般来说，荧光高压汞灯的光效较低，约为 32～55 lm/W，寿命不是太长，显色性也不高，故应尽量避免使用。自镇流高压汞灯的光效更低，寿命最高也只有 3000 h，更不宜采用。用高压钠灯和金属卤化物灯取代荧光高压汞灯的节能效果如表 8-7 所示[6]。

表 8-7 高压钠灯和金属卤化物灯取代荧光高压汞灯

序号	灯种	功率	光通量/lm	光效/(lm·W^{-1})	寿命/h	显色指数 R_a	替换方式	节电率/%
Ⅰ	荧光高压汞灯	400	22000	55	15000	35	—	—
Ⅱ	中显色性高压钠灯	250	22000	88	24000	65	Ⅰ→Ⅱ	37.5
Ⅲ	金属卤化物灯	250	20000	80	20000	65	Ⅰ→Ⅲ	37.5
Ⅳ	金属卤化物灯	400	35000	87.5	20000	65	Ⅰ→Ⅳ	0

高压钠灯符合我国绿色照明的宗旨，也满足市场节能需求。它广泛应用于室外高大照明场所，比如体育馆、展览厅、娱乐场、百货商店和宾馆等场所。

4. 白炽灯

白炽灯虽具有安装、维护方便和启动快、光色好和价格低廉等优点，但其光效太低，平均只有 9～15 lm/W，很不节能，而且一般只有 1000 h 的寿命，所以应尽量避免使用白炽灯。如果在特殊情况下需采用白炽灯时，如开关灯频繁、需要瞬时启动、连续调光的场所，应充分考虑其运行效率。

8.4.3 灯具及其附属装置的选择

灯具效率也称灯具光输出比，是指灯具发出光能的利用效率，是测出的灯具光通量与灯具内所有光源在灯具外测出的总光通量之比。显然，灯具效率越高，灯具产生的光能越多。在满足眩光限制和配光要求条件下，应选用效率较高的灯具。灯具是分配和改变光源光分布的器具，包括用于固定和保护光源所需的零部件，以及与电源连接所需的线路附件。对于建筑电气节能设计来说，灯具及其附属装置选择的重要性仅次于光源选择。

1. 灯具选择

从节能角度考虑，灯具选用应该符合下列规定：

(1)对于荧光灯灯具在各种出光口形式下的效率：开敞式的应不低于 75%，格栅形式的应不低于 60%，透明保护罩形式的应不低于 65%，磨砂、棱镜形式的应不低于 55%。

(2)对于高强气体放电灯灯具的效率：开敞式的应不低于 75%，格栅或透光罩形式的应不低于 60%。

(3)在满足遮光角的条件下，根据场所的室形指数选择配光种类，如表 8 - 8 所示。

(4)采用高强气体放电灯，应根据灯具的安装高度、作业面照度值、照度均匀度和光线投射的方向等因素确定光源的功率和配光，如表 8 - 9 所示。

表 8 - 8　灯具配光的选择

室形指数 K	灯具最大允许距高比 S/H	配光种类
>1.7	1.5 ~ 2.5	宽配光
1.7 ~ 0.8	0.8 ~ 1.5	中配光
0.8 ~ 0.5	0.5 ~ 1.0	窄配光

表 8 - 9　不同层高高强气体放电灯功率及灯具最大距高比的推荐值

层高/m	低(≤6 m)	中(6 ~ 20 m)	高(≥20 m)
光源功率/W	≤250	≤400	≤1000
灯具最大安装距高比 S/H	>1.5	1.0 ~ 1.5	0.5 ~ 1.0

2. 镇流器的选择

选择好优质的照明灯具之后，与之配套的镇流器同样也影响着节能效果。电子镇流器与电感镇流器相比，优势非常明显，具有节能效果好、点灯参数优越、自我保护功能强等优点[7]。安装电子镇流器，可提高灯管光效和降低镇流器的自身功耗，有利于节能，并且发光稳定，消除了频闪和噪声，提高了灯管的寿命。自镇流荧光灯应配用电子镇流器；当采用直管型荧光灯和 T8 直管型荧光灯时应配用电子镇流器或节能型电感镇流器；当选用 T5 直管型荧光灯(>14W)时，应采用电子镇流器。对于高压钠灯和金属卤化物灯，宜配用节能型电感镇流器；对于功率较小的高压钠灯和金属卤化物灯，宜配用电子镇流器；在电压偏差大的场所，采用高压钠灯和金属卤化物灯，宜配用恒功率镇流器。

在选用镇流器时应符合该产品的国家能效标准，电子镇流器的荧光灯灯具和高强气体放电灯灯具的功率因数不应小于 0.95，电感镇流器的上述灯具功率因数不应小于 0.85。例如，采用国产 36W 荧光灯，各种镇流器的性能比较见表 8 - 10[6]。

表8-10 36W荧光灯用镇流器的性能比较

比较对象	普通电感镇流器	节能型电感镇流器	电子镇流器
自身功耗/W	8~9	<5	3~5
系统光效	1	1	1.2
价格比较	低	中	较高
重量比	1	1.5左右	0.3左右
寿命/年	15~20	15~20	5~10
可靠性	较好	好	较好
电磁干扰(EMI)或无线电干扰(RFI)	较小	较小	在允许范围内
灯光闪烁度	有	有	无
系统功率因数	0.4~0.6(补偿)	0.4~0.6(补偿)	0.9以上

从上表可以看出，对三种镇流器的性能对比，电子镇流器的自身功耗最低，光效比最高。这说明，合理地选择镇流器对系统照明节能具有明显的影响。

8.4.4 照度的灵活调整

不必对《建筑照明设计标准》(GB 50034—2013)的照度标准生搬硬套，为了体现设计的灵活性，可以根据实际情况，提高或降低一级照度标准。例如图书馆中老年人使用的阅览室，因阅读人群视力的下降，照度标准可以提高一级，而无精度要求的值班室照度可降低一级。

图书馆中有符合下列条件之一的区域，照度标准值分级可提高一级[6]：

(1)视觉要求高的精细作业场所，眼睛至识别对象的距离大于500 mm；

(2)连续长时间紧张的视觉作业，指视觉注视工作面的时间占一个班工作时间的70%以上时，此时，提高照度有利于缓解视觉疲劳、提高工作安全及工作效率；

(3)识别对象的亮度对比小于0.3；

(4)作业精度要求较高，且产生差错会造成很大损失；

(5)视觉能力低于正常能力。

针对作业时间小于全班工作时间的30%一类的短时间作业，或作业精度或速度无关紧要，对象识别度较高，室内光亮环境良好等情况，可按照度标准值分级降低一级。

应该指出，无论符合几个条件，为了节约电能和视觉安全，只能提高或降低一级，不能无限制地提高或降低级数。至于具体的提高一级或降低一级照度标准的条件，可参照相关国家标准的规定。

8.4.5 维护系数

灯具的维护系数是指照明系统经过一段时间的工作，在作业面的照度(即维持照度)与初始安装时的平均照度(即初始照度)之比。一般，将维护周期末参考面上的平均照度视为维持照度，即平均照度的最低值。实际上，《民用建筑照明设计标准》(GBJ 133—90)中的照度标准就是指维持照度。

由于灯具和房间内各表面的污染会引起照明场所内的照度下降，同时，随着使用时间的增长，光源发出的光通量也会逐渐减少。因此，为使照明场所的实际照度在使用期不低于规定的平均照度，在照明设计计算时，必须留有余量，此余量也是维护系数考虑的内容之一。将此系数计入计算照度标准值的公式中，就得知设计的初始照度，初始照度应大于维持平均照度。维护系数是小于 1 的系数，《建筑照明设计标准》(GB 50034—2013)中规定的维护系数值是按光源光通量衰减到其平均寿命的 70% 和灯具每年擦拭 2 ~ 3 次的条件来确定的。一般来说，图书馆阅览室的维护系数可取 0.8。

8.5　照明节能的评价指标

我国照明消耗的电力约占电力生产总量的 10%，而图书馆照明耗电约占建筑能耗的 20% ~ 25%。因此在图书馆电气设计中，照明节能设计对于建筑节能是非常重要的。目前，美国、日本、俄罗斯等国家均采用照明功率密度(LPD)作为建筑照明节能的评价指标，其单位为 W/m^2。我国《建筑照明设计标准》(GB 50034—2013)也采用此评价指标，并规定了两种照明功率密度值，即现行值和目标值。现行值是根据对国内外各类建筑的照明能耗及光源、灯具等照明产品的现有水平，制订的照明节能的标准。目标值比现行值低 10% ~ 20%，它是预计几年后，随着照明科学技术进步，光源灯具等照明产品性能的提高后，将会达到的理想值。

8.5.1　图书馆的照明功率密度值

图书馆照明功率密度值不应大于表 8 - 11 的规定[6]。本表规定的照度值是针对标准场合而言的，如果室内的照明不同于标准情形，而高于或低于本表规定的照度值时，其照明功率密度值应按比例提高或折减。

表 8 - 11　图书馆照明功率密度值

房间或场所	照明功率密度/($W \cdot m^{-2}$)		对应照度值/lx
	目标值	现行值	
普通办公室	9	8	300
高档办公室	15	13.5	500
会议室	9	8	300

8.5.2　设计要点

综上所述，照明节能设计应选用合适的光源、灯具及其附属装置。其中，光源的选择应遵循以下原则[6]：

(1)LED 灯、细管径(T8，T5)三基色荧光灯，适合用于图书馆中阅览室、办公室、接待室等需要使用荧光灯照明的场合，其光效高、显色性好、使用寿命长，且色温范围广，灯具厚度小，易与建筑装潢配合；

(2)一般照明限制使用白炽灯和100 W以上的卤钨灯；

(3)图书馆中的大厅、多功能厅、报告厅等空间应选用三基色荧光灯或功率小于150 W的金卤灯，并配用电子镇流器或节能型电感镇流器；

(4)图书馆中要求光环境舒适的场合(如咖啡馆等)，照度在100 lx以下时，宜选用低色温光源；照度在300 lx或以上时宜采用较高色温光源；

(5)带空调的房间，宜使用发热量低的LED灯、各类荧光灯、高强度气体放电灯等灯具，一般照明不宜用发热量大的白炽灯或卤钨灯。

灯具及其附属装置的选择应该遵循下述原则：

(1)由于不锈钢板及用蒸镀铝和塑料膜复合的金属板镜面反射率较低，原则上不得用于图书馆建筑中。用于直接照明的直管型荧光灯，在满足眩光限值和配光要求的条件下，应选用效率高的灯具。

(2)会议室等场所宜采用间接照明或漫射塑料面板的直管型荧光灯灯具；办公室和装有视觉显示屏的场所，宜用双抛物面格栅或间接照明的直管型荧光灯灯具，以避免灯光对显示屏造成影响；走廊内宜用紧凑型荧光灯灯具。

需要注意的是，在选择灯具配光时，若*RCR*值较小时(房间矮而且宽)，如选用窄配光灯具，虽然利用系数较高，但均匀度不能满足需要。在*RCR*值较大时(房间较高较窄)，若选用宽配光灯具，光大部分会损失在空中或落到墙上，因此，必须改用窄配光灯具才能提高利用率。在实际工程中，应力求用有限的光源达到最理想的配光效果[4]。

8.6 图书馆的自然采光和照明的控制

光是构成建筑的重要的要素之一。自然光是天然资源，它取之不竭，用之不尽，所以，在图书馆建筑照明设计中，应优先并且尽可能充分地利用自然采光，以节约能源。此外，建筑自然采光有利于保持人的机体健康和活力，提高人的学习、工作等行为效率[8]。

对于图书馆建筑而言，光能塑造空间，也能改变空间，它能够营造一种较之人工采光不同的自然环境。此外，光能造成一些空间之间的联系或分隔，光也能给空间着色。

光像其他要素一样，在建筑方案的设计过程中，是设计者必须掌握的重要要素之一。自然采光的方式，作为人与自然的一种联系方式，在图书馆建筑中，应该很好地使用，把它应用于图书馆建筑的设计构思中，是非常必要的。近年来人们提出了自然光的控制，以便最大限度地满足人的视觉效能和舒适感的要求。

在大量的中小型建筑中，由于建筑体形相对简单、平面布局相对单一，此时可以利用建筑顶部、侧面进行综合采光，采用各种采光手段，力争做到在晴天的白天完全利用自然光照明，从而实现建筑节能。

8.6.1 自然采光的控制

传统建筑存在的问题之一是室内的光线分布不均匀，沿窗处的照度很高，而室内中间部分的照度很低，两处的照度相差可近10倍；另一个问题是通过窗户看室外的环境很亮，而窗户周围的室内的亮度却很低，二者的巨大反差足以形成严重的眩光。因此，为了提高室内中间部分的照度和控制窗户的眩光现象，应避免直射光进入室内工作区，尽可能采用间接照明，减少或避免眩光和视野中过大的亮度对比，并利用室内外遮阳构件，控制通过窗户进入室内的太阳光线和太阳辐射热增益，还可结合室内的空间布局来进行自然采光设计。可在室内靠近窗户的区域加装反光板，将射入的自然光反射进室内，从而增加室内照度，还可采用可以启闭的软百叶控制入射的亮度，或采用玻璃砖增加自然光的贯入度，并降低窗的亮度。

8.6.2　人工照明的控制要求与策略

在设计室内人工照明时，要注意与自然光的变化进行联动，室内的自然光随室外天然光的强弱发生变化，室外光线较强时，室内的人工照明应自动减少，避免不必要的浪费。白天当室外亮度较高时，作业面上的总照度（人工和天然光）略高于人工照度标准规定的照度即可。增设日光传感器进行调光控制、单独开关或人工控制等相关操作，这对于有效应用自然光也是很有必要的。此外，近窗区域的灯具应单独控制，由自然光来控制人工照明，以达到充分利用自然光的目的。自然采光的利用与控制往往需要建筑设计和电气设计等多个领域协调完成，主要方法如下：

1. 人工照明与自然采光的协调

恒定的亮度可以提高视觉敏锐度、对比敏感度和眼睛的视觉效能。一般采用照度平衡和亮度平衡的方法对室内的人工照明与自然采光进行协调。

（1）照度平衡法

照度平衡法是将自然光与人工照明相结合，保证工作面上的照度为一恒定值，在确保工作面照度的同时，非工作面也应保持一个合理的照度水平。

（2）亮度平衡法

白天室外的光线很强，会使得窗的亮度非常大，这会让人感到室内近窗的顶棚和墙壁光线很暗，视野内不同的亮度分布会影响到人体视觉的舒适度，此时人工照明的作用就是使室内近窗位置的亮度与窗的亮度达到平衡。当窗的亮度降低时，室内的人工照明的照度也需要相应地降低。

2. 人工照明控制的策略

（1）静态控制——开关控制

照明常用的开关有跷板开关控制、断路器控制、定时控制。定时控制即以定时器来控制灯具，它可以利用 BAS 接口，通过控制中心来实现相关操作。目前，运用最多的照明控制开关是光电感应开关，它通过测量工作面上的照度与设定的照度值的比较，来实现开关灯具的作用。这种开关以工作面上的照度值作为控制灯具的基准，来决定灯具的工作状态。为了避免自然光在这个值上下不规则波动所引起的麻烦，一般可适当延滞，即采用差动式通、断控制。

（2）动态控制

动态控制是人工照度随自然光照度变化而进行调节，不同于静态开关只能开启和关闭，动态控制可以采用阶段式调光。利用可调光电子镇流器的荧光灯，可实现 10%，50%，70%，100% 四个阶段的调光，并针对不同状况下对照度不同需要的办公室、走廊、普通会议室等场所进行调光。除此之外，还可以结合自动控制技术进行动态控制：当自然光低于设定值时，控制系统自动开启人工照明进行补充，采用可调光电子镇流器的荧光灯进行连续调光，以保持工作面上的照度值不变；而当自然光能保证工作面上的照度时，则将灯熄灭。这种调光方式不会引起照度的突然变化，能使室内人员感觉舒适。

8.7 图书馆建筑设备自动监控系统

建筑设备自动监控系统(以下简称 BAS)能自动控制空调和照明系统的启停，可有效改善建筑物的舒适度，从而提高建筑物的管理效率并降低人力成本，其对电能的节能幅度可达 20% ~ 30%，因此，BAS 系统已成为现代图书馆照明系统的基本配置。

8.7.1 BAS 的用途

BAS 主要用于热交换系统、冷冻水及冷却水系统、采暖通风及空气调节系统、供配电系统、给水与排水系统、电梯和自动扶梯系统和公共照明系统等子系统的设备运行、建筑环境和建筑节能的监测与控制[9]。

8.7.2 BAS 系统设计原则

在设计图书馆建筑设备自动监控系统时要注意以下几点[9]：

(1)BAS 应支持开放式系统技术，选择的技术和设备应是先进、成熟和实用的，符合技术发展的方向，并容易扩展、维护和升级，宜建立分布式控制网络。

(2)应确保书库的通风、除尘过滤、温湿度等环境参数的控制要求。

(3)对图书资料保存应符合有关规范的要求。

(4)应满足对善本书库、珍藏书库、古籍书库、音像制品、光盘库房等场所温湿度及空气质量的控制要求。

(5)BAS 应能保证满足建筑需求，同时，应采用自动电气节能措施，实现监控系统自身节省电能的目标。

8.7.3 BAS 的网络结构

应根据系统的规模、初投资以及选用产品的特点来确定采用的 BAS 的网络结构。图书馆建筑设备自动监控系统宜采用分布式系统和多层次的网络结构，不同网络结构的选择均应满足分布式系统集中监控操作和分散采集控制的目标。两层网络结构宜由管理层和现场设备层构成。小型系统宜采用以现场设备层为主要构成的单层网络结构；中型以上的系统宜采用两层或三层的网络结构；大型系统宜采用三层网络结构，即由管理、控制、现场设备三个网络层构成，三层网络结构见图 8 - 1[10]。

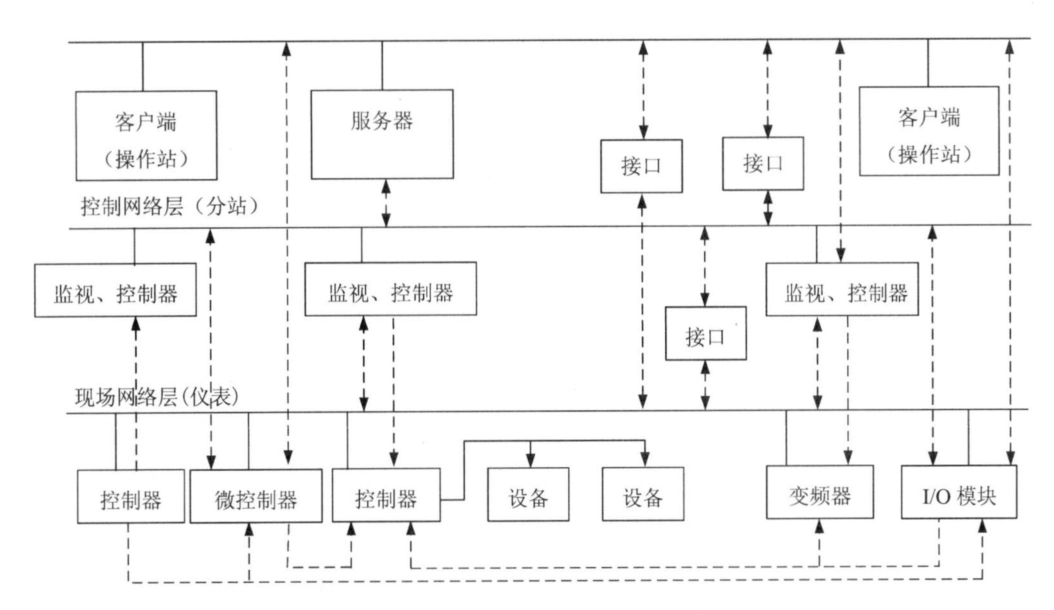

图 8－1　建筑设备监控系统三层网络系统结构图

8.7.4　BAS 监、测管理的具体内容

图书馆建筑设备自动监控系统应具有对机电设备进行测量、监视和控制的能力，从而确保各类设备系统运行稳定、安全和可靠、节能和环保，并且应满足物业管理需要，实现数据共享，可以生成节能及管理所需的各种相关信息分析和统计报表。BAS 应对以下内容进行管理[9]：

(1)对压缩式制冷机组和吸收式制冷机组的运行进行监测、故障报警、启停程序配置、台数控制(机组群控)、机组运行均衡控制及能耗累计等工作。

(2)对蓄冷系统进行启停控制、运行状态显示、故障报警、运行模式控制及能耗累计。

(3)空调机组启停控制及运行状态显示；送、回风温度监控；室内外温、湿度监控；过滤器阻力显示及报警；冷(热)水流量调节；室内温、湿度及 CO_2浓度或空气品质监测；消防系统联动控制监控。

(4)如空调送风采用变风量(VAV)系统，则监控系统需对送风量、送风压力、风机频率等进行控制。

(5)对给水系统的水泵进行自动启停控制及运行状态显示。

(6)对阅览室、会议厅、多功能厅、报告厅等场所及门厅、楼梯间、走道等公共场所的照明进行亮度和开闭时间的控制。

(7)对电梯及自动扶梯的运行状态进行监控。

8.8 空调系统的节能自动控制

对图书馆空调系统的节能控制设计应遵循以下原则：

(1)空调室内温度设定值应根据昼夜、作息时间、室外温度等条件自行控制，使室内空调参数维持在最佳节能状态。

(2)新风机组、空调机组的控制器可以采取焓值控制、焓差控制、供热曲线控制(HCA)、VAV 加热控制及过滤器堵塞报警等节能控制措施，还可以采用 PID(比例、积分、微分)控制及 TEP(Time/Event Program)等控制方法。

(3)可根据设在室内的 CO_2浓度变送器输出的信号连续调节新风机速度，减少新风输入以达到节能目的。室内新风量可根据室内室外空气 CO_2浓度差进行控制。

(4)当室外空气焓值小于室内空气焓值，且室外空气干球温度小于室内干球温度时，新风阀可以保持全开，并最大限度地使用新风作为冷源。所以，在进行空调系统设计时，在春、秋等过渡季节，新风机组、空调机组设新风阀全开控制。

(5)压缩式冷水机组宜根据环境条件改变蒸发温度和冷凝温度设定值；其压缩机能量控制宜采用无级卸载控制、多台联动控制和变速控制等节能措施。

8.9 图书馆照明的自动控制

大中型图书馆，按具体条件采用集中或分散的、多功能或单一功能的照明自动控制系统。在进行图书馆照明节能设计时，可以按《建筑照明设计标准》(GB 50034—2013)中的规定进行设计。

8.9.1 控制要求

图书馆照明节能的控制要求为[6]：

(1)图书馆的走廊、楼梯间、门厅等公共场所的照明，宜采用集中控制，并按使用条件和天然采光状况分区、分组控制。

(2)除应急照明外，宜采用节能自熄开关。有天然采光的楼梯间走道的照明，宜尽量采用天然采光。

(3)每个房间灯的照明开关数量不宜少于 2 个，每个照明开关所控制的光源不宜太多。

(4)房间或场所装设有两列或多列灯具时，宜分组进行控制，尽可能使所控灯列与侧窗平行，如果是报告厅等场所宜按靠近或远离讲台分组。

(5)在天然采光良好的场所，按该场所照度自动开关灯或调光，在个人使用的办公室中可采用人体感应或动静感应等方式自动开关灯。

8.9.2 图书馆室外照明系统的节能自控措施

除了对图书馆室内照明系统进行节能设计外，还应注意对馆外的照明设备和系统进行节能优化，主要包括：

(1)图书馆周围道路、庭院照明宜采用分区分时段程序开关控制和光控两种组合控制方式；

(2)图书馆的建筑外部照明宜采用照度高、光效好的光源，且应控制光源数量。

8.9.3　小结

本节介绍了图书馆电气以及电气控制系统，主要从照明、空调设备的设计和选型入手，阐述了图书馆电气系统节能的重要性和有关措施。随着室内自动控制技术的进步，室内电气设备的运行将会向着精确性、灵敏性和节能性方向不断发展。

参考文献

[1] 段春丽，黄仕元. 建筑电气[M]. 北京：机械工业出版社，2011.

[2] 石孝华. 民用建筑电力负荷计算探讨[J]. 电子质量，2011(6)：7－9.

[3] GB 50054—2011：低压配电设计规范[S]. 北京：中国计划出版社，2011.

[4] 王露. 浅谈建筑电气的节能[D]. 西安：长安大学，2013.

[5] 陈学阳. 建筑节能设计统一技术措施[M]. 北京：中国建筑工业出版社，2009.

[6] GB 50034—2013：建筑照明设计标准. 北京：中国建筑工业出版社，2013.

[7] 蔡红艳. 浅谈电子镇流器的现状与选择[J]. 黑龙江科技信息，2009，31：26.

[8] 戴立飞. 中小型建筑自然采光设计研究[D]. 天津：天津大学，2006.

[9] GB/T 50314—2006：智能建筑设计标准. 北京：中国计划出版社，2007.

[10] 郭兵，徐光侠. 基于 Lonworks 的楼宇自动化系统集成与实施. 现场总线与网络技术[J]，2015(12)：64－70.

第9章　图书馆节能设计实例

本书前面章节已对图书馆节能设计的各种方法作了比较详细的介绍，但并不是所有的节能措施都得用在同一建筑之上。在节能设计中，一定要根据当地的气候、环境条件，因地制宜进行取舍，才能达到经济合理的目标。下面将以位于夏热冬冷地区的湖南省株洲市某高校图书馆的节能设计为例，进一步介绍图书馆实际应用中节能措施的选取方法。

9.1　工程概况

湖南省株洲市属于典型的夏热冬冷地区，该高校图书馆正好位于株洲市天元区，图书馆正门南面为广场，面积近4万平方米，广场南面为人工湖，面积达15200 m^2，后门紧邻道路，道路另一侧是一片层数不超过六层的学生宿舍，东侧是一座小山，西侧是待建的40000多平方米的人工湖。图书馆正门左侧建有报告厅，馆前的广场和人工湖位于图书馆正门与校大门的轴线上，南北通透，气势恢宏，视野开阔，该图书馆外观如图9－1所示。图书馆依山傍水，地理位置优越，集藏书、阅读、办公、会议、展览及休闲于一体，是一座现代化气息很浓厚的单体建筑，其室内温湿度环境要求相对较高。

该图书馆共七层，建筑占地面积约为7290.0 m^2，总建筑面积约为35545.6 m^2，三分之二以上面积是大开间、通透式的开架藏书兼阅览室。空调设计区域包括报告厅、办公室、小演播室、休闲咖啡厅、电子阅览室、网络机房及四层的一间开放式阅览室等，总空调区面积约为10500 m^2，约占总建筑面积的1/3，其余部分包括四至七层开架藏书兼阅览室采用夜间通风系统。为达到高校图书馆节能运行的目的，在设计方案确定时，对其节能措施适应性进行了详细的比较和分析。

图9－1　湖南某高校图书馆

9.2 设计参数确定

9.2.1 主要设计气象参数

由于该图书馆位于湖南省株洲市，即以株洲市的气象参数为室外设计参数，主要的相关参数如下：

- 夏季空调室外计算干球温度：36.1℃；
- 夏季空调室外计算湿球温度：27.6℃；
- 夏季通风计算温度：34℃；
- 冬季空调计算干球温度：－2℃；
- 冬季通风计算温度：5℃；
- 最冷月月平均相对湿度：79%；
- 海拔：73.6 m；
- 夏季大气压力：99.55 kPa；
- 冬季大气压力：101.57 kPa。

9.2.2 室内空气设计参数

根据建筑节能设计的基本原则，我们建议采取的该图书馆室内空气设计参数如表9－1所示。

表9－1 室内空气设计参数

房间名称	夏季		冬季		新风量标准/[m^3/(h·人)]	噪声标准/dB(A)
	温度/℃	相对湿度/%	温度/℃	相对湿度/%		
报告厅	25	55	20	45	20	45
小演播室	25	55	20	45	20	40
休闲咖啡厅	25	55	20	45	10	45
电子阅览室	25	55	20	45	20	45
开放式阅览室	25	55	20	45	20	45
网络中心主机房	25	50	20	45	20	60

9.3 平面节能设计

该图书馆的建筑形式主要有块状点式、中间隔断少的通透式、大开间的布局等特点，并且图书馆设计充分考虑了热舒适、光舒适、声舒适等问题，并综合考虑了采暖、空调和照明等方面的因素。概括起来，其节能设计特点主要体现在以下几个方面：

(1)该图书馆建筑设计成南北朝向，能够充分利用穿堂风和自然通风。冬季可以最大限度地利用日照，多获得能量，并且避开主导风向以减少图书馆外表面热损失；而夏季又可以最大限度地减少太阳辐射热，并利用自然通风来降温冷却，以达到节能的目的。同时在建设场地南侧或西南侧留出较开阔的室外空间，形成了主导风可以畅通地吹向图书馆。为了利用穿堂风，外窗的开启面积不应小于窗面积的30%，所以在设计中透明幕墙应具有可开启部分或设有通风换气装置，保证有足够的通风量。

(2)该图书馆在总平面图的基础上进行了合理布局，尽量避免大面积围护结构外表面朝向冬季主导风向。在迎风面的设计中宜减少开门、窗或其他孔洞，以防止大量冷风渗入，并控制窗墙比不大于0.7，而该图书馆的设计达到了这样的要求。

(3)符合夏热冬冷地区建筑体形系数的要求：条式建筑的体形系数应不大于0.35，点式建筑的体形系数应不大于0.40。该图书馆实际体形系数约为0.32，满足夏热冬冷地区建筑体形系数的要求。

(4)利用中庭自然通风与自然采光。该图书馆在中庭上部四周侧面开有窗户，并设置机械排风装置，中庭上部设计有透明的顶棚，用以自然采光并防雨。在夏天，太阳辐射强度很高，中央空调不开启时，透明的顶棚使得中庭内部温度较高，所以在中庭设计中采用了烟囱效应来进行自然通风降温，改善中庭内部热环境，降低了夏季中庭内部温度。如果开启中央空调，为了避免较大的辐射得热，建议使用方设置并开启玻璃顶棚的遮阳系统，从而使空调能耗得到明显减少。

(5)该图书馆正面采用玻璃幕墙结构，一方面是为了美观，另一方面是为了进一步降低围护结构的传热系数，并且在玻璃幕墙的结构基础上还设计了外墙保温、隔热系统，更有利于节能。玻璃幕墙设计有部分可开启窗，可以较好地解决通风问题。

(6)充分利用可再生能源。根据换热计算，在图书馆正南面广场地下，设有数百根埋深超过100米双U地埋管换热器，用以作为图书馆空调系统的冷热源。同时，中庭与开架藏书兼阅览室之间设计有双层玻璃间隔的通道，东西向楼梯的阳台均设计有封闭式玻璃窗，这样的设计能够起到被动式太阳房的功效，能够有效地利用太阳能。

(7)采用高效节能的采暖通风、空调系统。该图书馆空调系统的冷热源采用地源热泵系统，具有清洁、高效、无污染的特点，同时在末端采用了温湿度独立控制的空气微孔辐射的辐射采暖和供冷系统，节能和舒适效果显著。

(8)四至七层开架藏书兼阅览室设夜间通风系统。四至七层开架藏书兼阅览室设有机械夜间送风系统，并控制夜晚开窗，早晨关窗、白天停机。夜间通风不仅对建筑进行预冷，并可利用室外夜间新风适当地改善室内的温湿度环境，达到建筑节能运行的目的，而且有利于室内空气品质的提高。

9.4 围护结构热工设计

该图书馆的建筑设计是严格按照夏热冬冷地区的节能设计要求进行设计的，对外墙、屋顶、外窗、架空或外挑楼板、地面及玻璃幕墙均采取了有效的节能措施。具体包括有以下几个方面：外墙采用240 mm烧结多孔砖、M5的混浆砌筑，外墙保温则采用涂抹保温砂浆的外保温形式，饰面采用花岗岩；屋顶为平屋面，现浇120 mmC25屋面，两毡三油防水，保温材料采用挤塑聚苯板保温体系；外窗窗框型材采用断桥隔热型 PVC 塑料低辐射型材，窗玻璃材料结构为中空、厚度为 5 mm、中空空气层为 6A；架空或外挑楼板保温材料采用挤塑聚苯板保温体系，厚度为 30 mm；另外，外门结构为中空结构，外墙、屋面热桥部位都采用了技术措施以防止热桥的产生，中庭与屋面的面积比小于 0.2，在夏季采用机械通风、排风，透明幕墙设置可部分开启的通风换气装置进行通风。节能分析计算汇总见表 9－2。

表 9－2　节能分析计算汇总表

<table>
<tr><th colspan="6">项　目</th><th>计算值</th><th>限值</th></tr>
<tr><td rowspan="12">外围护结构</td><td rowspan="3">传热系数 K/[W/(m²·K)]</td><td colspan="4">屋面</td><td>0.63</td><td>≤1.0</td></tr>
<tr><td colspan="4">外墙(包括非透明幕墙)</td><td>0.98</td><td>≤1.0</td></tr>
<tr><td colspan="4">底面接触室外空气的架空或外挑楼板</td><td>0.87</td><td>≤1.0</td></tr>
<tr><td rowspan="2">热阻/[(m²·K)/W]</td><td colspan="4">地面</td><td>0.41(未考虑保温后值)</td><td>≥1.2</td></tr>
<tr><td colspan="4">地下室外墙(与土壤接触的墙)</td><td>—</td><td>≥1.2</td></tr>
<tr><td rowspan="3">屋顶透明部分</td><td colspan="4">传热系数(K 值)</td><td>3.40(未考虑遮阳值)</td><td>≤3.0</td></tr>
<tr><td colspan="4">遮阳系数(SC)</td><td>0.55</td><td>≤0.40</td></tr>
<tr><td colspan="4">占屋顶面积的百分比</td><td>13%</td><td>≤0.20</td></tr>
<tr><td rowspan="2">其余部位说明</td><td colspan="2" rowspan="2">气密性能</td><td colspan="2">外窗分级</td><td>4 级</td><td>4 级</td></tr>
<tr><td colspan="2">透明幕墙分级</td><td>4 级</td><td>4 级</td></tr>
<tr><td rowspan="5">单一朝向外墙(包括透明幕墙)</td><td>朝向</td><td>窗墙面积比</td><td>传热系数</td><td>遮阳系数</td><td>可见光透射比</td><td>可开启面积</td><td>遮阳形式</td></tr>
<tr><td>东</td><td>0.15</td><td>3.4</td><td>0.6</td><td>0.3</td><td>40%</td><td>内</td></tr>
<tr><td>南</td><td>0.39</td><td>3.4</td><td>0.55</td><td>0.3</td><td>40%</td><td>内</td></tr>
<tr><td>西</td><td>0.16</td><td>3.4</td><td>0.6</td><td>0.0</td><td>0.0</td><td>内</td></tr>
<tr><td>北</td><td>0.28</td><td>3.4</td><td>0.57</td><td>0.3</td><td>40%</td><td>内</td></tr>
<tr><td colspan="3" rowspan="2">围护结构热工性能权衡判断</td><td colspan="4">参照建筑物的采暖和空气调节能耗/(kW · h/m²)</td><td>182.75</td></tr>
<tr><td colspan="4">设计建筑物的采暖和空气调节能耗/(kW · h/m²)</td><td>180.69</td></tr>
</table>

将表 9－2 的计算结果与限值对比可知，除屋顶透明部分之外，外墙、架空(或外挑板)、外窗的热工性能、外窗和透明幕墙的气密性能都符合节能设计标准。而屋顶透明部分采取遮阳之后，亦能达到标准的要求。经围护结构热工性能权衡判断，设计建筑物的采暖和空气调节能耗小于参照建筑物的采暖和空气调节能耗，所以该建筑为节能建筑。

9.5 围护结构隔湿、隔热及防潮分析

图9－2所示为该图书馆一空调房间外墙构造，采用稳态条件下的蒸汽渗透理论来检验其内部是否会产生内部冷凝。已知条件为：室内设计温度为18℃，室内设计相对湿度为58%，室外温度为－1.1℃，室外相对湿度为55%。其中，从内到外，2cm水泥砂浆找平层并抹灰；外墙采用240 mm烧结多孔砖、M5的混浆砌筑；外保温则采用涂抹保温砂浆的外保温形式，厚度为3 cm；饰面采用花岗岩，厚度为1 cm。

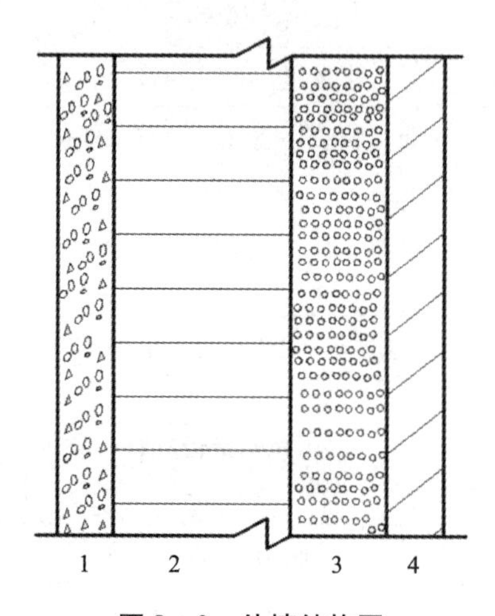

图9－2 外墙结构图

1—找平层；2—外墙；3—外保温层；4—饰面层

分析过程如下：

(1)通过查找规范[1]，可以计算出各层的热阻及蒸汽渗透阻，如表9－3所示，这些是下一步进行传热和传质计算的基本数据。

表9－3 外墙各层建筑热工参数表

序号	材料层	厚度/m	导热系数	热阻	蒸汽渗透系数	蒸汽渗透阻
	内表面			0.11		0
1	水泥砂浆	0.02	0.93	0.022	0.000021	952.38
2	240 mm烧结多孔砖	0.24	0.58	0.414	0.0000158	15189.9
3	保温砂浆	0.03	0.29	0.10	0.000183	163.93
4	花岗岩	0.01	3.49	0.003	0.0000113	884.96
	外表面			0.04		0
总计				0.689		17191.17

由表9－3可知，墙体的总热阻：$R_0=0.689\ m^2\cdot K/W$；墙体的总蒸汽渗透阻：$H_0=17191.17\ m^2\cdot h\cdot Pa/g$。

（2）由上述已知条件，可以计算出室内、外水蒸气分压力，即：$t_1=18℃$时，饱和空气水蒸气分压力$p_s=2059.0$（Pa），则水蒸气分压力$p_i=2059\times58\%=1194.22$（Pa）；$t_e=-1.1℃$时，饱和空气水蒸气分压力$P_s=556.5$ Pa，则水蒸气分压力$P_e=556.6\times55\%=306.1$（Pa）。

（3）计算围护结构内部各层的水蒸气分压力：

$$p_1=p_i=1194.22(Pa)$$

$$p_2=p_i-\frac{H_1}{H_0}(p_i-p_e)=1194.22-\frac{952.39}{17191.17}(1194.22-306.1)=1145.02(Pa)$$

$$p_3=p_i-\frac{H_1+H_2}{H_0}(p_i-p_e)=1194.22-\frac{952.38+15189.9}{17191.17}(1194.22-306.1)=360.29(Pa)$$

$$p_4=p_i-\frac{H_1+H_2+H_3}{H_0}(p_i-p_e)$$

$$=1194.22-\frac{952.38+15189.9+163.93}{17191.17}(1194.22-306.1)=351.82\ (Pa)$$

$$p_5=p_e=306.1\ (Pa)$$

（4）计算出内部各层的温度和饱和水蒸气分压力：

$$\theta_1=\theta_i=t_i-\frac{R_i}{R_0}(t_i-t_e)=18-\frac{0.11}{0.689}(18+1.1)=14.9(℃)$$

$$p_1=p_{s,i}=1690.4(Pa)$$

$$\theta_2=t_i-\frac{R_i+R_1}{R_0}(t_i-t_e)=18-\frac{0.11+0.022}{0.689}(18+1.1)=14.3(℃)$$

$$p_{s,2}=1626.8(Pa)$$

$$\theta_3=t_i-\frac{R_i+R_1+R_2}{R_0}(t_i-t_e)=18-\frac{0.11+0.022+0.414}{0.689}(18+1.1)=2.9(℃)$$

$$p_{s,3}=751.7(Pa)$$

$$\theta_4=t_i-\frac{R_i+R_1+R_2+R_3}{R_0}(t_i-t_e)$$

$$=18-\frac{0.11+0.022+0.414+0.1}{0.689}(18+1.1)=0.1(℃)$$

$$p_{s,4}=613.7(Pa)$$

$$\theta_5=t_i-\frac{R_i+R_1+R_2+R_3+R_4}{R_0}(t_i-t_e)$$

$$=18-\frac{0.11+0.022+0.414+0.1+0.003}{0.689}(18+1.1)=0(℃)$$

$$p_s=p_{s,e}=609(Pa)$$

（5）由以上得出的温度和水蒸气分压力以及饱和水蒸气分压力的有关数据，可以做出p_s和p的分布线图，如图9－3所示，可以看出，p_s和p值的分布线没有出现相交，依据判断方法，可知外墙将不会产生内部冷凝，隔热、隔湿效果较好。

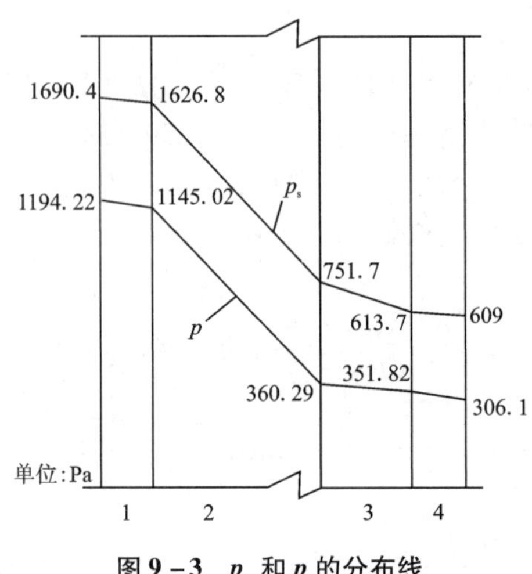

图 9-3 p_s 和 p 的分布线

9.6 地源热泵空调系统

9.6.1 工程概况

空调范围包括报告厅、办公室、小演播室、休闲咖啡厅、电子阅览室、网络机房及四层一间开放式阅览室等，总空调区面积约为 10500 m^2。空调计算冷负荷 1560 kW，计算热负荷 820 kW，同时使用系数取 0.85，因为，考虑到夏季气温最高、冬季气温最低，而相对应的寒、暑假极端温湿度时学生放假而系统基本上会停止使用(此系数可以根据 EnergyPlus 进行定量分析得出)。

9.6.2 空调方案设计

1. 空调冷热源

(1)热泵方式的选择

因为该项目作为节能示范项目，所以根据株洲市政府要求，该图书馆空调冷热源实际采用可再生能源，即土壤源热泵作为冷热源，同时由于图书馆建设期间正值新校园建设规划初期，所以对其周围环境的规划和可再生能源的利用提供了得天独厚的条件。根据实际需要和对周边环境的充分利用，空调冷热源可再生能源的选择有两种方案：一是利用图书馆前广场地坪埋设地管换热器，设置土壤源热泵的冷热源系统；二是利用西侧规划建设大约 40000 m^2 的景观湖，设计地表水水源热泵冷热源系统。但经过详细经济比较分析，且由于规划景观湖的建设远远落后于图书馆的建设，仔细权衡之后决定采用土壤源热泵冷热源系统。

(2)空调冷热源系统设计

依据《地源热泵系统工程技术规范》(GB 50366—2005(2009 年版))对地管换热器的设计的规定，以及第三方检测提供的该图书馆《地源热泵地埋管系统工程岩土体热物性测试》报告，得出如下数据：地埋管吸热 33.5 W/m，放热 44.5 W/m。以热负荷设计地埋管系统，考虑到一定的安全系数，取1.15，需要挖设180口深度为100 m的井，井间距取5000 mm×5000 mm，地埋管采用垂直布管形式，如图9－4所示。考虑到土壤热平衡的要求和温湿度独立控制双冷源的需要，本工程空调系统冷热源采用地源热泵螺杆机组，并另行设计有单冷螺杆冷水机组，夏季由地源热泵螺杆机组和单冷螺杆机组共同提供冷量，而冬季则由地源热泵螺杆机组提供热量。单冷螺杆机组配有风冷式冷却塔和冷却水系统，系统原理图如图9－5所示。机组参数为：地下水工况的满液式螺杆水源热泵机组，其机组制冷量750 kW，机组制热量805 kW，而输入功率分别为121 kW、164 kW；水冷螺杆式冷水机组，其制冷量527 kW，输入功率114 kW；方形横流冷却塔：150 m^3/h；单冷机冷却水泵为ISG 100－160A，$Q=100$ m^3/h，$H=32$ m；冷冻水泵为ISG 150－400A，$Q=160$ m^3/h，$H=32$ m；热水泵为ISG 100－160，$Q=100$ m^3/h，$H=32$ m；地源侧冷却水泵为ISG 100－160，$Q=100$ m^3/h，$H=32$ m。如上所述，之所以采取这一组合方式，主要出于以下几个方面的考虑：

①减少地埋管系统的初投资；

②冷、热负荷的差距；

③适应该图书馆负荷变化的调节的需要；

④经济运行的比较分析；

⑤能够根据温湿度独立控制的要求，提供不同温度的冷水，达到节能的目的；

⑥土壤热平衡的计算分析。

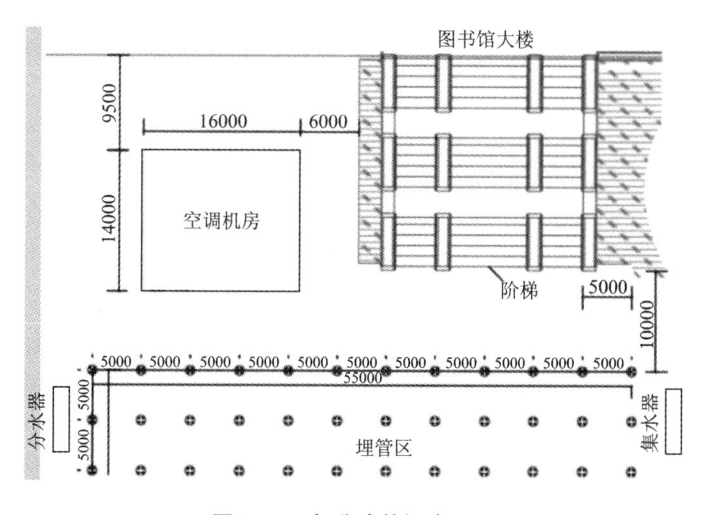

图9－4　部分冷热源布局图

2. 空调系统末端

(1)报告厅空调末端

报告厅为单层钢架屋顶结构，四周设有环形走道，建筑面积约为175 m^2，平均层高约6 m。报告厅的空调冷负荷约为105 kW，热负荷约为70 kW。空调形式采用一次回风全空气空调系统承担显热负荷，送风方式为上送下回。新风系统承担湿负荷。经计算后选用两台型号为G6100LB的立式空调机组，名义制冷量80 kW，风量10000 m^3/h。因报告厅的使用频率不

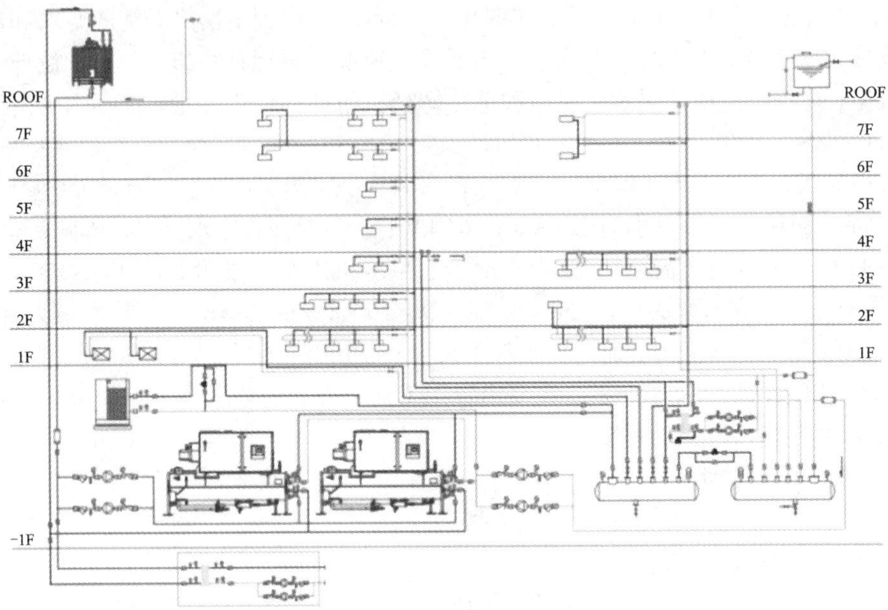

图 9－5　冷热源系统图

高，故从分水器后单独设冷冻水供给系统。新风系统采用独立新风，经计算后选用一台型号为 MSW060H 的新风机组，名义制冷量 76 kW，风量 6000 m^3/h。

(2)办公室、阅览室、咖啡厅空调末端

图书馆的每层均有办公室，一楼是图书馆的主要办公区，相对比较集中，而其他楼层的办公室是作为该层的管理人员的办公用房，房间个数较少。而阅览室一般不开设空调，仅一楼咖啡厅、三楼电子阅览室和四楼开架阅览室设有空调。因此设计管路供给方案为：一至四层的空调冷冻水由主管在各层设支管供给，五至七层由单独一根支管供给。四楼的开架阅览室设计的是辐射空调系统，考虑到该系统测量分析和试验数据测试的需要，单独设置冷冻水供给系统，并安装能量计量装置。因办公室人员较少，所以不设新风机组，空调末端则采用风机盘管的形式；阅览室和咖啡厅采用吊顶风柜机单独送风系统，设新风机组承担室内湿负荷，干盘管采用较高的供水温度，实现温湿度独立控制，能够达到节能的要求。

9.7　微孔板辐射中央空调系统

9.7.1　辐射空调区负荷特点分析

1. 建筑参数

以该图书馆四楼为例，该辐射空调区为阅览室，面积为 750 m^2。建筑设计执行现行公共建筑节能设计标准及相关规定，建筑热工性能参数如表 9－4 所示。

表9-4　建筑热工性能参数

围护结构	材料层	密度/$(kg·m^{-3})$	导热系数/$[W·(m·℃)^{-1}]$	比热容/$[kJ·(kg·℃)^{-1}]$	厚度/mm	总传热系数/$[W·(m^2·℃)^{-1}]$
外墙	外粉刷	1800	0.93	0.837	20	0.98
	混凝土	2400	1.4	0.837	30	
	加气混凝土	600	0.209	0.837	200	
	内粉刷	1050	0.33	1.05	20	
	砾砂外表层	2400	2.04	0.921	5	
	卷材防水层	600	0.175	1.465	1	
	水泥砂浆	1800	0.93	0.837	20	
内墙	水泥砂浆	1800	0.93	0.837	20	2.788
	砖墙	1800	0.814	0.879	180	
	水泥砂浆	1800	0.93	0.837	20	
外窗	铝合金中空玻璃窗					3.06
楼板	100 mm厚的混凝土地面，铺设瓷砖					1.579

2. 负荷计算参数

对于该辐射空调区域，采取的设计参数如表9-5所示。

表9-5　辐射空调区负荷设计参数

阅览室的人员密度/$(人·m^{-2})$	人均新风量/$(m^3·h^{-1})$	照明标准/$(W·m^{-2})$	室内设计温度/℃	相对湿度/%
0.45	20	20	28	55

3. 负荷计算

对于该图书馆阅览室而言，其得热量主要由通过围护结构传入的热量、通过外窗进入房间的太阳辐射热量、人体散热量、灯光照明的散热量、新风带入的热量等组成，室内湿负荷主要由人体散湿量、室外空气渗透带入的湿量组成。按照冷负荷系数法计算得该阅览室的夏季空调冷负荷如表9-6所示。

表9-6　阅览室夏季空调负荷(四楼辐射空调区)

冷负荷/kW					室内湿负荷/$(kg·h^{-1})$
人员显热	人员潜热	围护结构	照明	新风负荷	
13.5	8.1	15.3	10.4	46.8	12.2

由上表可知，新风负荷占总冷负荷的比例最大，为49.7%，这是因为该地区的室外空气状态点的焓值比较高，且阅览室内人员较多，所需新风量比较大，所以新风处理到室内保证空气设计状态点所需的冷量较大，由此可见，降低新风负荷对降低空调能耗有着重要的作用。

4. 室内设计参数对新风负荷的影响

单位质量流量(kg/s)新风冷负荷计算公式：

$$q_c = h_w - h_n \quad (9-1)$$

单位质量流量(kg/s)新风热负荷计算公式：

$$q_h = h_n - h_w \quad (9-2)$$

式中：q_c、q_h——单位质量流量新风冷、热负荷，kg/s；

h_w——室外空气比焓值，kJ/kg；

h_n——室内空气比焓值，kJ/kg。

计算得到不同室内设计温度与相对湿度下的单位质量流量的新风冷负荷如表9-7，它们之间的关系如图9-6所示。

表9-7　不同室内设计温度与相对湿度下的新风冷负荷(kW/kg)

		室内设计温度						
		22℃	23℃	24℃	25℃	26℃	27℃	28℃
室内相对湿度	45%	53.1	50.9	48.5	46.1	43.7	41.1	38.5
	50%	50.9	48.5	46.1	43.5	40.9	38.1	35.3
	55%	48.8	46.2	43.6	40.9	38.1	35.1	32.1
	60%	46.6	43.9	41.1	38.2	35.2	32.1	28.9

由计算结果可以看出，室内设计温度每升高2℃单位质量的新风冷负荷减少9%～12%；而相对湿度每增加10%，单位质量的新风冷负荷减少8%～17%，且室内设计温度越高，则节能幅度越大。以室内设计温度25℃、相对湿度55%为基准，室内设计温度每升高2℃，新风冷负荷将减少11.5%。

在夏热冬冷地区，为了降低建筑空调的能耗，应尽量减小新风负荷。因此，在夏季供冷时，应适当提高室内设计温度或室内相对湿度，但这样将会降低人体的热舒适性。我们知道，人体的散热包括显热散热与潜热散热，显热散热又包括辐射和对流两种方式。所以室内设计温度的提高实际上是减弱了人体与室内空气的对流传热，但我们可以通过强化人体与外界的辐射传热或加大风速，增加对流传热来维持人体的热舒适性。辐射空调系统就是通过改变平均辐射温度来改变人体与外界显热交换，研究表明，在保证相同的热舒适性的条件下，辐射空调系统下的室内设计温度相比于传统的空调方式的室内设计温度可以提高(夏季)或降低(冬季)2～3℃。因此，辐射空调系统对降低新风负荷，减少空调能耗能发挥着重要作用。对于夏热冬冷地区的图书馆阅览室，因为室内人员密集，所需新风量大，新风负荷的比例高，所以采用辐射空调系统能起到很好的节能效果。

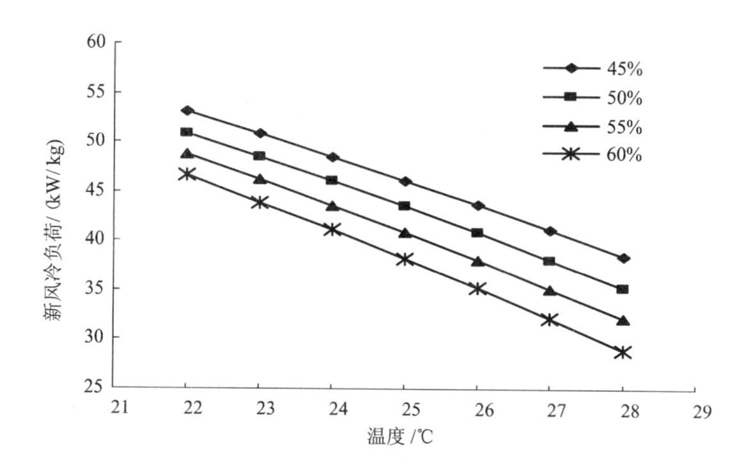

图9-6 夏季室内设计温度及相对湿度与新风冷负荷的关系

由此可知，在设计空调系统时，在满足热舒适的前提下，应该尽可能地提高室内设计温度和相对湿度，对节能是非常有利的。在此情况下，可以使用调湿涂料作为湿度的辅助调节手段。当空调时间湿度大时，可以利用涂料吸收部分水蒸气，而利用不开空调的间隙，对涂料进行通风和解析再生。

9.7.2 微孔板辐射空调系统方案

图书馆阅览室人员较多，因此湿负荷会比较大，而辐射空调因辐射板的温度较低，往往容易结露，甚至滴水。为了防止冷凝结露的发生，一般采用两种方法：一是要在辐射空调区设置除湿机，若是采用冷冻水来除湿，冷冻水温度最好不超过7℃；二是提高辐射板的温度，这就要求提供高温的冷冻水。显然这两种方法是相互矛盾的，而最好的解决办法就是采用温湿度独立控制系统，即温度处理系统和湿度处理系统各设置一个冷源。对于空调面积不大的辐射空调系统采用温湿度独立控制会使系统复杂化、初投资有所增加，但后期的空调运行中能够减少能耗作为一个弥补。

微孔板辐射空调系统由露点温控盘管机组、空气载能系统、辐射天花板组成。该系统由露点温控盘管机组提供的空气作为冷/热能载体，通过空气载能系统在顶部蓄能静压箱内循环，使辐射天花板上的温度均匀分布，由辐射天花板以辐射传热方式为主向辐射空调区供冷或供热。通过以冷/暖空气为载体，将冷/热能传递至辐射天花板，同时避免辐射天花板结露。空调房间通过独立除湿系统承担湿负荷，达到控制温湿度的目的。

如图9-7所示，该系统用非金属辐射板与建筑上安装的构件形成静压箱，在该非金属板上开设大量微小细孔，空气冷却系统将冷却的空气送入静压箱后，微孔仅泄漏少量空气，大部分冷却空气在静压箱中以辐射形式向房间供热或供冷。另外对静压箱除微孔辐射板外的其他所有表面，均应采取绝热保温措施。

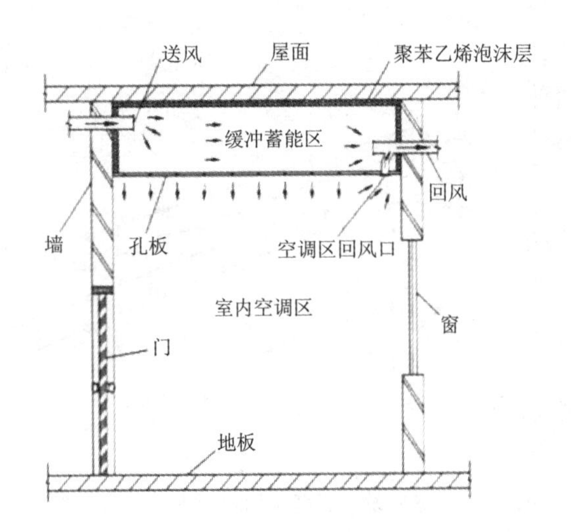

图 9－7　微孔板辐射空调原理

1. 微孔板辐射空调的特点

该图书馆的辐射空调系统由两台冷水机组分别提供两种不同温度的冷源，末端采用微孔顶板辐射结构。它与传统的辐射空调相比，有以下特点：

(1)辐射冷媒采用冷空气，而不是传统的冷冻水；

(2)防止辐射板结露的方法不是依靠提高辐射板冷媒的温度，而是利用微孔辐射板渗漏的空气在辐射板表面形成一层空气隔膜，阻止室内潮湿的空气接近辐射板；

(3)采用较高温度的冷冻水作冷源，提高制冷能效。

为了保证各微孔辐射板上的静压一致，在空调区域必须分成几个空气静压区，新风和部分静压区内空气经过新风机组处理后用风机通过风管送入室内承担室内湿负荷。对于回风的处理采用风机盘管或风柜的形式，风机盘管或风柜的回风口直接与室内相通，且不与静压区相连，而风机盘管或风柜的出风口设在静压区，将处理后的回风送入其内，以冷却微孔辐射顶板。

2. 系统布置

微孔辐射板辐射空调系统设计示意图如图 9－8。

9.7.3　冷却中央空调辐射顶板系统＋调湿涂料系统能效分析

以该图书馆办公部分为例，采取冷却中央空调辐射顶板系统与独立新风系统相结合，配合调湿涂料的系统形式，分析其节能的优势，此部分空调面积大约为 5000 m^2，室内涂装调湿涂料作为辅助控湿手段。该市夏季室外空气参数：温度、相对湿度、焓值和含湿量分别为 35.8℃、61%、95.5 kJ/kg、23.1 g/kg；室内空气设计参数：温度、相对湿度、焓值和含湿量分别为 26℃、50%、53.3 kJ/kg、10.6 g/kg。办公室人员密度取 8 m^2/人，人员散湿量取 109 g/(人·h)，办公建筑的新风量取 30 m^3/(人·h)，空气密度为 1.2 kg/m^3，该系统的焓湿图

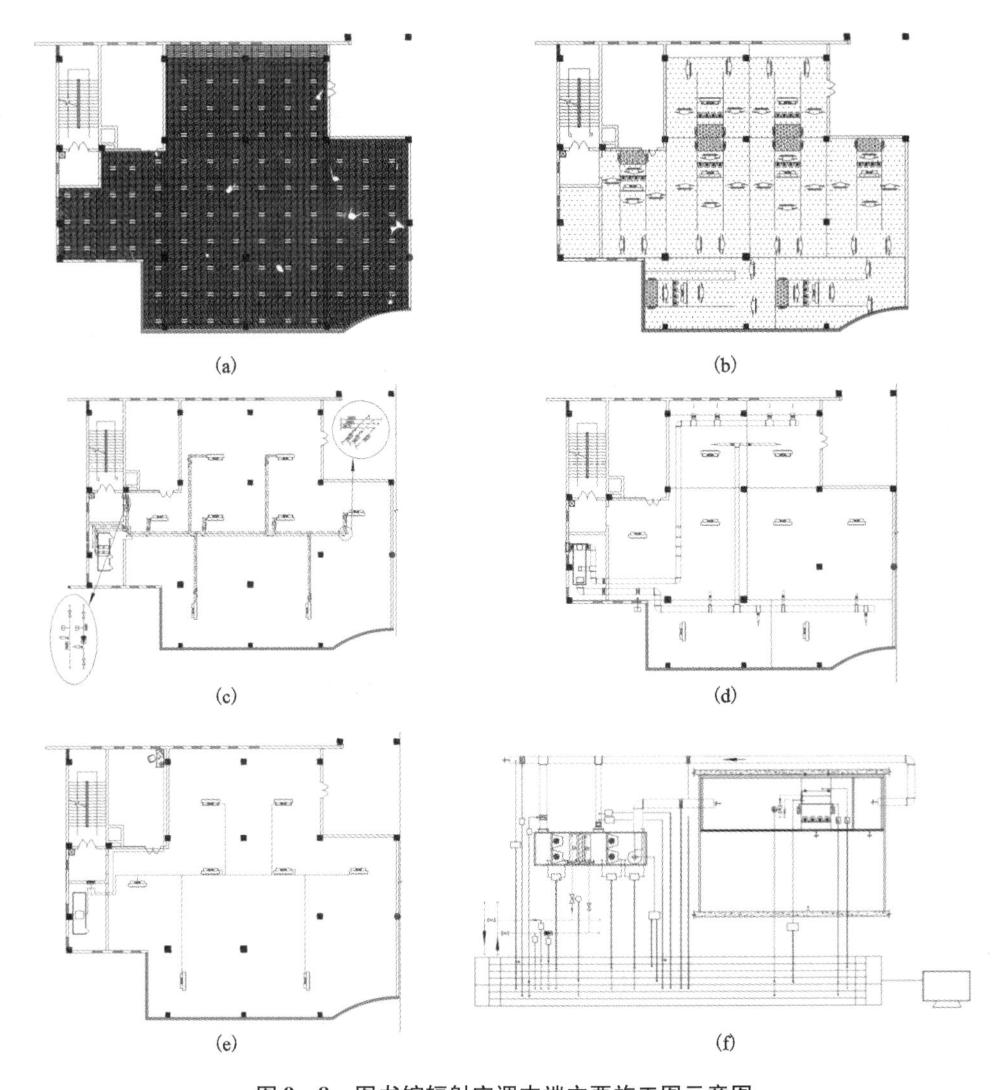

图 9－8　图书馆辐射空调末端主要施工图示意图

(a)辐射天花板平面布置图；(b)辐射空调区域划分平面图；
(c)辐射空调水管平面图；(d)辐射空调风管平面图；
(e)辐射空调配电平面图；(f)辐射空调自控原理图

过程如图 9－9 所示。

取满足室内卫生标准的最小新风量，即 6.25 kg/s($=18750\ m^3/h$)，将室外空气由 W 点处理到 W' 点，新风机组承担全部湿负荷，而 $m_n=109\times5000\div8$ g/h $=68125$ g/h，则由式 $d_{w'}=d_n-(m_n/\rho q_w)$ 得 $d_{w'}=8.04$ g/kg。这里取与传统风机盘管加新风系统相同情况下所采用的相同的送风温度，计算得 $t_{w'}=19.8$℃，得 $h_{w'}=40.4$ kJ/kg，此时，室内空气由 N 点处理到 N' 点，其他各状态点状态参数如表 9－8 所示。

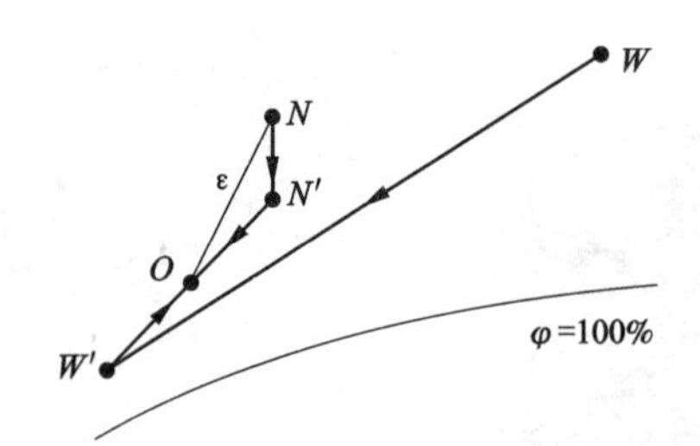

图 9-9　冷却中央空调辐射顶板系统焓湿图

表 9-8　冷却中央空调辐射顶板系统状态点参数

状态点	干球温度/℃	湿球温度/℃	含湿量/(g·kg⁻¹)	比焓/(kJ·kg⁻¹)
W	35.8	29.1	23.1	95.5
N	26	18.7	10.6	53.3
N′	17.9	16	10.6	44.9
W′	19.8	14.4	8.04	40.4
O	18.1	15.8	10.3	44.4

新风冷却除湿所需的冷量为：

$$Q_w = \rho(h_w - h'_w)q_1 = 344.4\ (\text{kW})$$

此新风承担了小部分室内的热负荷：

$$Q'_c = \rho(h_n - h'_w)q_1 = 80.6\ (\text{kW})$$

实际新风负荷为 263.8 kW。因此由冷却中央空调辐射顶板系统承担的总冷负荷为：

$$Q_T = Q_w + Q_c - Q'_c = 913.8\ (\text{kW})$$

所以，该系统的总制冷量为 913.8 kW，考虑同时使用系数取 90% 和裕量系数取 10% 后，选型冷量为 905 kW。选用一台某品牌水冷螺杆式冷水机组，其额定制冷量为 950 kW，额定功率为 185 kW。

根据机组的额定工况下冷却水流量为 200 m^3/h，则冷却水泵选择 IS 125-100-200，水泵采用一用一备，其额定流量、扬程、额定功率分别为 200 m^3/h、50 m、45 kW。

冷冻水流量均为 150 m^3/h，则冷冻水水泵选择 IS 125-100-125B，水泵采用一用一备，其额定流量、扬程、额定功率分别为 150 m^3/h、60 m、45 kW。

总功率和系统效率属于粗略估算，暂不计风系统的负荷，以新风负荷和室内负荷为计算标准，则该传统中央空调系统的总功率为 P：

$$P = \text{冷水机组功率} + \text{水泵功率} = 185 + 45 + 45 = 275\ (\text{kW})$$

系统能效 EER 值为：

$$EER = \frac{\text{总冷量}}{\text{总功率}} = \frac{914\ \text{kW}}{275\ \text{kW}} = 3.32$$

冷却水温维持不变，考虑蒸发温度每升高 1℃，COP 值平均升高 4.4%，室内显热部分大约蒸发温度可以提高 2.2℃，相应 COP 值可升高 10% 左右。因此，其总功耗可以降低 185 ×

$0.1\times 650/913.8\ kW=13.2\ kW$，其系统能效 EER 值为：

$$EER=\frac{总冷量}{总功率}=\frac{914\ kW}{261.6\ kW}=3.49$$

在该系统中，采用调湿涂料作为辅助控湿手段，室内湿度环境波动会更小，温湿环境更优，其系统能效比一次回风空调系统和溶液除湿温湿度独立控制系统都要高。

9.8　夜间通风系统

通风就是把室内被污染的空气直接或经净化后排出室内，再把新鲜空气补充进来，从而保证室内空气符合卫生标准和满足生产、生活的要求。夜间通风是利用夜间空气温度较低的特点来消除室内的余热，从而达到热舒适性目的的，根据通风方式的不同，可分为以下几种形式：

9.8.1　自然通风方式

这种方式主要是利用建筑物内外空气的密度差引起的热压或室外大气运动引起的风压作为驱动力，通过建筑物的门、窗或其他洞口引进室外新鲜空气进行通风换气。自然通风在大部分情况下是一种经济有效通风的方式，但同时也是一种难以有效进行控制的通风方式，其通风的效果与室外环境、建筑设计等因素有着密切的关系。从原理上来说，自然通风的原理包括“热压”和“风压”这两种基本作用形式，对于建筑设计者而言，要在基本原理的指导下定性地考虑这些因素的影响，使自然通风能更好地满足建筑内人员和生产工艺对热环境的要求，且这种方式不需要机械动力和常规能源，完全满足节能要求，所以在夜间通风设计中，这种通风方式是首选的通风方式，也可与其他通风技术相结合以达到更好的节能降温效果。

9.8.2　机械通风方式

这种方式是依靠风机造成的压力差进行通风的。当室内外压差或建筑室内外的温度差不足以满足夜间自然通风降温的要求时，可以考虑采用这种通风方式。与自然通风相比，机械通风可预先对送入室内的空气进行冷却、干燥或加湿处理，使其温湿度符合室内舒适度要求；也可将新鲜空气按需求直接分送到各个特定地点，并按需要分配空气量；同时也可在不受外界干扰的条件下对通风时间和通风量进行调节。应该指出，虽然机械通风优点很多，但其初投资和维修费用相对自然通风方式来说较大，并且风机也消耗一定的能量，因此，必须在尽量利用自然通风的基础上采用机械通风。

9.8.3　混合通风方式

混合通风方式是通过自然通风和机械通风的相互转换或同时使用这两种通风模式来实现的通风方式。这种通风方式往往需要一套智能控制系统进行调节，如设置温差控制器，当室外空气温度高于室内空气温度时，自动关闭通风系统。在一年中不同的季节或是一天中不同的时间段，变换混合通风系统使用不同的通风系统部分，及时地、最大限度地利用周边环境条件以降低通风能耗。

以上对通风的三种方式的优缺点进行了介绍。总之，通风方式的选择与室外环境参数、建筑类型以及设备系统的类型等都有着很大的关系。但总的来说，自然通风仍然是夜间通风供冷方式应用的首选，当自然通风不能满足室内热舒适性要求时再考虑其他通风方式。

该图书馆夜间通风系统采用的是混合通风方式。在四至七层开架阅览室部分区域设置了送风系统，同时，窗户均为可开启式窗户，且南北通透，有利于提高送风效率。通过使用EnergyPlus对该图书馆进行全年能耗模拟分析，找出夏季和过渡季节最佳的通风时间和通风量，并根据图书馆建筑结构和送风空间大小对送风机进行选型，选用型号为BDZ－13－6B的管道式低噪声轴流风机，每层安装4台，风机流量为15000 m^3/h，输入功率为2.2 kW，为了使夜间通风系统达到最佳的效果，安装可编程控制器的智能控制系统进行自动或手动控制。

9.9 建筑调湿涂料

调湿涂料在建筑控湿方面有着得天独厚的优势，作为被动调湿的方式，它只需依靠自身的调湿特性，感应所调空间空气湿度的变化，自动调节空气湿度，能有效控制结露冷凝，且不增加额外的能源消耗，所以，它作为一种有效的湿度控制的辅助手段，在夏热冬冷地区具有广阔的应用前景。海泡石调湿涂料作为一种性能优越的调湿涂料，最大吸湿率可达10.137%，最大放湿率为5.287%[2]，该图书馆选用海泡石调湿涂料作为系统的辅助控湿手段。

如前所述，海泡石调湿涂料作为控制湿度的手段经过了对比试验证明，在房间门窗全部关闭的情况下，海泡石调湿涂料具有良好的除湿效果，其中添加量为20%的海泡石调湿涂料的调湿性能最佳[3]。海泡石调湿涂料在检测过后大面积进行了应用，反映良好，图9－10为该大楼的涂料涂装效果照片，可见，其外观也比较美观，所以海泡石调湿涂料应用于图书馆书库的湿度控制，也一定是一种节能而高效的湿度辅助控制方式。

图9－10 海泡石涂料涂刷效果图

9.10 电气及自控节能系统

该图书馆采用的是电气三级保护自控系统，室内照明采用就地开关控制，馆外路灯采用光电感应开关控制；建筑设备的控制设在消防监控室，采用的是远程 BAS 控制系统，空调系统的监控采用就地控制。图 9 - 11 为阅览室辐射空调末端监控系统终端，该系统能够有效地对系统运行的温湿度状态和系统控制参数进行监测和调控。

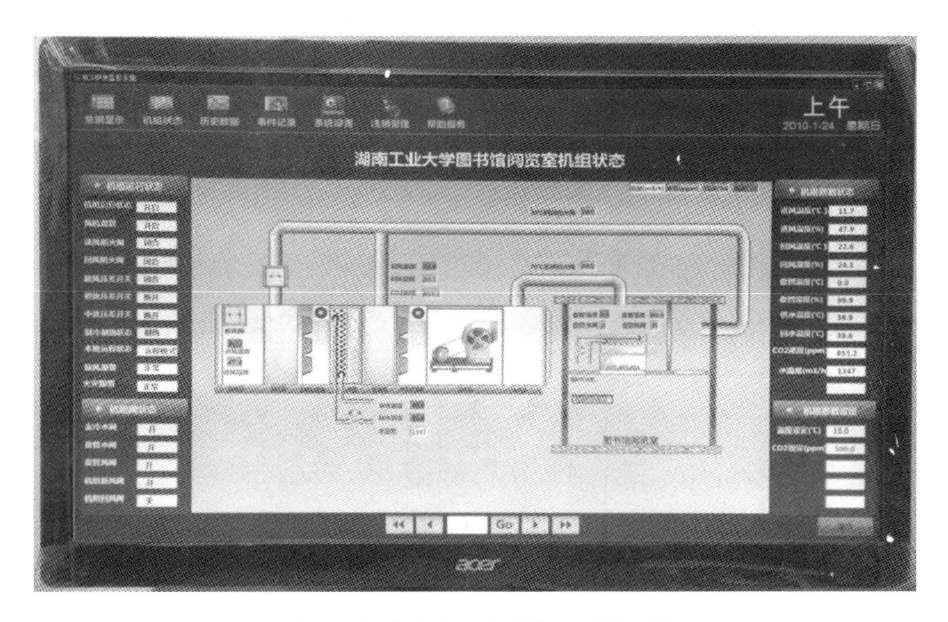

图 9 - 11　辐射空调末端监控系统终端

9.11　节能效果评价

9.11.1　节能效果评价模型

1. 原理介绍

通过各种节能效果评价方法的比较择优后，本案例的节能评价选用物元可拓模型，该模型可以定量地描述事物性质的变换，以关联函数值表征事物具有某种性质的程度，摆脱主观因素的干预，在处理实际问题时具有很强的科学性和适用性。其原理是：在确定了三元组、评价指标体系和等级标准后，通过建立经典域物元矩阵、节域物元矩阵和待评物元矩阵，利用关联函数综合评价待评事物的所属等级标准。

2. 确定待评估对象的评判等级

评价等级 $M=\{M_1, M_2, \cdots, M_k\}$ 是对被评建筑的节能程度进行一定的划分。根据夏热冬冷地区及长株潭地区建筑节能方面的数据资料和专家调查，将节能效果等级分为：节能效果特别明显、节能效果明显、节能效果一般和不节能。

3. 物元可拓模型及评价步骤

在物元分析中，物元 R 由 M、C 和 X 三要素组成，即 $R=(M, C, X)$。其中，M 代表事物，C 代表该事物具有的特征，X 表示事物 M 关于特征 C 的量值。该有序三元组 $R=(M, C, X)$ 称为描述物物元，物元矩阵可按式(9－3)表示。

$$R=(M, C, X)=\begin{bmatrix} M & C_1 & X_1 \\ & C_2 & X_2 \\ & \vdots & \vdots \\ & C_n & X_n \end{bmatrix} \tag{9-3}$$

(1)采用熵权法确定指标权重 w

通过对相关专家的采访调研，计算得出评价指标体系，采用熵权法确定各指标的权重系数。

(2)确定经典域 R_j 和节域 R_P

由相关专家按照已经建立的指标体系，以所划分的四个等级给出优度范围，即式(9－4)。

$$R=(M, C_i, X_j)=\begin{bmatrix} M_j & C_1 & X_{1j} \\ & C_2 & X_{2j} \\ & \vdots & \vdots \\ & C_n & X_{nj} \end{bmatrix}=\begin{bmatrix} M_j & C_1 & (a_{1j}, b_{1j}) \\ & C_2 & (a_{2j}, b_{2j}) \\ & \vdots & \vdots \\ & C_n & (a_{nj}, b_{nj}) \end{bmatrix} \tag{9-4}$$

其中：M_j 表示所划分的第 j 个节能效果等级；$C_i(i=1, 2, \cdots, n)$ 表示节能效果等级 M_j 的特征，即各个节能效果等级关于对应的指标所取得的数据范围，该数据范围称为经典域。

另一个式子为式(9－5)。

$$R_P=(P, C_i, X_{ip})=\begin{bmatrix} P & C_1 & X_{1P} \\ & C_2 & X_{2P} \\ & \vdots & \vdots \\ & C_n & X_{nP} \end{bmatrix}=\begin{bmatrix} P & C_1 & (a_{1P}, b_{1P}) \\ & C_2 & (a_{2P}, b_{2P}) \\ & \vdots & \vdots \\ & C_n & (a_{nP}, b_{nP}) \end{bmatrix} \tag{9-5}$$

式中：P 表示各节能效果等级的全体；X_{iP}为 P 关于 C_i所取得量值的范围，即 P 的节域。

(3)确定待评物元

对要进行节能效果评价的建筑 P_1，把所测量得到的数据或分析结果用物元表示，称为评价对象的待评物元。该物元可如式(9－6)进行描述。

$$R_i=(M_i, C_i, X_i)=\begin{bmatrix} M_1 & C_1 & X_1 \\ & C_2 & X_2 \\ & \vdots & \vdots \\ & C_n & X_n \end{bmatrix} \tag{9-6}$$

式中：X_i为 M_i关于特征 $C_i(i=1, 2, \cdots, n)$的量值，即评价对象的评价指标值。

(4)构造关联函数，并计算关联度

根据可拓学关于关联函数的定义，关联函数表示待评物元量值取值为实轴上一点，符合要求的范围程度，即表示待评物元 P，关于特征参数具体值 X_i属于节能效果等级 M_j的程度。令有界区间 $X_{ij}=(a_{ij}, b_{ij})$的模定义为$|b_{ij}-a_{ij}|$，根据上述的可拓物元的基本理论，可以得出关联函数为式(9－7)。

$$K_j(X_i)=\begin{cases}\dfrac{\rho(X_i,X_{ij})}{\rho(X_i,X_{Pi})-\rho(X_i,X_{ij})} & \rho(X_i,X_{Pi})-\rho(X_i,X_{ij})\neq 0\\ -\rho(X_i,X_{ij}) & \rho(X_i,X_{Pi})-\rho(X_i,X_{ij})=0\end{cases} \tag{9-7}$$

(5)综合评价

结合确定的各个特征的权系数，利用综合评价公式 $K_j(P_k)=\sum_{i=1}^{n}w_iK_i(X_i)$ 计算评价对象的综合关联度。

(6)等级的确定

依据公式 $K_j=\max K_j(P_0)$，确定待评物元的节能效果等级。

9.11.2 节能效果评价结果

根据上述方法，按照以下步骤对其进行节能效果评估：

(1)项目指标集及权重的确立：通过对 20 位节能专家进行调研采访，利用熵权法，确立项目评判指标 C_i构成的指标集和各个指标 C_i的权重 w_i。

(2)划分评判等级：本文将对该图书馆节能效果的评价等级划分为四个等级，即 $M=\{$节能效果特别明显，节能效果明显，节能效果一般，不节能$\}$。

(3)确定经典域 R_j、节域 R_P、待评物元 R_i：根据建立的节能效果评价指标体系和四个等级，取各等级标准对应的取值范围作为经典域。节域根据经典域的最大值和最小值确定。

(4)计算待评物元关联度及节能效果等级。计算评价指标关于各个等级的关联程度，再根据权系数计算待评建筑关于节能效果等级的综合关联度，计算结果见表 9-9 所示。

表 9-9 节能效果评价的关联度计算结果

待评建筑	节能效果非常明显	节能效果明显	节能效果一般	不节能
图书馆	-0.235	0.047	-0.231	-0.335

(5)评判结论：根据以上计算结果，可以看出关联度计算结果最大的为 0.047，所以得出该图书馆的节能效果等级为节能效果明显。

9.11.3 图书馆建筑节能计算汇总表

该图书馆建筑节能计算汇总表，如表 9-10 所示。其最终评价结论为：符合公共建筑节能设计标准，节能效果非常明显。

表 9－10　图书馆建筑节能计算汇总表

<table>
<tr><td rowspan="20">施工图设计执行现行公共建筑节能设计标准及相关规定等情况</td><td colspan="3">项　目</td><td>限制（标准指标）</td><td>实际结果（计算值）</td></tr>
<tr><td rowspan="12">外围护结构</td><td rowspan="3">传热系数限值 K/[W·(m²·k)⁻¹]</td><td>屋面</td><td>≤0.70</td><td>0.68</td></tr>
<tr><td>外墙（包括非透明幕墙）平均</td><td>≤1.0</td><td>0.98</td></tr>
<tr><td>底面接触室外空气的架空或外挑楼板</td><td>≤1.0</td><td>0.87</td></tr>
<tr><td rowspan="2">热阻/[(m²·K)/W]</td><td>地面</td><td>≥1.2</td><td>0.41</td></tr>
<tr><td>地下室外墙（与土壤接触的墙）</td><td>≥1.2</td><td>—</td></tr>
<tr><td rowspan="3">屋顶透明部分</td><td>传热系数（K值）</td><td>≤3.0</td><td>3.40</td></tr>
<tr><td>遮阳系数（SC）</td><td>≤0.40</td><td>0.55</td></tr>
<tr><td>占屋顶面积的百分比</td><td>≤20%</td><td>13%</td></tr>
<tr><td rowspan="6">其余部位说明</td><td>气密性能：外窗分级</td><td colspan="2">4 级</td></tr>
<tr><td>气密性能：透明幕墙分级</td><td colspan="2">4 级</td></tr>
<tr><td>外门</td><td colspan="2">中空</td></tr>
<tr><td>外墙、屋面热桥部位技术措施</td><td colspan="2">有</td></tr>
<tr><td>中庭夏季通风、排风</td><td colspan="2">机械</td></tr>
<tr><td>透明幕墙通风形式</td><td colspan="2">有可开启部分及通风换气装置</td></tr>
</table>

<table>
<tr><td rowspan="5">外墙（包括透明幕墙）</td><td>朝向</td><td>实际窗墙面积比（计算值）</td><td>实际传热系数（计算值）</td><td>遮阳系数（加权平均值）</td><td>可见光透射比（计算值）</td><td>可开启面积</td><td>遮阳形式</td></tr>
<tr><td>东</td><td>0.15</td><td>3.4</td><td>0.6</td><td>0.3</td><td>40%</td><td>内遮阳</td></tr>
<tr><td>南</td><td>0.39</td><td>3.4</td><td>0.55</td><td>0.3</td><td>40%</td><td>内遮阳</td></tr>
<tr><td>西</td><td>0.16</td><td>3.4</td><td>0.6</td><td>0.0</td><td>0.0</td><td>—</td></tr>
<tr><td>北</td><td>0.28</td><td>3.4</td><td>0.57</td><td>0.3</td><td>40%</td><td>内遮阳</td></tr>
<tr><td colspan="2" rowspan="2">围护结构热工性能权衡判断</td><td colspan="4">参照建筑物的采暖和空气调节能耗/(kW·h/m²)</td><td colspan="2">182.75</td></tr>
<tr><td colspan="4">设计建筑物的采暖和空气调节能耗/(kW·h/m²)</td><td colspan="2">180.69</td></tr>
</table>

<table>
<tr><td rowspan="6">主要节能措施</td><td rowspan="2">外墙</td><td>保温型式</td><td colspan="6">外保温</td></tr>
<tr><td>外墙饰面</td><td colspan="2">花岗岩</td><td colspan="2">保温材料种类</td><td colspan="2">保温砂浆</td></tr>
<tr><td>屋面</td><td>屋顶种类</td><td colspan="2">平屋顶</td><td colspan="2">保温材料种类</td><td colspan="2">挤塑聚苯板保温体系</td></tr>
<tr><td rowspan="2">外窗</td><td>窗框型材</td><td colspan="6">PVC 塑料低辐射</td></tr>
<tr><td>窗玻璃材料</td><td>中空</td><td>窗玻璃厚度/mm</td><td>5 mm</td><td>中空空气层</td><td colspan="2">6A</td></tr>
<tr><td colspan="2">架空或外挑楼板</td><td>保温材料种类</td><td colspan="2">挤塑聚苯板保温体系</td><td>选用厚度/mm</td><td colspan="2">30</td></tr>
</table>

<table>
<tr><td rowspan="2">结论</td><td rowspan="2">屋面</td><td rowspan="2">外墙</td><td rowspan="2">架空或外挑楼板</td><td rowspan="2">地面</td><td rowspan="2">地下室外墙</td><td colspan="2">屋顶透明部分</td><td colspan="2">外窗</td><td colspan="6">气密性能</td></tr>
<tr><td>传热系数</td><td>遮阳系数</td><td>面积百分比</td><td>窗墙比</td><td>传热系数</td><td>遮阳系数</td><td>可见光透射</td><td>可开启面积</td><td>外窗</td><td>透明幕墙</td></tr>
<tr><td rowspan="2">是否符合标准</td><td>是</td><td>是</td><td>是</td><td>否</td><td>—</td><td>是</td><td>是</td><td>是</td><td>是</td><td>是</td><td>是</td><td>是</td><td>是</td><td>是</td><td>是</td></tr>
<tr><td colspan="11">围护结构热工性能权衡判断</td><td colspan="4">是</td></tr>
<tr><td colspan="10">建筑节能综合评价结果</td><td colspan="6">具有明显节能效果</td></tr>
</table>

参考文献

[1] GB 50176—93：民用建筑热工设计规范[S]. 北京：中国计划出版社，1993.

[2] 杨荣郭. 夏热冬冷地区调湿型涂料的研制[D]. 湖南工业大学，2013.

[3] 王汉青，易辉，李端茹，杨荣郭. 海泡石调湿涂料配制及调湿性能试验研究[J]. 建筑科学，2014(12)：60-64.

图书在版编目(CIP)数据

夏热冬冷地区图书馆节能设计指南/王汉青,谭超毅,黄春华编著.
—长沙:中南大学出版社,2015.12
ISBN 978-7-5487-2138-3

Ⅰ.夏... Ⅱ.①王...②谭...③黄... Ⅲ.图书馆建筑-建筑设计-节能设计-指南 Ⅳ.TU242.3-62

中国版本图书馆CIP数据核字(2016)第001985号

夏热冬冷地区图书馆节能设计指南

XIARE DONGLENG DIQU TUSHUGUAN JIENENG SHEJI ZHINAN

王汉青　谭超毅　黄春华　编著

□**责任编辑**　胡小锋
□**责任印制**　易建国
□**出版发行**　中南大学出版社
社址:长沙市麓山南路　邮编:410083
发行科电话:0731-88876770　传真:0731-88710482
□**印　　装**　长沙市宏发印刷有限公司

□**开　　本**　787×1092　1/16　□**印张** 16.5　□**字数** 410千字
□**版　　次**　2015年12月第1版　□**印次**　2015年12月第1次印刷
□**书　　号**　ISBN 978-7-5487-2138-3
□**定　　价**　42.00元